工业和信息化部"十四五"规划教材

U0292915

水声通信中的信号处理技术

殷敬伟　韩　笑　魏　笠　葛　威　编著

哈尔滨工程大学出版社
Harbin Engineering University Press

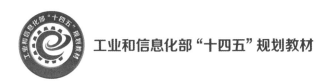

内容简介

水声通信是实现水下综合信息感知与信息交互的主要手段，可服务于海洋开发和军事应用。本书针对水声通信的一些基本原理、信号处理技术及其应用进行了介绍，力求将水声物理基础与工程技术应用有机结合。全书由12章组成，内容包括水声信道的特性及典型信道，Pattern时延差编码、扩频通信、单载波和OFDM等主要水声通信体制，水声通信中的信道估计方法和信道均衡方法等。同时，书中还涉及了深度学习中有监督、无监督和强化学习模型在水声通信中的典型应用等内容。

本书可作为从事水声通信、水声信号处理的相关人员，水声工程专业的研究和教学人员，以及高年级本科生、研究生的参考书。

图书在版编目(CIP)数据

水声通信中的信号处理技术 / 殷敬伟等编著. —哈尔滨:哈尔滨工程大学出版社，2024.4
ISBN 978-7-5661-4336-5

Ⅰ. ①水… Ⅱ. ①殷… Ⅲ. ①水声通信-信号处理 Ⅳ. ①TN929.3②TN911.7

中国版本图书馆CIP数据核字(2024)第065380号

水声通信中的信号处理技术
SHUISHENG TONGXIN ZHONG DE XINHAO CHULI JISHU

选题策划 雷 霞
责任编辑 关 鑫
封面设计 李海波

出版发行 哈尔滨工程大学出版社
社　　址 哈尔滨市南岗区南通大街145号
邮政编码 150001
发行电话 0451-82519328
传　　真 0451-82519699
经　　销 新华书店
印　　刷 哈尔滨市海德利商务印刷有限公司
开　　本 787 mm×1 092 mm 1/16
印　　张 13.25
字　　数 320千字
版　　次 2024年4月第1版
印　　次 2024年4月第1次印刷
书　　号 ISBN 978-7-5661-4336-5
定　　价 55.00元
http://www.hrbeupress.com
E-mail:heupress@hrbeu.edu.cn

前 言

水声通信一直是水声技术中的一个重要研究领域,随着无人水面和水下设备的迅速发展和广泛应用,水声通信的工程应用不仅局限于军事领域,也在向商业领域延伸,为水下作业的复杂信息交互提供技术支撑。水声通信可以为母船、水下潜器和深海固定基站等单元的协同作业提供监测、遥控和安全保障所需的信息传输服务。由移动和静止节点共同构成的水声数据通信网是当今水声通信发展的趋势,而水声通信基本原理及相关信号处理技术是实现水声通信网络化的重要基础。

水声通信作为一门综合学科,涉及通信原理、信号处理技术、现代电子技术、传感器技术等多种学科、多种技术融合。从通信论的观点来看,海洋就是声信道,既是连接收发设备的"桥梁",也是影响通信质量的主要因素。为了能有的放矢地选择适用于水声环境的通信体制和信号处理技术,必须深刻理解和掌握水声信道的物理特性及其对通信系统的影响。

本书基于编著者所在课题组多年的水声通信科研工作,主要涉及一些关键水声通信原理和信号处理技术的理论及应用。由于深度学习技术近年来快速发展并深刻影响了所有工程技术相关领域,本书增加了深度学习技术在水声通信中的应用概述和典型实例。书中将理论与工程应用设计、试验验证有机结合,有助于读者对相关知识点的理解与掌握。全书由 4 个部分共 12 个章节组成。第 1 部分为第 1 章至第 3 章,主要介绍了水声通信背景、水声信道特性和 3 种典型水声通信技术信号收发过程等。第 2 部分为第 4 章至第 6 章,主要介绍了水声通信中的信道估计方法,包括传统水声信道估计方法、基于压缩感知的水声信道估计方法、基于稀疏贝叶斯学习的水声信道估计方法。第 3 部分为第 7 章至第 9 章,主要介绍了水声通信中的信道均衡方法,包括时间反转镜信道均衡技术、判决反馈水声信道均衡技术、Turbo 水声信道均衡技术。第 4 部分为第 10 章至第 12 章,主要介绍了有监督深度学习、无监督深度学习和强化学习在水声通信中的应用。

本书的编写与出版得到了国家杰出青年科学基金(61901136)、国家自然科学基金(62371154;62301181)、国家重点研发计划(2021YFC2801200)等项目的资助,在此特表谢意。本书在撰写过程中参考了一些优秀著作、学术论文和诸多本课题组的科研成果,均列在了参考文献中,在此表示衷心感谢!课题组研究生佟文涛、张哲铭、贾亦真、朱广军、马开圣、蒋俊振、刘嘉奥、李伟哲、朱成奥、蔡昕睿、宋宏志、蔡昆曜等在本书素材准备和编写过程中做出了重要贡献，在此表示衷心感谢。同时向支持、帮助过我们的哈尔滨工程大学水声工程学院的领导、老师和同学们道一声感谢！

由于编著者水平和经验有限，本书的研究无论在广度与深度上都还需要进一步完善，也难免有不妥之处。在此权作抛砖引玉，希望能够引发更多学者在水声通信领域的思索与研究，同时也敬请读者批评指正。

编著者

2023 年于哈尔滨

目　　录

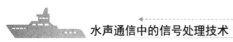

第 1 章　绪　　论

1.1　引　　言

近年来，随着新型无人水面舰艇和水下潜航器在军事、海洋科考、海上石油开采和海洋新能源设施维护等领域得到广泛应用，水下无线通信技术在水下系统间数据（Data）传输、组网、远程控制和协作方面发挥着重要作用。随着水下系统数量的日益增长，水下无线通信技术作为海洋工程装备领域的研究热点受到广泛关注。

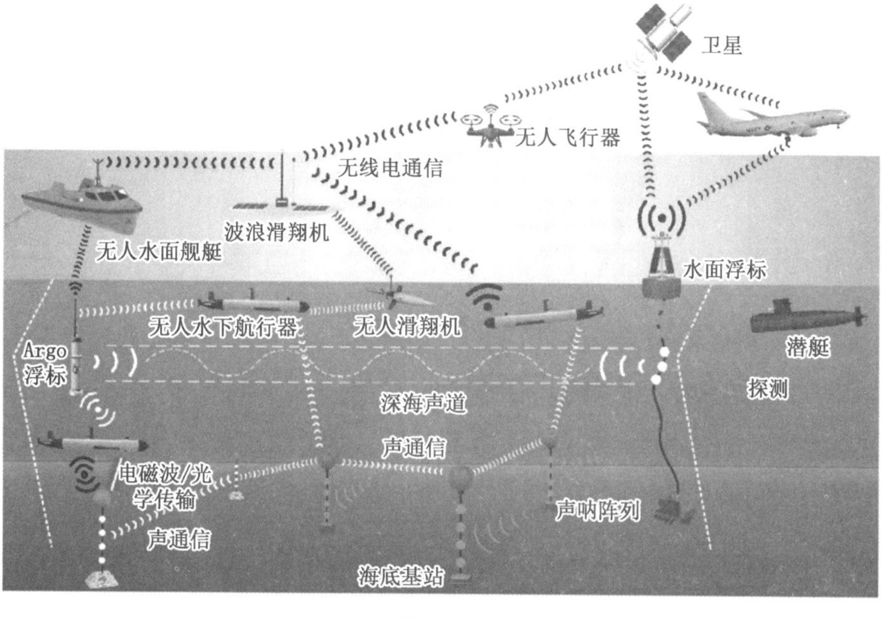

图 1.1　水下无线网络系统示例

（图片来源：MA Y L，ZHANG Q F，WANG H L. 6G：ubiguitously extending to the vast underwater world of the oceans[J]. Engineering，2022，8：12-17.）

水下无线通信主要有电磁波、光波和声波等几种信息载体。由于波长越短、频率越高的电磁波在水中衰减得越迅速，水下射频（Radio Frequency，RF）的电磁通信距离通常仅在百米以内，而从甚低频（Very Low Frequency，VLF）到极低频（Extremely Low Frequency，ELF）范围内的电磁波虽然能够在空气中传播上万千米并穿透一定深度的海水，但因其天线体积巨大，通常仅用于对潜艇的单向通信。光波在传播过程中通常因为被海水吸收而损耗严重，但在蓝绿色波段（550~560 nm）中存在一个水下通信的可用频率窗口，能够实现百米量级距离上的 10^6 bit/s 级高速率通信，但是受散射、气泡或悬浮物遮挡等的影响，难以进一步增加通信距离。因此,水声通信(Underwater Acoustic Communication, UWA Communication)是目前唯一成熟可用的中长距离水下无线通信技术,并广泛应用于近年来不断涌现的各类无人潜航器、水下传感网络系统、水下采油树系统等海洋工程设备平台间的通信和组网。

水声通信机与其他声呐系统一样主要由湿端和干端两部分构成,其中湿端主要由水声换能器或换能器基阵组成;而干端由信号处理、电源接入、系统控制部分构成。常见的一体式设计的水声通信机使用耐压水密机壳装载干端电子系统和电池,湿端的水声换能器则固定在机壳上。水声通信机的上位机通过水密电缆来控制水声通信机收发数据,并为水声通信机提供电源。对于在水下无人潜航器等移动平台上使用的水声通信机,通常因为需要降低航行阻力而将干端电子系统安装在潜航器的负载舱内,将湿端设备安装在潜航器的壳体上。图 1.2 所示为 Teledyne Benthos ATM 系列一体式水声通信机。图 1.3 所示为水声通信机与无人潜航器的硬件集成示例。

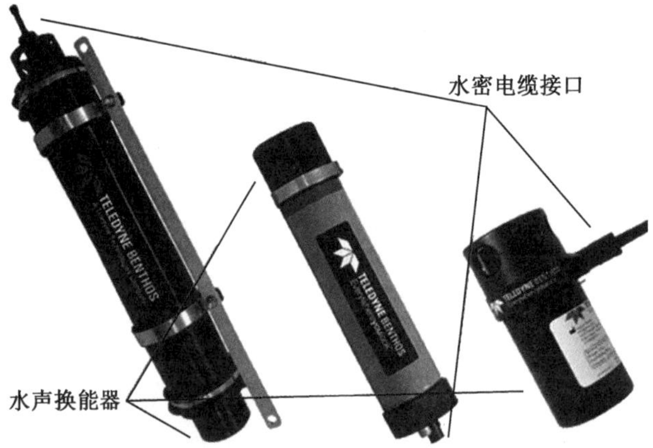

图 1.2　Teledyne Benthos ATM 系列一体式水声通信机

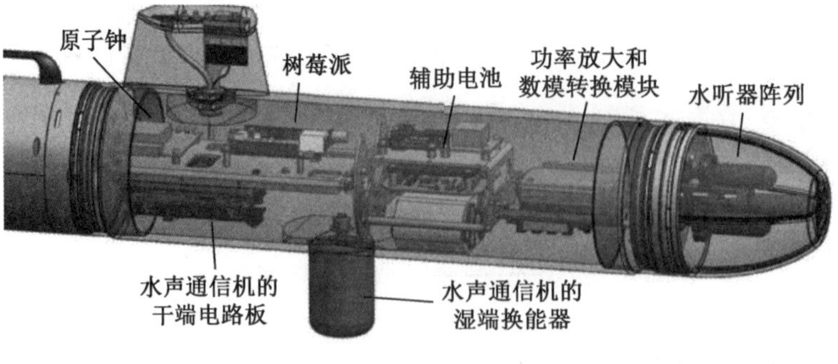

图 1.3　水声通信机与无人潜航器的硬件集成示例

(图片来源:UNDERWOOD A, MURPHY C. Design of a micro-AUV for autonomy development and multi-vehicle systems [C]//OCEANS 2017:Aberdeen. Aberdeen, United Kingdom. IEEE, 2017:1-6.)

通常工作频率越高的水声通信机可以使用越大的带宽和越高的数据率,但是由于高频信号存在衰减且通信距离较近,而低频段的水声通信机虽然通信距离长,但是低频换能器体积大且数据率较低,所以可以通过“通信速率×通信距离”大致衡量通信机的整体性能。主要的商业水声通信机的通信速率和通信距离分布如图 1.4 所示。在科研领域则通常细分垂直信道和水平信道的不同情况，并采用“通信速率×通信距离÷使用带宽”来衡量通信算法的性能。对于水平信道也会按照不同的通信距离量级，划分为百米距离 10^5 bit/s 级水平、万米以内距离 $5\times10^3\sim1\times10^4$ bit/s 水平、数万米至数十万米距离 10 bit/s 级水平 3 种情况。

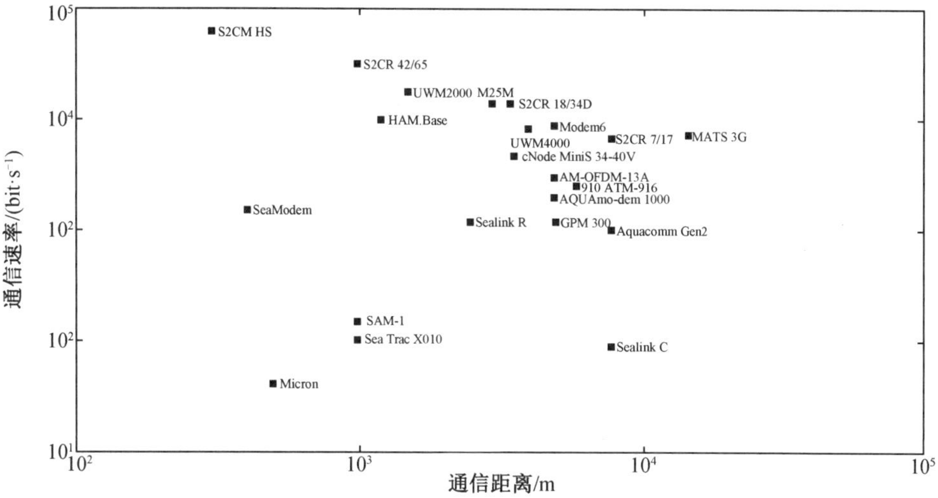

图 1.4 主要的商业水声通信机的通信速率和通信距离分布

(图片数据来源：ZIA M Y I, PONCELA J, OTERO P. State-of-the-art underwater acoustic communication modems: classifications, analyses and design challenges[J]. Wireless Personal Communications, 2021, 116(2): 1325-1360.)

1.2 水声通信技术的主要发展阶段

从模拟调制到数字调制，从单载波调制到多载波调制再到同步引入无线电通信技术和人工智能(Artificial Intelligence, AI)新技术，水声通信技术的发展大致经历了如下几个阶段。

1. 早期模拟调制水声通信技术

水声通信技术的开端可以追溯至 1914 年英国海军首次装备的水声电报系统。而后美国海军于 1945 年将水声通信技术应用于潜艇之间的电话通信，该电话通信系统被视为世界上第一个具有实际意义的水声通信系统。早期的水声通信系统多采用模拟调制方式，如伍兹霍尔海洋研究所(Woods Hole Oceanographic Institution, WHOI)在 20 世纪 50 年代末研制的调频水声通信系统，使用 20 kHz 的载波和 500 Hz 的带宽，实现了水底到水面船只的通信。我国的 660 通信声呐采用单边带调制技术也实现了对潜语音通信。模拟调制系统由于无法减轻水声信道引起的信号畸变，因此难以进一步提高水声通信系统性能。

2. 非相干数字调制水声通信技术

20 世 70 年代后发展的水声通信技术逐步采用数字调制方式来替代早期的模拟调制方式。与模拟通信相比，数字通信技术抗干扰性能更强，可对信号的时间和频率扩展进行一定程度的均衡，而且便于利用纠错编码技术来提高数据传输的可靠性和保密性，同时设备更易于集成化。早期的数字水声通信系统常采用频移键控(Frequency-Shift Keying,FSK)调制等非相干调制方式。1981 年,美国麻省理工学院和 WHOI 采用多级频移键控技术(Multi Frequency-Shift Keying,MFSK)实现了 200 m 距离上数据率为 1.2 kbit/s 的水声通信。

3. 相干单载波调制水声通信技术

20 世纪 80 年代,针对不断增长的水下无线数据传输需求,如相移键控(Phase-Shift Keying,PSK)、正交振幅调制(Quadrature Amplitude Modulation,QAM)等单载波相干调制技术逐步被引入水声通信领域。其中具有里程碑意义的是,1993 年美国东北大学的 M. Stojanovic 等提出了基于判决反馈均衡(Decision Feedback Equalization,DFE)和二阶数字锁相环(Digital Phase-Locked Loop,DPLL)的相干水声通信技术,在时变水声信道匹配和降低码间干扰(Intersymbol Interference,ISI)影响方面取得了突破,开启了水声通信技术研究的一个新阶段。

4. 无线电通信新技术的广泛引入

20 世纪 90 年代以来,得益于陆上无线电通信相关技术的迅猛发展,大量射频通信先进技术被迅速引入水声通信领域,比如作为 4G 关键技术的正交频分复用(Orthogonal Frequency Division Multiplexing,OFDM)技术、多输入多输出(Multiple-Input Multiple-Output,MIMO)技术和软件定义的无线电(Software-Defined Radio,SDR)技术均发展出适应水声通信特性的版本并逐步被转入工程化应用。

使用 OFDM 技术能够有效对抗频率选择性衰落,克服信号码间干扰。2005 年,美国康涅狄格大学的周胜利团队提出的补零正交频分复用(Zero Padding OFDM,ZP-OFDM)技术成功实现了 2.5 km 距离上数据率为 22.7 kbit/s 的水声通信。随后,针对 OFDM 的改进和衍生的多载波调制技术成为水声通信领域的一个新兴研究热点,如索引调制 OFDM(Index Modulation OFDM,IM-OFDM)、正交信号分割复用(Orthogonal Signal Division Multiplexing,OSDM)、滤波器组多载波(Filter Bank Multicarrier,FBMC)调制方案、广义频分复用(Generalized Frequency Division Multiplexing,GFDM)等技术均被应用于高速水声通信方案的开发。

使用 MIMO 通信技术能够在不增加带宽的条件下提高频谱的利用效率。水声信道可用带宽极其有限,采用多阵元 MIMO 水声通信能够提高可用带宽的利用率。2007 年,周胜利团队和 M. Stojanovic 团队合作实现了 450 m 较近距离上数据率为 125.6 kbit/s 的 MIMO-OFDM 通信。中国科学院声学研究所的王海斌团队通过基于子带分割的 MIMO-FBMC 水声通信方案,有效提升了发射信号的平均功率并降低了误码率(Bit Error Rate,BER)。

使用 SDR 设计理念的通信系统具有开放性、灵活性、可扩展性和兼容性,能够使用同一套硬件平台并通过加载不同的软件来实现不同的通信功能。SDR 系统的灵活性为新技术在实际工况下的测试和部署提供了软硬件支持,进一步促进了新技术的迭代演化。水声信道的特性复杂,需要通过设计针对性的水声信号处理算法来应对。得益于各种多点控制器(Multipoint Control Unit,MCU)、数字信号处理器(Digital Signal Processor,DSP)和现场可编程门阵列(Field Programmable Gate Array,FPGA)等计算硬件平台的性能不断提升,计算复杂度较高的水声信号处理算法逐渐能够在通信机的嵌入式系统中以固件程序的形式实现。但固件程序中的算法时常受到硬件平台架构的限制,难以实现已有算法的 FPGA 或 DSP 程序的跨平台集成，而 SDR 系统的开放性和灵活性则为水声通信算法的集成和快速研发测试提供了极大便利。2006—2010 年，多个国家均对软件定义水声通信平台进行了研发立项，美国麻省理工学院在 2006 年启动研发了 rModem 项目，爱尔兰都柏林大学于 2006 年启动了 Tmote 项目，中国科学院也于 2010 年启动了软件定义水声通信机（Software-Defined Acoustic Modem，SDAM）项目。随着 SDR 设计思想在无线电新技术研发领域中被广泛推崇，涌现出多种适配不同频段的通用软件无线电外设（Universal Software Radio Peripheral，USRP）硬件产品，也出现了兼容多种硬件的 GNU Radio 软件开发平台，并且对软件定义水声通信技术影响深远。2015 年，美国东北大学的 T. Melodia 等开发了基于 USRP 模块的 SEANet 软件定义水声通信原理样机，实现了软件定义水声通信和水声软件定义网络的功能集成。此后，2017 年，T. Melodia 团队将其软件定义水声通信软件部署于智能手机平台，通过智能手机的数据和音频输出接口控制水声换能器、功率放大器、前置运算放大器等模块，验证了软件定义水声通信架构的灵活性。

5. 与深度学习技术的结合

21 世纪第二个 10 年以来，在 ImageNet 大规模视觉识别竞赛中涌现出一系列深度学习技术的突破性进展，引爆了该时期的一轮深度学习革命。在高性能图形处理单元（Graphics Processing Unit，GPU）计算技术的支持下，深度学习技术能够支持的人工神经网络模型层数和神经元数量都大幅增加，在解决优化问题和复杂非线性函数关系的拟合方面表现突出，并且广泛应用于人脸识别、数据定向推送、图片视频处理等诸多现实应用领域。由于深度学习技术在使用形式上具有较高的通用性，因此其可在水声通信和组网的多处技术节点形成潜在的应用形式，并涉及系统参数优化配置、水声信号处理、水声信道建模、通信可靠性、信息安全等诸多方面。

除了将水声通信系统参数的设计作为优化问题并使用深度学习进行求解外，2017 年以来的前期典型研究主要体现在使用深度学习模型实现水声通信机的相关功能模块，如水声调制信号分类、水声接收机信号处理、水声自适应调制等方面。随着无监督深度学习技术的发展，深度生成模型也被用于水声信道建模，如变分自编码器（Variational Auto-Encoder，VAE）和生成对抗网络（Generative Adversarial Networks，GAN）等深度生成模型。这类模型可以通过学习真实水声信道的复杂概率分布，生成与之相似的随机水声信道响应函数样本，对外场实验信道数据集进行增强。

总的来说，随着海上无人平台在军事和工业应用中起到日趋重要的作用，其对水声通信和组网技术的需求不断增加。而水声换能器技术的发展所引入的参量阵规模增大、非线性器件和信号低频化等挑战，使得水声通信对无线电通信的需求的独特性更加丰富。借助软件定义通信系统为新技术开发带来的便利条件，水声通信技术已经进入与无线电通信和人工智能新技术同步发展的阶段。任何相关领域的技术突破均会快速发展出应用于水声通信场景的变体。以 2022 年 OpenAI 发布的 ChatGPT 为代表的大型语言模型被认为掀起了新的一轮 AI 革命，预期相关技术革新也会迅速传导至水声通信领域。

1.3 本书结构与内容概述

水声通信系统设计所涉及的学科领域广泛,包括但不限于海洋声学、通信技术、电子技术、水声工程、材料、结构力学等。本书聚焦于水声通信中的信号处理技术,主要介绍4个部分的内容。

第1部分为背景介绍和水声通信技术概述。其中,第1章概述水声通信系统的背景和发展历程;第2章介绍水声信道相较于无线电信道的复杂特性,以及深海、浅海、极地3种典型水声信道的特性;第3章通过介绍Pattern时延差编码、扩频、单载波和OFDM 4种典型的水声编码和通信体制,对水声通信系统收发信号的过程进行概述。

第2部分为水声通信中的信道估计方法。其中,第4章介绍水声信道估计方法;第5章介绍压缩感知技术原理及其在水声信道估计当中的应用;第6章介绍基于稀疏贝叶斯学习的水声信道估计方法。

第3部分为水声通信中的信道均衡方法。其中,第7章介绍时间反转镜水声信道均衡技术;第8章介绍基于判决反馈机制的水声信道均衡器的结构及其自适应均衡算法;第9章介绍Turbo水声信道均衡技术在水声通信中的应用。

第4部分为深度学习技术在水声通信中的应用。按照深度学习方式分类,第10章介绍有监督深度学习在水声通信中的应用;第11章介绍无监督深度学习在水声通信中的应用;第12章介绍强化学习在水声通信中的应用。

本章参考文献

[1] MA Y L, ZHANG Q F, WANG H L. 6G: ubiquitously extending to the vast underwater world of the oceans[J]. Engineering, 2022, 8: 12-17.

[2] UNDERWOOD A, MURPHY C. Design of a micro-AUV for autonomy development and multi-vehicle systems[C]//OCEANS 2017: Aberdeen. Aberdeen, United Kingdom. IEEE, 2017: 1-6.

[3] ZIA M Y I, PONCELA J, OTERO P. State-of-the-art underwater acoustic communication modems: classifications, analyses and design challenges[J]. Wireless Personal Communications, 2021, 116(2): 1325-1360.

[4] 陈友淦,许肖梅. 人工智能技术在水声通信中的研究进展[J]. 哈尔滨工程大学学报, 2020, 41(10): 1536-1544.

[5] 王海斌,汪俊,台玉朋,等. 水声通信技术研究进展与技术水平现状[J]. 信号处理, 2019, 35(9): 1441-1449.

[6] 张永霖,王海斌,李超,等. 水声通信中的信道估计与机器学习交叉研究进展[J]. 声学技术, 2022, 41(3): 334-345.

[7] DOL H S, CASARI P, VAN DER ZWAN T, et al. Software-defined underwater acoustic modems: historical review and the NILUS approach [J]. IEEE Journal of Oceanic Engineering, 2017, 42(3): 722-737.

[8] 殷敬伟. 水声通信原理及信号处理技术[M]. 北京:国防工业出版社, 2011.

[9] BAGGEROER A B, KOELSCH D E, VON DER HEYDT K, et al. DATS: a digital acoustic telemetry system for underwater communications[C]//OCEANS 81. Boston, MA. IEEE, 1981: 55-60.

[10] STOJANOVIC M, CATIPOVIC J A, PROAKIS J G. Phase-coherent digital communications for underwater acoustic channels[J]. IEEE Journal of Oceanic Engineering, 1994, 19(1): 100-111.

[11] LI B S, ZHOU S L, STOJANOVIC M, et al. Non-uniform Doppler compensation for zero-padded OFDM over fast-varying underwater acoustic channels [C]//OCEANS 2007: Europe. Aberdeen, Scotland, UK. IEEE, 2007: 1-6.

[12] WEN M W, CHENG X A, YANG L Q, et al. Index modulated OFDM for underwater acoustic communications[J]. IEEE Communications Magazine, 2016, 54(5): 132-137.

[13] EBIHARA T, MIZUTANI K. Underwater acoustic communication with an orthogonal signal division multiplexing scheme in doubly spread channels [J]. IEEE Journal of Oceanic Engineering, 2014, 39(1): 47-58.

[14] AMINI P, CHEN R R, FARHANG-BOROUJENY B. Filterbank multicarrier communications for underwater acoustic channels[J]. IEEE Journal of Oceanic Engineering, 2015, 40(1): 115-130.

[15] HEBBAR R P, PODDAR P G. Generalized frequency division multiplexing for acoustic communication in underwater systems [C]//2017 International Conference on Circuits, Controls, and Communications (CCUBE). Bangalore. IEEE, 2017: 86-90.

[16] LI B S, HUANG J E, ZHOU S L, et al. MIMO-OFDM for high-rate underwater acoustic communications[J]. IEEE Journal of Oceanic Engineering, 2009, 34(4): 634-644.

[17] WANG Y Y, TAI Y P, WANG H B, et al. The research of MIMO-FBMC in underwater acoustic communication [C]//Proceedings of the 13th International Conference on Underwater Networks & Systems. Shenzhen, China. New York: ACM, 2018: 1-5.

[18] GNU Radio: The Free & Open Source Radio Ecosystem. GNU Radio[EB/OL]. (2020-05-09)[2023-07-06]. https://www.gnuradio.org/.

[19] DEMIRORS E, SHANKAR B G, SANTAGATI G E, et al. SEANet: a software-defined acoustic networking framework for reconfigurable underwater networking[C]//Proceedings of the 10th International Conference on Underwater Networks & Systems. Arlington, VA, USA. New York: ACM, 2015: 1-8.

[20] RESTUCCIA F, DEMIRORS E, MELODIA T. iSonar: software-defined underwater acoustic networking for amphibious smartphones [C]//Proceedings of the 12th International Conference on Underwater Networks & Systems. Halifax, NS, Canada. New York: ACM,

2017:1-9.

[21] ImageNet[EB/OL]. (2009-08-01) [2023-07-06]. https://web. archive. org/web/20090801100848/http://www. image-net. org/about-overview.

[22] DING L D, WANG S L, ZHANG W. Modulation classification of underwater acoustic communication signals based on deep learning[C]//2018 OCEANS: MTS/IEEE Kobe Techno-Oceans (OTO). Kobe. IEEE, 2018:1-4.

[23] 江伟华,曹秀岭,童峰.采用支持向量机的水声通信信号调制识别方法[J].厦门大学学报(自然科学版),2015,54(4):534-539.

[24] ZHANG J, CAO Y, HAN G Y, et al. Deep neural network-based underwater OFDM receiver[J]. IET Communications, 2019, 13(13):1998-2002.

[25] JIANG R K, WANG X T, CAO S, et al. Deep neural networks for channel estimation in underwater acoustic OFDM systems[J]. IEEE Access, 2019, 7:23579-23594.

[26] FU Q A, SONG A J. Adaptive modulation for underwater acoustic communications based on reinforcement learning[C]//OCEANS 2018 MTS/IEEE Charleston. Charleston, SC. IEEE, 2018:1-8.

[27] WANG C F, WANG Z H, SUN W S, et al. Reinforcement learning-based adaptive transmission in time-varying underwater acoustic channels[J]. IEEE Access, 2018, 6:2541-2558.

[28] ALAMGIR M S M, SULTANA M N, CHANG K. Link adaptation on an underwater communications network using machine learning algorithms: boosted regression tree approach[J]. IEEE Access, 2020, 8:73957-73971.

[29] KINGMA D P, WELLING M. Auto-encoding variational bayes[EB/OL]. (2022-12-10) [2023-03-01]. https://doi. org/10. 48550/arXiv. 1312. 6114.

[30] GOODFELLOW I J, POUGET-ABADIE J, MIRZA M, et al. Generative adversarial networks[EB/OL]. (2014-01-10) [2023-03-01]. https://doi. org/10. 48550/arXiv. 1406. 2661.

[31] WEI L. Adapting deep learning for underwater acoustic communication channel modeling [D]. Houghton: Michigan Technological University, 2022.

[32] WEI L, WANG Z. A variational auto-encoder model for underwater acoustic channels[C]//Proceedings of the 15th International Conference on Underwater Networks & Systems. New York, NY, USA: Association for Computing Machinery, 2022:1-5.

第 2 章　水声信道的特性及典型信道

信道是收发两端之间传输媒介的总称,是连接收发设备的“桥梁”。从研究信息传输的观点出发,可将信道分为狭义信道和广义信道。狭义信道就是指物理传输媒介;而广义信道除了包含狭义信道外,还包括发送设备和接收设备。将信源和信宿之间的各个部分都看成是信道,可以简化分析模型。但是,无论对于哪种广义信道,狭义信道都是其最重要、最基本的组成部分,其特性是影响通信质量的主要因素,也是设计通信系统、确定工程实施方案所要考虑的主要问题。

从通信论的观点来看,海洋就是水声信道。水声信道是水下唯一可以进行远程信息传输的物理媒介,它较无线电信道要复杂得多,无法直接应用许多经典的无线电通信技术。海洋中的声速分布、海底、海面是影响声传播的主要因素。海洋信道既是不平整双界面随机不均匀介质信道,又是时间弥散的慢衰落信道,其能量损失不仅随距离且随频率的增加而变大,因此其可用带宽只有几千赫兹。水声信道信息容量小,传播过程中时变、空变及多途效应严重。水声信道对水声通信系统的影响主要有两个方面:一是海洋中声传播的方式和能量平均传播损失;二是对信号所进行的变换,如确定性变换导致接收波形畸变,随机性变换导致信息损失。

2.1　水声信道的特性

2.1.1　传播衰减

声波在海水中传播时会产生能量损失,主要原因可以归结为两个方面:吸收损失和扩展损失。吸收损失又称为物理衰减,其与声波的频率有关;扩展损失指声波在传播过程中因其波阵面的不断扩展而引起的声强衰减,也称几何衰减。

频率为 f 的声波在传播距离为 l 时的传播损失可以表示为

$$A(l,f)=l^{k}\alpha(f)^{l} \tag{2-1}$$

式中,k 为扩展因子;$\alpha(f)$ 为海水的吸收系数。上式可以表示成以分贝(dB)为单位的形式:

$$10\log A(l,f)=10\cdot k\log l+10\cdot l\log \alpha(f) \tag{2-2}$$

式中,第一项表示扩展损失;第二项表示吸收损失。扩展因子 k 描述了声波不同的几何传播形式,$k=1$ 表示柱面波扩展,$k=1.5$ 表示计入海底声吸收情况的浅海声传播,$k=2$ 表示球面波扩展。吸收系数 $\alpha(f)$ 可以通过 Thorp 经验公式计算得到:

$$10\log \alpha(f)=0.11\cdot\frac{f^{2}}{1+f^{2}}+44\cdot\frac{f^{2}}{4\,100+f}+2.75\cdot 10^{-4}f^{2}+0.003 \tag{2-3}$$

式中,f 的单位为 kHz;$\alpha(f)$ 的单位为 dB/km。式(2-3)一般适用于频率大于几百赫兹的信号，当信号频率更低时，可以采用下面的公式计算吸收系数：

$$10\log \alpha(f)=0.002+0.11\cdot\frac{f^2}{1+f^2}+0.011f^2 \tag{2-4}$$

图 2.1 给出了吸收系数随频率的变化曲线。海水的吸收系数随着声波频率的增大而快速增加，因此在通信距离一定的前提下，吸收系数成为限制最大可使用通信频带的主要因素。

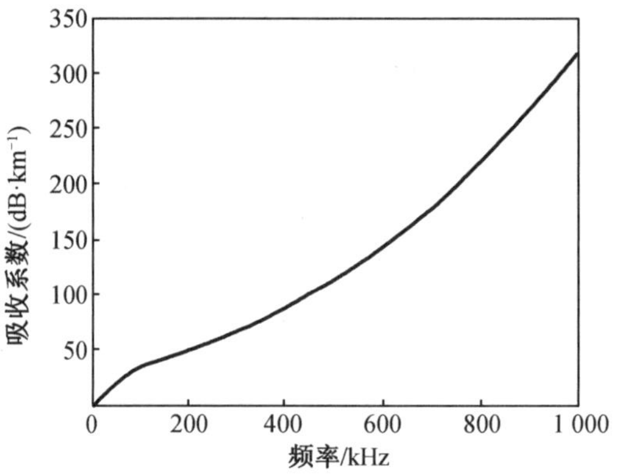

图 2.1 吸收系数随频率的变化曲线

2.1.2 海洋环境噪声

在水声信道中，影响通信系统性能的一个主要因素就是海洋环境噪声。海洋环境噪声是水声信道中的一种加性干扰背景场。海洋环境噪声主要包含 4 个部分：湍流噪声、船只噪声、海浪噪声和热噪声。大多数海洋环境噪声可用高斯分布和连续功率谱密度来描述，式(2-5)给出了计算上面 4 种噪声功率谱密度的经验公式。

$$\begin{cases}10\log N_{\mathrm{t}}(f)=17-30\log f\\10\log N_{\mathrm{s}}(f)=40+20(s-0.5)+26\log f-60(f+0.03)\\10\log N_{\mathrm{w}}(f)=50+7.5w^{0.5}+20\log f-40(f+0.4)\\10\log N_{\mathrm{th}}(f)=-15+20\log f\end{cases} \tag{2-5}$$

式中，f 的单位为 kHz；$N_{\mathrm{t}}(f)$、$N_{\mathrm{s}}(f)$、$N_{\mathrm{w}}(f)$、$N_{\mathrm{th}}(f)$ 分别表示湍流、船只、海浪和热噪声的功率谱密度，单位为 dB re 1 μPa/Hz(re 表示“相对于”，此单位含义为：在特定频率下相对于 1 μPa 压力变化的声音功率谱密度，以对数单位(分贝)表示)；s 表示船只的活动密集程度，其值从 0 到 1 变化，s 越大表示船只活动越密集；w 表示风速，单位为 m/s。

湍流噪声主要集中在 $f<10$ Hz 的频带，船只噪声主要集中在 10 Hz $<f<$ 100 Hz 的频带，海浪噪声是 100 Hz~100 kHz 频带噪声的主要影响因素，热噪声在 $f>100$ kHz 的频带中占据主导地位。环境噪声的功率谱密度包含所有的噪声因子，可以表示为

$$N(f)=N_{\mathrm{t}}(f)+N_{\mathrm{s}}(f)+N_{\mathrm{w}}(f)+N_{\mathrm{th}}(f) \tag{2-6}$$

图 2.2 仿真了不同频率下的海洋环境噪声的功率谱密度，其中船只的活动密集程度 $s=0.5$，风速 $w=10$ m/s。海洋环境噪声主要集中在低频段，对水声通信造成了更加不利的影响。

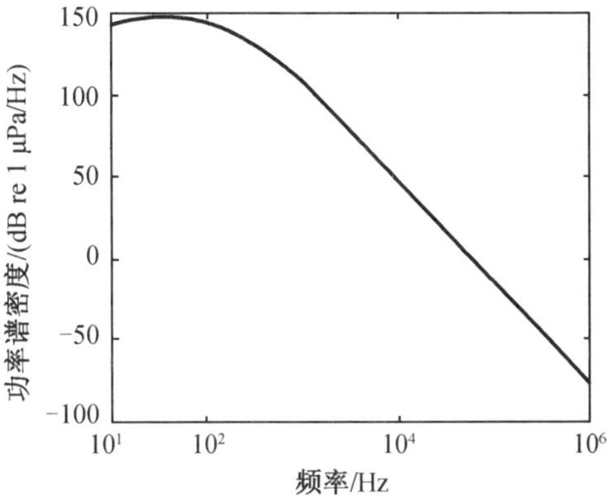

图 2.2 不同频率下的海洋环境噪声的功率谱密度仿真(活动密集程度 $s=0.5$,风速 $w=10$ m/s)

2.1.3 可用通信带宽

接收信噪比(Signal-to-Noise Ratio,SNR)限制了水声通信的可用带宽。一方面,信号能量随频率的增大而迅速衰减;另一方面,环境噪声的能量集中在低频段。利用传播损失 $A(l,f)$ 和噪声功率谱密度 $N(f)$ 可以估计接收端的接收信号的 SNR。假设传输距离为 l,窄带信号的中心频率为 f,信号功率为 P,则 SNR 可以表示为

$$\mathrm{SNR}(l,f)=P/[A(l,f)N(f)] \tag{2-7}$$

对于任意给定的距离,这个窄带信号的 SNR 是频率的函数,如图 2.3 所示。水声通信可用带宽是由声波在水中的衰减决定的,即可以根据应用环境的传播距离选取信号带宽。从图 2.3 中可看到:当通信距离为 100 km 时,系统可利用带宽仅为 1 kHz 左右。在工程应用中有一个经验法则:信号带宽的上限频率是在接收距离上能量衰减为 10 dB 时的频率值。这并不表示在近距离通信时,可用带宽可以随意选取。当进行近距离通信时,信号带宽受限于发射换能器的发射频率特性。因此,水声通信性能评估的一项重要指标就是频带利用率。

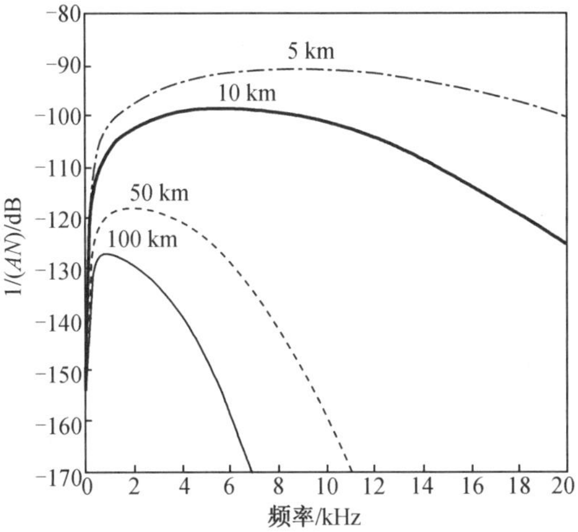

图 2.3 接收 SNR 与通信带宽和距离的关系

2.1.4 多途传播

在海洋环境中,多途传播现象的产生源于两种物理机制:海洋存在着海面和海底两个界面,声波在传输时会发生反射,如图 2.4(a)所示;由于温度、盐度和深度的影响,不同深度的声速分布不均匀,从而使声波发生折射,如图 2.4(b)所示。

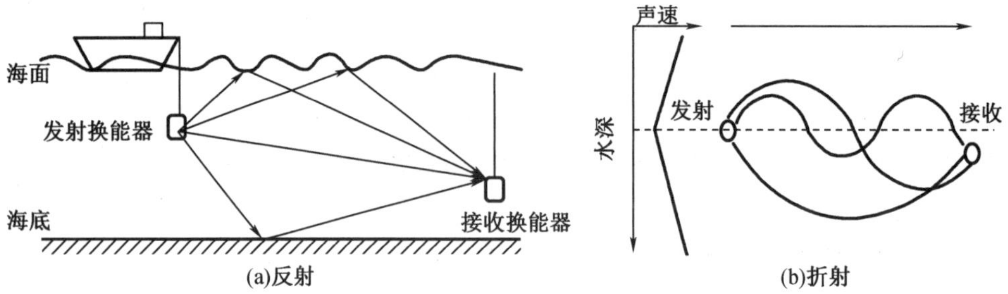

图 2.4 多途传播示意图

声速是海水中最重要的声学参数,它是影响声波在海水中传播的最基本的物理量。声速取决于温度、盐度和压力,它们随着深度和地点的不同而变化。深海声速分为表面层、跃变层和深海等温层 3 层。海洋表面因受到阳光照射,水温较高,但它同时又受到风浪的搅拌作用,进而形成海洋表面层,层内声速梯度可正可负。在主跃变层之下,水温较低,但很稳定,水温终年不变,且不随深度变化,形成深海等温层。随海洋深度的增加,声速也增加,海洋内部的声速呈正梯度分布。在表面层和深海等温层之间的跃变层是声速变化的过渡区域。跃变层又分为季节跃变层和主跃变层,层中温度随深度的增加而下降,声速相应变小,声速梯度为负。从声源发出的声波将沿着不同的路径传播,置于不同位置的接收机将观察到多路径信号的到达。在这个过程中有一点值得注意:传播路径长的信号不一定晚到达。因为声速在水体中的不均匀性,传播路径长的信号可能以更快的速度传播。也就是说,经过长距离的信号可能比直达路径的强信号更早到达接收机,这个现象导致水声信道响应系统可能不是最小相位系统。

2.1.5 多普勒效应

因为声波在水中的传播速度慢,水声信道的多普勒效应明显。无人潜航器的航速通常为 1.5~3.0 m/s,但其频移因子可以达到 $1\times10^{-3}\sim2\times10^{-2}$。而对于相同速度的无线电通信,其频移因子仅为 $5\times10^{-9}\sim1\times10^{-8}$。由此可见,水声通信中的多普勒频移比无线电通信中的多普勒频移高几个数量级。可见,微小的运动在水声通信中造成的多普勒频移都是不可以被忽略的,也就是说,如波浪、潮汐等都将对信号造成不可以被忽略的多普勒频移和扩展。

图 2.5 给出了实测的水声信道冲激响应。观察图 2.5 可以发现,尽管该水声信道主要途径的结构较为稳定,但由于在数据发送过程中发射换能器的垂直深度、相对接收点的距离不断变化,不同时刻的信道微结构仍存在一定的差异,因此导致了信道的时变特性。多普勒效应还会造成发射机和接收机间传播距离的增加或减小,从而引起接收信号在时间上的扩展或压缩,频域表现为载波频率的偏移。如果发射信号的带宽相对于其中心频率来说

很小,则时间上的变化可以看作信号的频移。由发射机和接收机的相对运动造成的多普勒频移 f_d 与相对运动的声速 v、声速 c 以及信号频率 f_0 有关,可以用下式表示:

$$f_d = \frac{v}{c} f_0 \cos \varphi \tag{2-8}$$

式中,φ 为相对运动与信号传输方向的夹角。考虑到水声信道中声速为 1 500 m/s,远低于其在无线电信道中的传播速度,因此,多普勒频移对水声系统的影响要比其对无线电信道的影响严重得多。

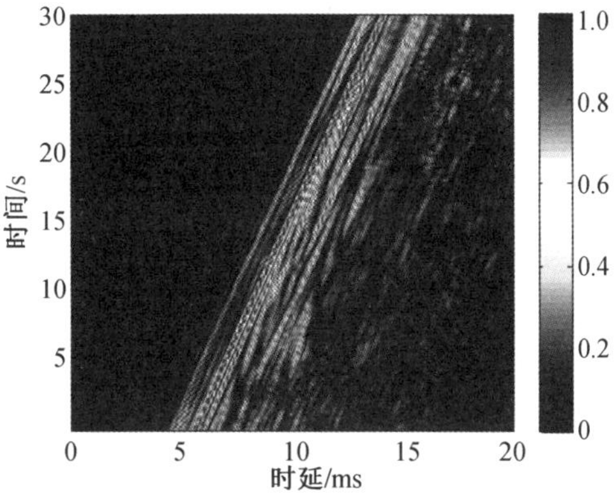

图 2.5 实测的水声信道冲激响应

发射机和接收机之间的相对运动不仅会造成接收信号中出现一个多普勒频移,考虑发射机和接收机之间有多条传播途径,还会形成多普勒扩展。此外,为了实现高速水声通信,通常情况下会采用较宽的通信频带(信号的带宽相对于其中心频率来说不可忽略),此时对多普勒效应不能简单地看作多普勒频移,因此不能使用单一的频率对接收信号进行补偿。在后续的章节中将对多普勒效应对宽带高速水声通信信号的影响以及如何消除该影响等问题展开详细分析。

2.1.6 强时变特性

信号在随机时变信道中传播时会随时间波动,信号波动的快慢通常使用信号随时间变化的相关度来表述。信号随时间的变化反映到水声通信中即为信道冲激响应随时间的变化。为了描述信道随时间的变化,可以定义信道的时间相干函数为

$$\Gamma(\tau) = \left\langle \frac{h^*(t)h(t+\tau)}{\sqrt{[h^*(t)h(t)][h^*(t+\tau)h(t+\tau)]}} \right\rangle \tag{2-9}$$

式中,$h(t)$ 表示参考水声信道;$h(t+\tau)$ 表示延迟时间 τ 后的水声信道;$[ab]$ 表示信号 a 与 b 互相关系数的最大值;“ * ”表示共轭运算;$\langle \cdot \rangle$ 表示系综平均。

水声信道相干时间的测量对于水声通信系统的设计具有重要的意义。对于慢变信道(信道相干时间为几十秒、几分钟甚至更长时间),可以尽量增加信号帧的长度,而不必采用多帧数据格式,即频繁地插入探测信号和保护时间,从而增加系统的有效性。对于快变信道(信道相干时间为几秒、几百毫秒甚至更短时间),可以在信号解码时确定信道更新的频

率,从而增加系统的可靠性。

水声信道具有时频域快速变化的特点,使其成为最困难的无线传输信道之一。固有的传播媒介的变化是引起水声信道时变的主要原因之一。很多物理因素可以引起水声信道的时变,总体来说,这些物理因素可以分为 3 大类:大时间尺度(几个月),如季节流等;中时间尺度(几天或几小时),如潮汐、惯性起伏等;小时间尺度(几分钟或几秒),如表面海浪、湍流、内波等。对于较高频率的水声通信信号而言,具有小时间尺度的运动海面是影响水声通信性能的主要因素。尤其是在浅海环境下,声线不可避免地会与海面相互作用,使得水声信道的时变更加严重,本节将结合试验数据对其展开详细论述。

在具有恒定声速梯度、向上折射的声速梯度或者收发节点都位于近海面水声信道的海洋环境中,声信号在传播过程中不可避免地会与海面发生交互。海面的不平整性可用海面质点偏离平均水面的垂直位移 $\zeta(x,y,t)$ 来表示。$\zeta(x,y,t)$ 被称为随机波浪场,一般可假定是均匀的平稳随机场。绝大部分实际的波浪质点位移 $\zeta(x,y,t)$ 的分布符合高斯分布,即

$$f(\zeta)=\frac{1}{\sqrt{2\pi}\sigma_\zeta}\exp\left(-\frac{\zeta^2}{2\sigma_\zeta^2}\right) \tag{2-10}$$

式中,σ_ζ 为海面波高的均方根值,单位为 m,用于表示海面不平整性的程度,其大小与引起海面不平整的海况有关,一般为厘米量级到米量级。另外,还可以采用瑞利参数 R 来描述海面不平整度的统计特性:

$$R=\frac{2\pi f_0}{c}\sigma_\zeta\sin\theta_0 \tag{2-11}$$

式中,f_0 表示信号频率,单位为 Hz;c 表示声速,单位为 m/s;θ_0 为掠射角。R 在物理上可以理解为由不平整海面引起的声波散射相对于镜像反射波的均方根相移,因此其大小也反映了不同入射波频率和掠射角下海面的相对不平整性。当 $R\ll1$ 时,海面可以看成是平静的,主要是一反射体,在镜像反射角产生相干反射;当 $R\gg1$ 时,海面近似为声粗糙的,作为散射体,在所有方向上发出不相干的散射。C. Eckart 指出,$R=2$ 足以使得相干反射产生超过 15 dB 的损失。D. Rouseff 通过试验验证了 $R>1$ 的多途信号对相干水声通信依然有用,但是需要提高水声信道的更新频率以抑制信道的时变。

为了研究粗糙海面对于水声信道的影响,分析了 2016 年 3 月 20 日在鲅鱼圈海域采集的试验数据。本次试验在港口内进行,平均水深为 18 m 左右,试验当天海面起伏较大,能够观察到明显的白色浪花,约为 3 级海况。试验中均连续发送线性调频(Linear Frequency Modulation, LFM)信号作为信道探测码,LFM 信号频带范围为 8~14 kHz,脉宽为 200 ms,重复周期为 400 ms,发送持续时间为 30 s。

接收端对信号进行匹配滤波处理,可以估计信道冲激响应函数,进而通过不同时刻的估计信道可以研究信道的时变特性。图 2.6 所示为粗糙海面下的水声信道冲激响应,给出了粗糙海面下的水声信道的测量结果。水声信道随时间快速发生变化,虽然信号能量仍然集中于直达声和海面反射声,但是这两条信道结构已经不再稳定。除此之外还有一些较晚到达的声信号。较晚到达的声信号可能是由粗糙海面的声散射导致的,这些声散射随时间快速变化,在不知道海面真实粗糙程度的情况下很难用模型化描述。将不同时刻的估计信道当作参考信号,可以得到水声信道时间相干性的估计结果,如图 2.7 所示。粗糙海面情况

下,水声信道的相干性较差,时间为 2 s 时,信道的相干系数 $\Gamma<0.5$,这种情况下要减小通信信号的数据帧长度,并且需要不断地进行水声信道的估计和更新,以提高系统的稳健性。

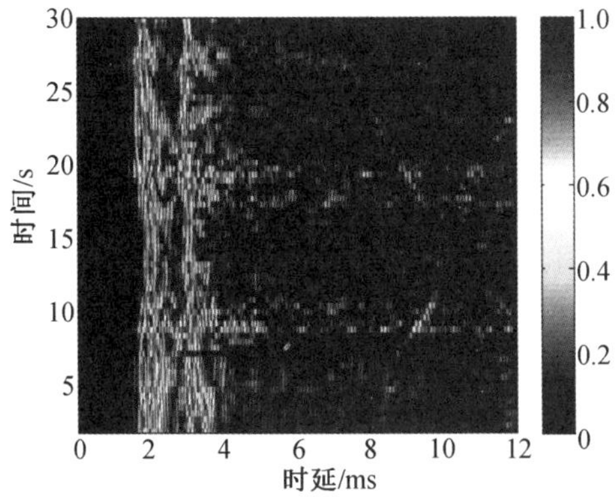

图 2.6　粗糙海面下的水声信道冲激响应

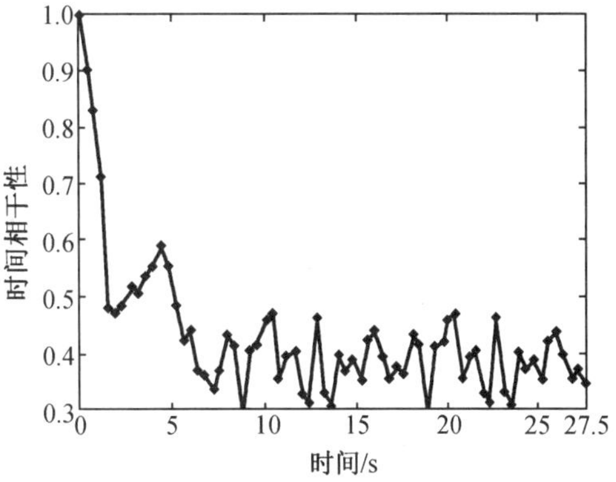

图 2.7　水声信道的时间相干性

2.2　深海声道

深海声道是由深海声速分布的特性构成的,其主要特征是存在使声线向上折射的声速剖面。如果海底对声传播的影响可以忽略不计,则所考虑的海域便是理论上的深海,折射-折射声线、折射-海面反射声线是其重要的声线路径。在深海中,主要有深海声道(也称 SOFAR 声道)传播、会聚区传播和海面波导传播 3 种可实现远距离传播的有效方式。

深海声速分布存在一极小值,其所在的水层称为声道轴。折射效应决定了声线在传播过程中趋于弯向声速较小的水层,因而,在深海声道中,始于声源的一部分声线由于未经受海面和海底反射,故而没有声能损失而被保留在声道内。由于传播损失较小,特别当声源位于声道轴附近时,沿声道轴均为会聚区(Convergence Zone)。声信号可沿声道轴传得很远,且在声道会聚区的信道冲激响应有效宽度较小。

不同海区在不同季节其声道轴深度是不同的。在南海,海深平均超过 2 000 m,均有典型的深海声道声速分布且常年存在,声道轴位于 1 000~1 200 m。在太平洋、大西洋等深海的某些区域,由于声速剖面在某个深度(声道轴)发生弯曲,声波发生折射和反射,声能量的扩散也集中在相对狭小的区域内(会聚区),这时的波导亦具有无形的边界。在北极海区,深海声道轴位于冰层覆盖的海面或近海面处。

利用射线声学模型绘出了某季节南海的深海声线图,如图 2.8 所示。其中图 2.8(a)为声源位于声道轴附近时的声线图;图 2.8(b)为声源位于 150 m 深时的声线图。

图 2.9 为图 2.8 相应的声传播损失(Transmission Loss,TL)曲线,信号为频带 2~4 kHz 内的带限信号。深海声道中的传播损失包括波阵面扩展产生的几何损失及吸收损失。由图 2.8(a)可以看到,沿着声道轴,几乎在所有距离上都是声会聚区,其传播损失示于图 2.9(a)中,可以看到沿声道轴的传播损失很小,60 km 处的传播损失只有 86 dB;与图 2.9(b)对

比可以看出,在相同距离下,收、发节点均位于声道轴时的传播损失明显偏小。目前实际应用中,利用声波在声道中超远传播的特点,可传送失事的飞机和船只的呼救信号,监测水下的地震、火山爆发和海啸等。所以若将通信节点布设在声道轴上,声波在该声道中可传输到数千千米之外,其传播方式与光波在光波道内的传播类似,可实现远程水声通信。

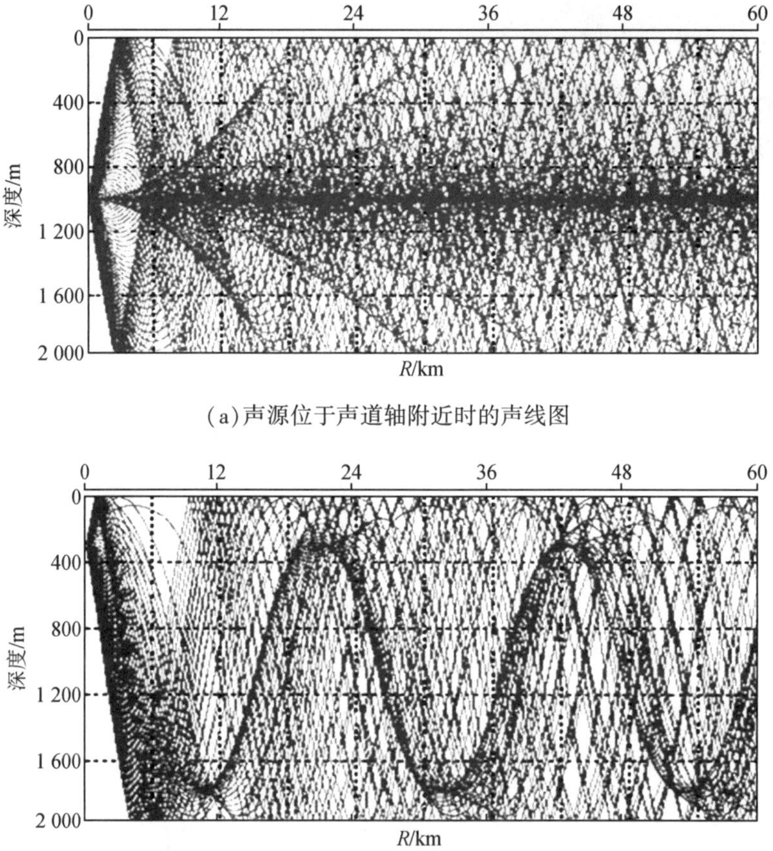

(a)声源位于声道轴附近时的声线图

(b)声源位于 150 m 深时的声线图

图 2.8　深海声线图

在深海声道中,信道的冲激响应函数十分稳定,声信号起伏小,能高强度、低失真地远距离传播声信号。对于水声通信来说,可将收、发节点均置于声道轴附近,这样一方面多途扩展导致的码间干扰小,另一方面传播损失小。利用深海信道特性,将有利于实现远程、高质量水声通信。

在深海中,除深海声道传播可实现远距离通信外,会聚区传播和海面波导传播也是可实现远距离传播的有效方式。

若海深足够大,海洋中存在深部折射路径才可形成会聚区,其必要条件是海底附近的声速要大于或等于声源处的声速。在这种情况下,处于海面附近的声呐设备可以利用会聚区效应。之所以称之为会聚区传播,是因为从近海面声源发射的声波形成一个向下的波束,声能沿着既不触及海面也不碰到海底的折射声线传播,这一簇声线沿着深海折射路径传播后,重新出现在近海面,在距声源数万米处产生一个高声强区,即会聚区,这种现象随着距离的增大而反复出现。高声强区之间的距离称为会聚区距离,它是声呐使用的最重要的参数,这个距离随地理位置的不同而有很大差异。

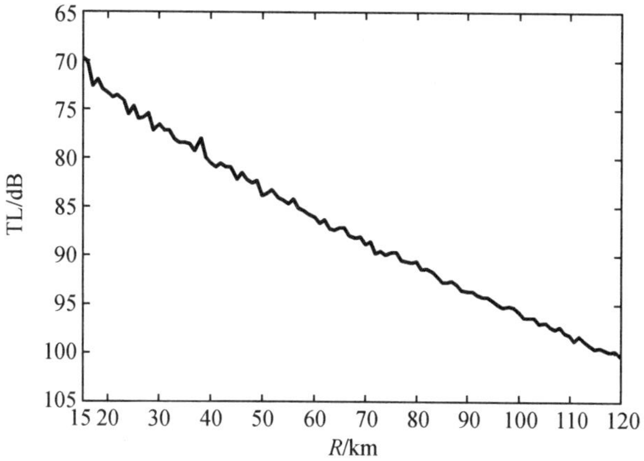

(a)声源位于声道轴附近时的传播损失

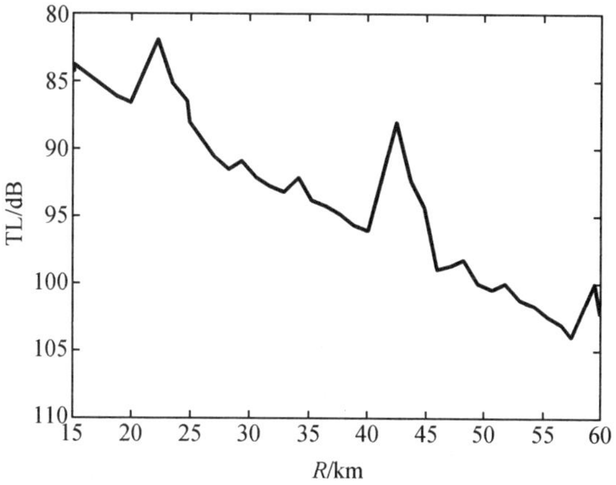

(b)声源位于 150 m 深时的传播损失

图 2.9 深海声传播损失曲线

试验证明:会聚区的声强度要比球面波扩展高 25 dB,通常也要高 5~15 dB。从图 2.9(b)可以看出,声源位于海面时,在水平距离 60 km 范围内观测到有 3 个很强的会聚区,宽度约为 5 km,会聚区峰值比球面波扩展高出 5~10 dB,这与图 2.8(b)的声线图是一致的。因此也可利用这 3 个会聚区增加通信距离。

海面波导传播是利用由海表面等温层形成的表面声道进行声传播。等温层因为静压力而使声速随深度的增加而略有增加,呈现正梯度声速分布,在等温层厚度较大时有良好的声传播条件。等温层通常在温和多风的海域生成,由风浪搅拌海水维持,在大风暴以后可延伸到更大的深度,而长时间风平浪静后等温层会消失。由此看到,表面层随天气、海况、昼夜、季节有着明显的变化,不是一种很稳定的波导。

现在潜水器的下潜深度一般为 250~400 m,随着各种大深度潜水器的研发和应用,潜水器潜深到 1 000 m 或更大深度将是普遍的。2010 年 7 月,“蛟龙号”载人潜水器下潜深度达

3 759 m;2011 年 7 月,其在深度为 5 182 m 的位置坐底并成功安放了中国大洋矿产资源研究开发协会的标志和一个木雕的中国龙;2012 年 6 月,其下潜深度达 7 062 m。另外,开发海洋资源亦需要深海通信的支持。因此,充分利用深海声道特性进行水声通信将成为一种很有前途的对潜通信方式,并可为深海资源开发及海洋研究提供信息传输服务。

2.3 浅海声道

从声学意义上讲,声波在浅海的水平传播距离至少数倍于海水的深度;从地理学意义上讲,浅海是指港口和海湾等内海以及大陆架近海,它往往向外伸展到大陆架的边缘。

我国大部分海域都是浅海,大陆架浅海海深都在 200 m 以内。浅海声道的含义是:在海洋某一深度下,当声波在其中传至远处时,声波经受海面和海底多次反射,被限制在海洋的上下边界之间。海面和海底的声学特性对声场有重要影响。浅海声传播条件较深海恶劣,目前舰载声呐在浅海的作用距离都不远,只有在低频段工作的拖曳线列阵声呐的作用距离较远。

在浅海中,声传播损失取决于海面、海水介质和海底的许多物理参数。水声信道受边界条件(海面和海底)以及海水温度分布的影响非常大,其中海底对声传播的影响尤其大。声信号起伏是海洋传播的明显特征之一,即使在相同位置、不同时刻发出的相同信号,到达固定接收点的信号也会随时间变化。首先是因为海水本身是不均匀的,存在温度不均匀性且海水处于湍流运动状态等,导致各种传播途径之间产生时变的干涉效应,使接收点接收到的是时变信号;其次是因为海面反射声是起伏的,近距离的粗糙海面的反射声起伏很大,但它随距离的增大而趋于减小,因为这时对海面的掠射角变小,而海面的作用越来越趋于全反射。另外,浅海中海底的声学特性也十分复杂,往往按密度或声速分层,其对确定传播损失起着很大的作用,比海面反射复杂得多。图 2.10 给出了实测得到的某浅海声速分布,海深约为 105 m。

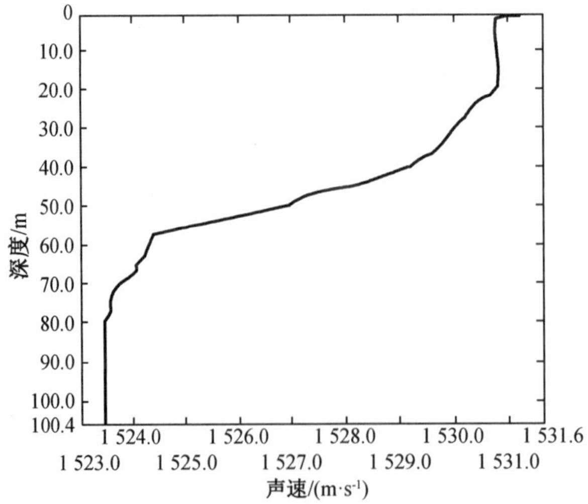

图 2.10 实测得到的某浅海声速分布

改变收、发节点间相对水平和垂直位置即可得到不同的信道冲激响应。图 2.11 列举了两种典型海洋信道。其中图 2.11(a)为收、发节点分别位于水深 10 m、20 m,水平相距 10 km 时的信道冲激响应,其频谱示于图 2.11(c)中。此时,收、发节点处于表面声道,由于海水静压力形成了一个正声速梯度层,传播特性良好,故直达声幅值明显大于多途信号幅值。图 2.11(b)为收、发节点分别位于水深 50 m、60 m,水平相距 10 km 时的信道冲激响应,其频谱示于图 2.11(d)中。此时,收、发节点间声道处于负梯度较大的温跃层,声速随深度增加而急剧减小,多途扩展比较严重且多途信号的幅值较大,会产生较为严重的码间干扰。

另外,从图 2.11(c)和(d)中可以看到,信道为一个梳状滤波器,其频率特性相间出现通带和止带,分别称为子通带和子止带。这意味着不同频率分量的信号经过声道传播后,位于止带的频率分量信号的幅值较小且信号波形畸变较为严重。如图 2.10 所示,海深 10~20 m 的水层为均匀水层,而 50~60 m 为负梯度水层,对比图 2.11(c)与(d)可得出结论:均匀层的平均子通带的带宽宽于负梯度层子通带的带宽。

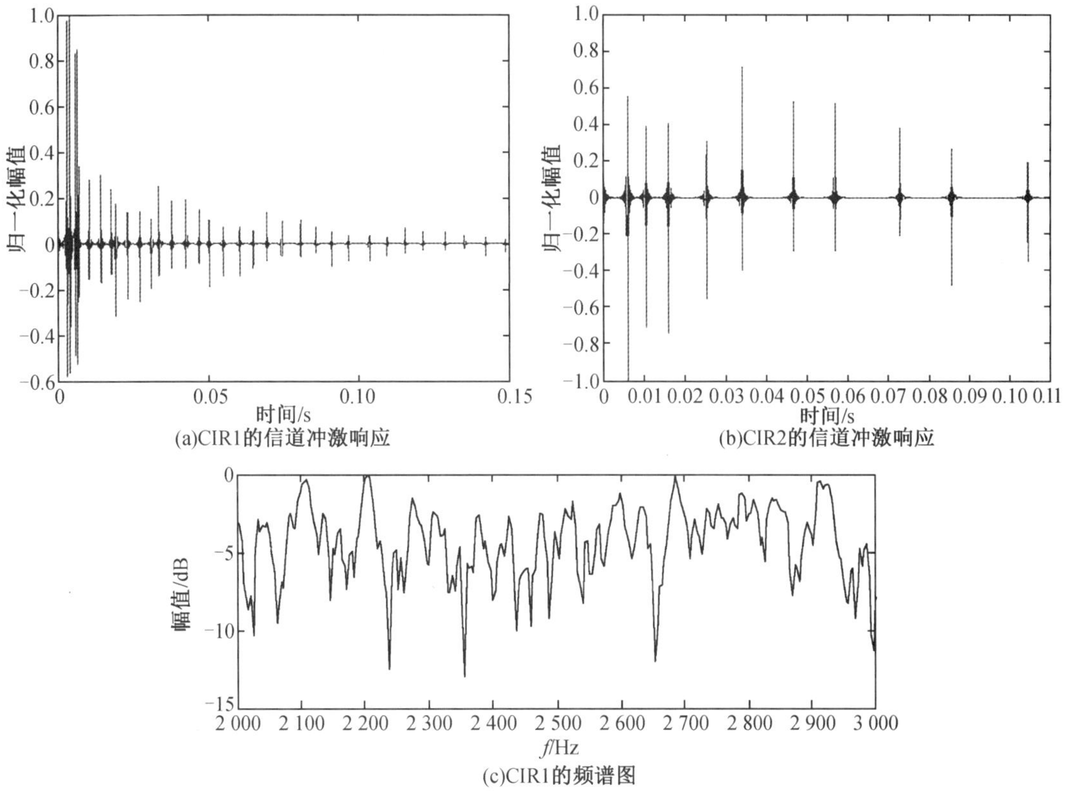

图 2.11 浅海信道冲激响应及其频谱

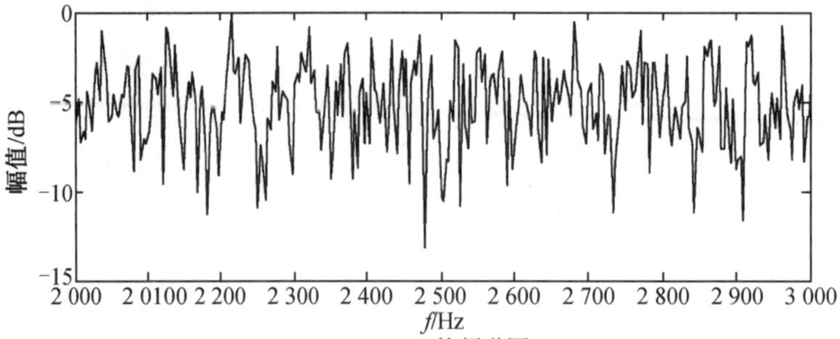

(d)CIR2的频谱图

图 2.11(续)

2.4 极地声道

冰层下的声速梯度分布为典型的正梯度,声道轴位于冰层覆盖的近海面。向上折射的声线与冰层粗糙的下表面反射的声线集合构成了某些独特的“半声道”传播特性,即形成了半波导声道。同时,在声线传播过程中还会产生会聚区,声波在这些区域内时传播性良好。但半波导声道的一个特点是声波在半波导之外的传播衰减将变得严重、复杂。基于冰-水界面反射模型,在典型北极声速梯度条件下,用射线声学理论分别对有冰和无冰边界条件下的声线轨迹、传播损失及信道冲激响应进行仿真建模。

图 2.12 给出了冰界面下声源布放在不同深度(S_d)时的声线轨迹以及同样声速梯度条件下,绝对软界面下的声线轨迹(无冰)。通过对比发现,无论是绝对软界面还是冰界面,由于声速整体呈正梯度分布,声线均向上折射,声源所发射的部分能量集中在靠近界面的位置,形成表面声道,其传播损失将主要取决于冰-水界面或水-空气界面的反射系数。同时,由图 2.12 可以较为清晰地看到近海面的声道轴和会聚区。

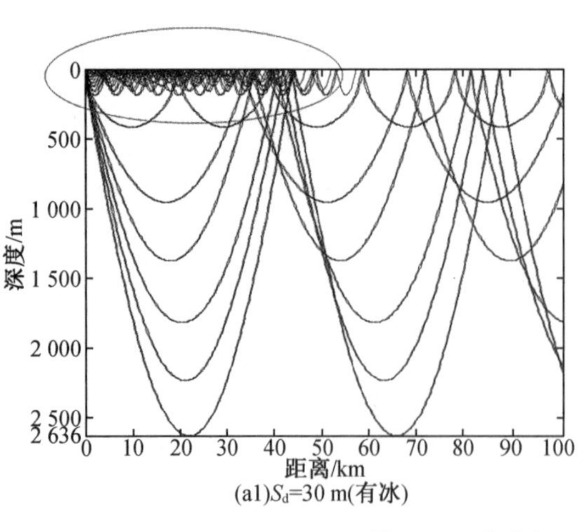

(a1) S_d=30 m(有冰)

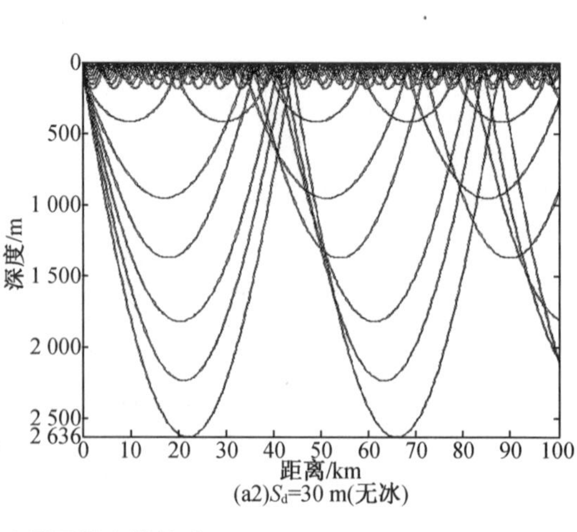

(a2) S_d=30 m(无冰)

图 2.12 有冰与无冰界面的声线轨迹

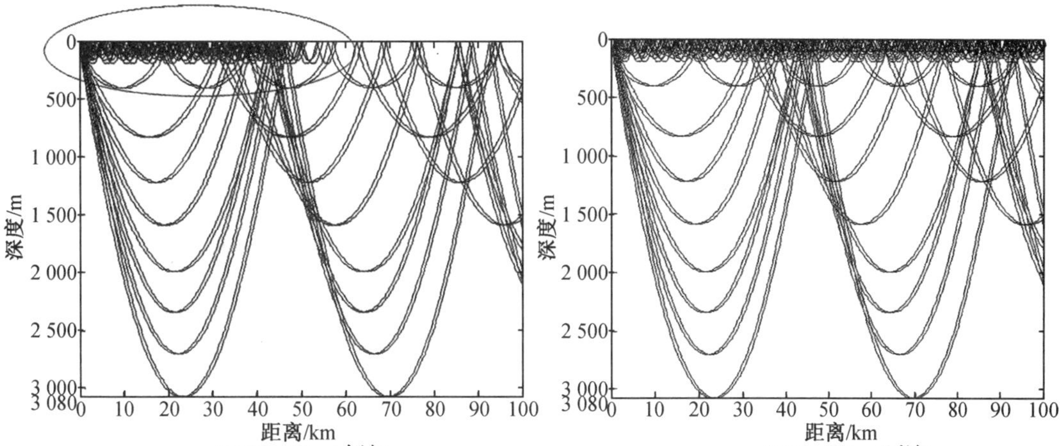

(b1)S_d=100 m(有冰)　　(b2)S_d=100 m(无冰)

图 2.12(续)

与绝对软界面相比,冰界面条件下的部分声线出现了到一定中远距离后终止的现象,如图 2.12 (a1)和(b1)中椭圆标定的部分声线所示,这主要是因为冰面反射系数小于 1 造成反射损失较大。

根据上面的分析,为了使有冰界面与无冰界面的传播情况的区别更加明显,将声源位置布放在 100 m 处,对不同频率信号的传播损失进行分析,结果如图 2.13 所示。绝对软界面下能量集中在靠近界面的位置,形成表面声道,声信号在表面的波导能够远距离传播;而冰界面下也会形成表面声道,但传播损失要比绝对软界面大,这主要是由冰-水界面的反射损失引起的。另外,由图 2.13 可以看出,随着频率的升高,冰界面下的传播损失逐渐增大。整体看来,冰-水界面下,在近距离及中等距离上,正梯度声速分布形成的波导使传播改善;在远距离上,冰层下表面的不断反射导致的吸收损失增大使得远距离传播变得困难。

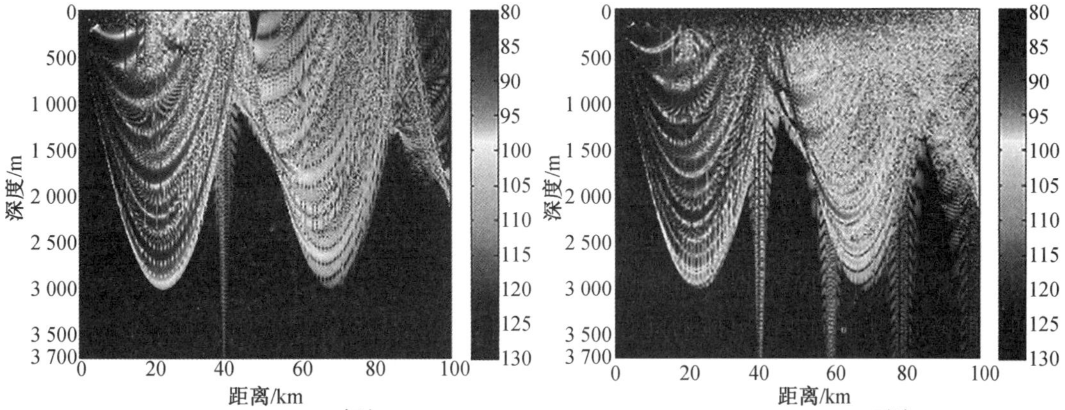

(a1)f=2 kHz,S_d=30 m(有冰)　　(a2)f=2 kHz,S_d=30 m(无冰)

图 2.13　不同频率信号的传播损失

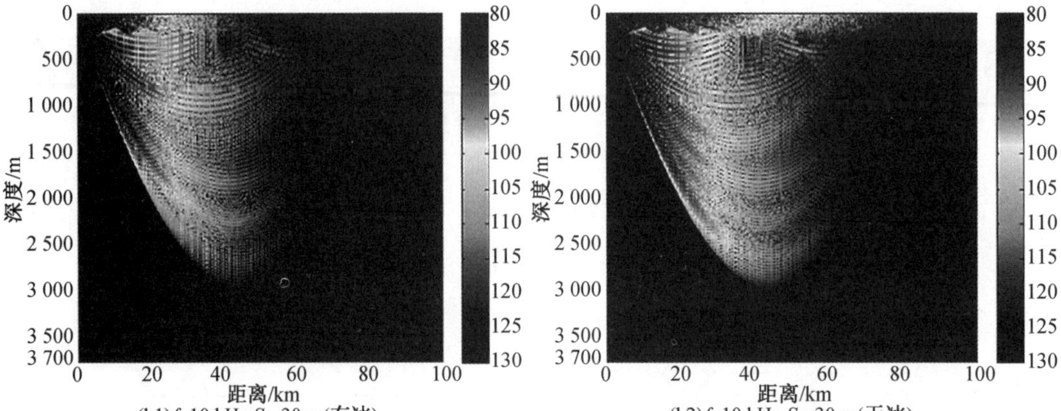

(b1) f=10 kHz, S_d=30 m(有冰)　(b2) f=10 kHz, S_d=30 m(无冰)

图 2.13(续)

根据射线声学理论,通过计算从声源到接收点处的本征声线的特征声线参数,即可确定水声多途信道的冲激响应函数为 $h(t)=\sum_{i=1}^{M}A_i\delta(t-\tau_i)$。其中,$t$ 为时域信号的时间变量;M 为信道多途数目;$A_i=(-1)^{N_s}\cdot\sqrt{I_i}/\sqrt{I_{\max}}$,为声波第 i 条途径到达接收点的本征声线的声压归一化幅值,N_s 为经海面反射次数,I_i 为声波沿第 i 条途径到达接收点的本征声线的声压幅度,$I_{\max}$ 为本征声线中的声压幅度的最大值;τ_i 为声波沿第 i 条途径到达接收点的本征声线的相对时延;$\delta(\cdot)$ 为单位冲激响应函数。

若考虑由海面、海底引入的损失,声波的几何传播损失和海水介质吸收引入的损失,计算某条声线在接收点处的声强为

$$I=\frac{I_0\cdot\cos\theta\cdot\mathrm{d}\theta}{r\cdot\sin\theta\cdot\mathrm{d}r}\cdot\left|\prod_{i=1}^{N_s}V_{si}(\theta_{si})\right|^2\cdot\left|\prod_{i=1}^{N_b}V_{bi}(\theta_{bi})\right|^2\cdot\mathrm{e}^{-2\alpha S\times10^{-3}/8.86}\tag{2-12}$$

式中,$V_{si}(\theta_{si})$ 为海面反射系数;$V_{bi}(\theta_{bi})$ 为海底反射系数;α 为海水介质的吸收系数;S 为声线到达接收点传播的声程;N_b 为经海底反射次数。声线到达接收点的时间为

$$t_i=\sum_{k=1}^{K}\frac{S_k}{\cos\theta_{i,k}\cdot\bar{v}_{i,k}}\tag{2-13}$$

式中,$\sum_{k=1}^{K}S_k$ 为收、发节点间相对距离;$\theta_{i,k}$ 为微片段内声线声程轨迹的掠射角;$\bar{v}_{i,k}$ 为微片段内的平均声速。

对于宽带信号而言,从声源发出的各声线到达接收点时的能量与其经过海底、海面反射次数及所走的声程有直接关系。由式(2-13)可以看出,各声线到达接收点的时间与其所走的声程及声速分布有关。由此可见,受收、发节点相对位置,声速分布等因素影响,声程短的声线所对应的声速可能较小,导致其传播损失可能最小(声强最大),但却不一定是到达接收点耗时最短的。

观察不同位置接收点与声源之间的信道多途结构,结果如图 2.14 所示。图中参数说明:接收换能器的布放深度 R_d,接收点与声源的水平距离 r,声源布放深度 S_d,接收深度 z。由图 2.14 可以看出,在相同收、发深度条件下,冰界面和绝对软界面下的信道多途结构是一

致的,但幅值及多途数量有差别。绝对软界面下的幅值更大一些,远距离时甚至达到量级差异。绝对软界面下的幅值不仅比冰界面下的幅值大,还会多出多途信号,这主要是由于冰面反射损失较大,冰面下的部分声线在传播过程中终止,无法传播更远距离,这与图 2.12(a1)和(b1)所示的现象是一致的,距离越远,这种现象越明显。另外,在正梯度声速分布条件下,接收点与声源之间的信道结构中,最强途径还存在不是最先达到的现象,这对水声通信来说是不利的。

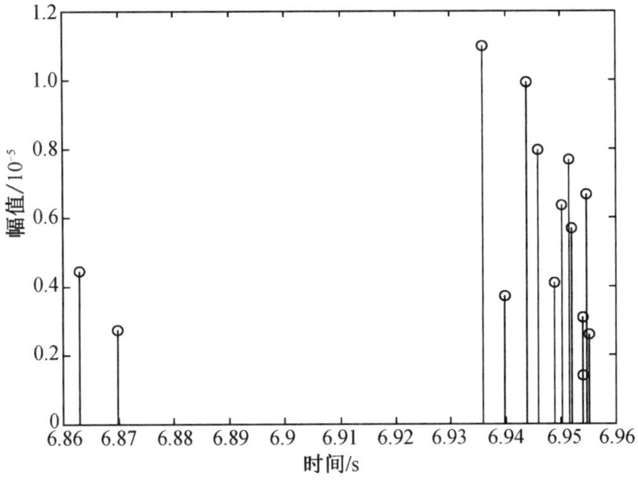

(a1)$r=10$ km,$S_d=30$ m,$z=50$ m(有冰)

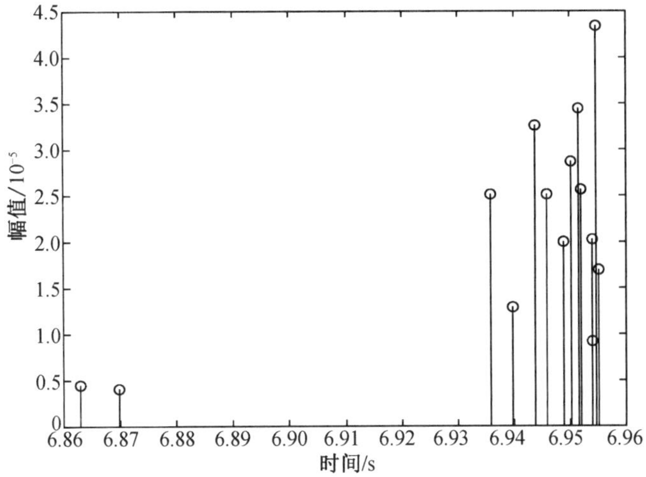

(a2)$r=10$ km,$S_d=30$ m,$z=50$ m(无冰)

图 2.14 不同接收点信道的多途结构($R_d=50$ m)

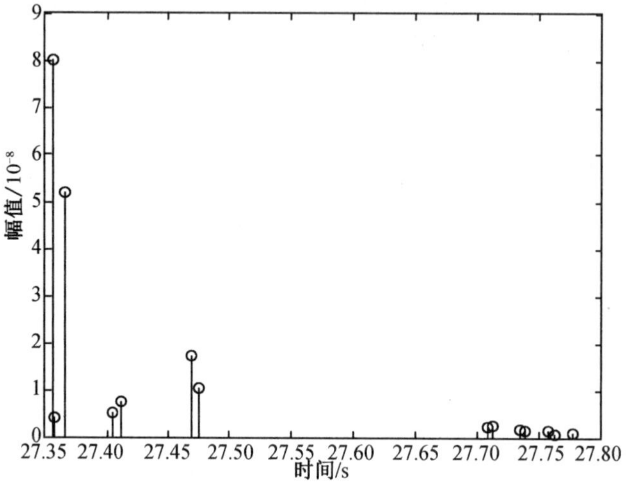

(b1)$r=40$ km,$S_d=30$ m,$z=50$ m(有冰)

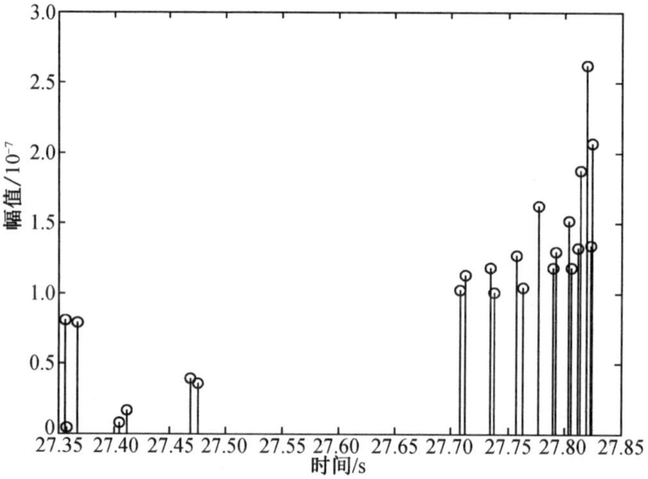

(b2)$r=40$ km,$S_d=30$ m,$z=50$ m(无冰)

图 **2.14**(续)

冰层的覆盖使得极地水域的上界面变化缓慢,并且环境风速的变化仅会造成冰下水体环境噪声功率起伏,而不会引起风浪并导致水下信道发生快速变化。因此,冰层覆盖水域的信道时变性较弱。使用北极冰下实际采集的通信数据进行分析。深度分别为 20 m 和 36 m 的发射换能器与水听器相距 225 m,两者无明显的相对移动。试验位置水深约为 2 690 m,具有厚度大约为 50 cm 的完整冰层覆盖。每间隔 1 min 发射 1 帧持续时间为 5 s 的单载波四相移相键控(Quaternary PSK,QPSK)调制信号,信号的带宽为 3~5 kHz,采样率为 48 kHz。在约 20 min 内采集的 16 帧信号估计的信道冲激响应如图 2. 15 所示。由图 2. 15 可见,信道的时延结构十分稳定,在约 20 min 内几乎没有发生变化,并且不同途径的能量变化缓慢,仅有微小的起伏,可见冰下信道的时变性较弱。

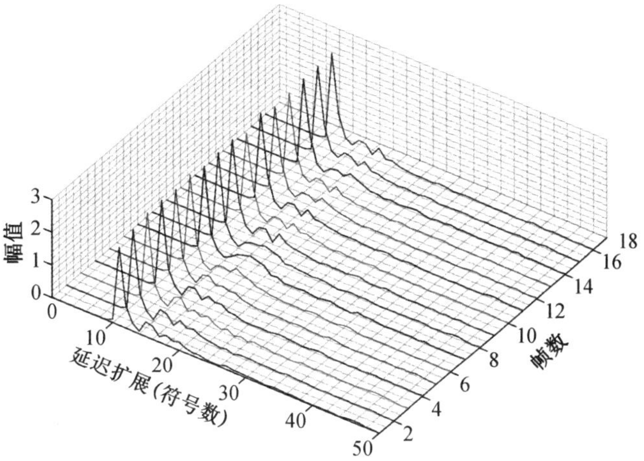

图 2.15　持续时间内的信道冲激响应

极地冰下脉冲噪声是一项重要的信道特征,因此受到了人们持续的关注。M. J. Buckingham 等研究了斯瓦尔巴群岛西部的弗拉姆海峡的北冰洋边缘冰区噪声数据,分析表明:数据中的脉冲成分由浮冰的碰撞、破裂、海浪拍打以及浮冰本身的晃动和弯曲过程产生。O. M. Johannessen 等研究了格陵兰岛和巴伦支海的冰缘涡流引起的环境噪声热点,利用 MIZEX 85~87 和 SIZEX 89 采集的环境噪声数据验证了沿冰缘区域的噪声热点是由于中尺度涡流与 MIZEX 中破碎的浮冰相互作用而形成的。G. B. Kinda 等分析了波弗特海东部极地海域冰下环境噪声及其与环境的关系,研究发现:冰下环境噪声对热变化没有响应,但与大规模区域冰漂移、风速和水域上层洋流有一致的相关性。其将波弗特海域海冰变形引起的极地冰下瞬态噪声分成 3 种类型:宽带脉冲、调频噪声和高频宽带噪声。相关分析表明,这些冰瞬态噪声的发生与气象引起的大规模冰运动和变形速率有关。E. Ozanich 等分析了漂移垂直阵列采集的极地东部海域的环境噪声,通过数据分析发现:极地冰下噪声来源主要包括宽带冰噪声、露脊鲸叫声和地震气枪调查噪声等。韩笑等基于中国第 9 次北极科学考察数据研究了冰下脉冲噪声,主要是冰层碰撞噪声和冰层破裂噪声,分析了冰下环境噪声长期功率谱密度变化与气象变量的相关系数。

中国第 9 次北极科学考察采集的脉冲噪声数据如图 2.16 和图 2.17 所示,其中图 2.16 为冰层撞击产生的脉冲噪声,由波形图和时频图可见,该噪声的能量远强于背景噪声,并且具有较长的持续时间。而图 2.17 为冰层破裂产生的噪声,与图 2.16 相比,该噪声同样具有较强的能量,并且其持续时间较短。不论是冰层撞击还是破裂产生的脉冲噪声,其概率密度函数均具有明显的重尾特征。

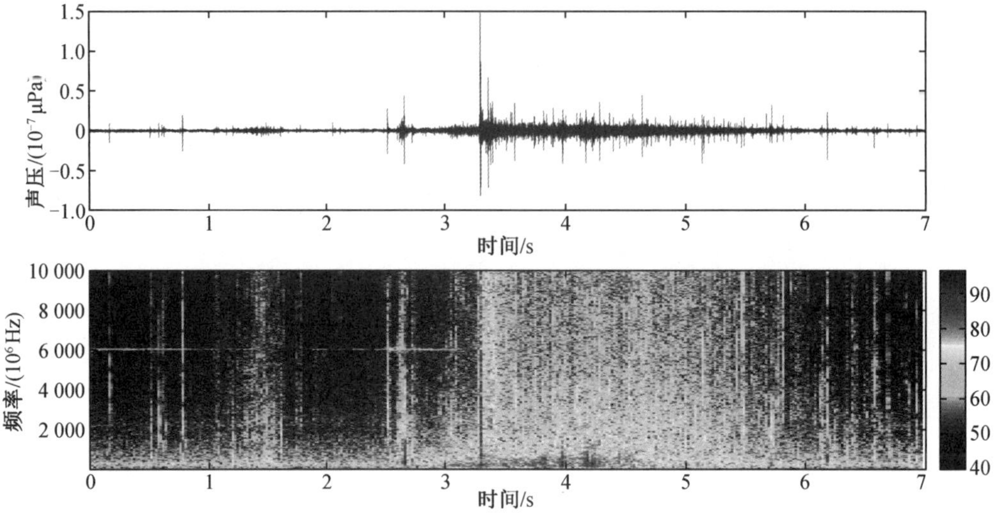

图 2.16　冰层撞击产生的脉冲噪声

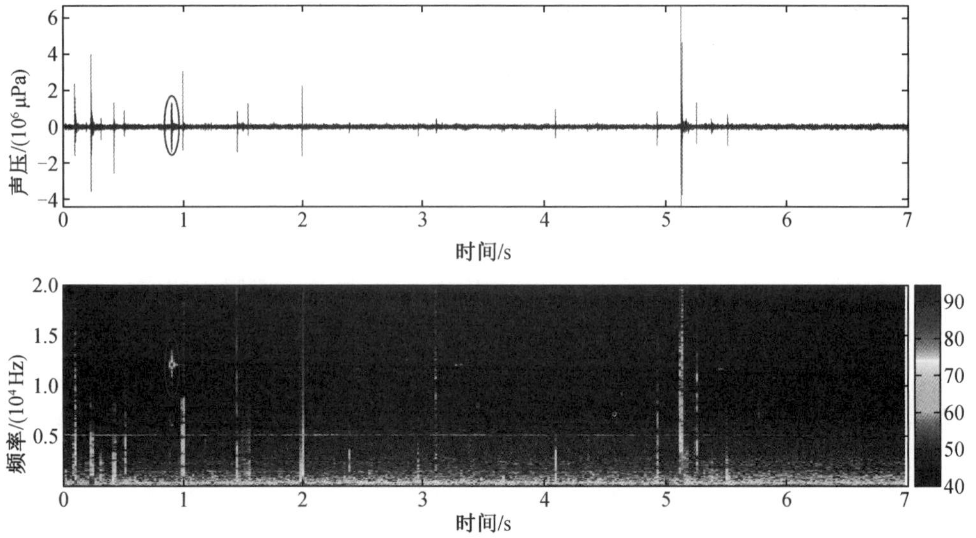

图 2.17　冰层破裂产生的脉冲噪声

本章参考文献

[1]　惠俊英,生雪莉. 水下声信道[M]. 2 版. 北京:国防工业出版社,2007.

[2]　尤立克. 水声原理[M]. 3 版. 洪申,译. 哈尔滨:哈尔滨船舶工程学院出版社,1990.

[3]　PARVIN S J,NEDWELL J R. Underwater sound perception and the development of an underwater noise weighting scale[J]. Underwater Technology,1995,21(1):12-19.

[4]　HICKS A J,HABERMAN M R,WILSON P S. Subwavelength acoustic metamaterial panels for underwater noise isolation[J]. The Journal of the Acoustical Society of America,2015,

138(3):EL254-EL257.

[5] ZHENG H,LIU G R,TAO J S,et al. FEM/BEM analysis of diesel piston-slap induced ship hull vibration and underwater noise[J]. Applied Acoustics,2001,62(4):341-358.

[6] STOJANOVIC M. On the relationship between capacity and distance in an underwater acoustic communication channel[J]. ACM SIGMOBILE Mobile Computing and Communications Review, 2007,11(4):34-43.

[7] ECKART C. The scattering of sound from the sea surface[J]. The Journal of the Acoustical Society of America,1953,25(3):566-570.

[8] ROUSEFF D,BADIEY M,SONG A J. Effect of reflected and refracted signals on coherent underwater acoustic communication: Results from the Kauai experiment (KauaiEx 2003)[J]. The Journal of the Acoustical Society of America,2009,126(5):2359-2366.

[9] 周士弘,张仁和,陶晓东,等. 深海声场的垂直相干特性[J]. 自然科学进展,1998,8(3):342-349.

[10] 张仁和. 水下声道中的反转点会聚区(Ⅱ)广义射线理论[J]. 声学学报,1982,7(2):75-87.

[11] 朱业,张仁和. 负跃层浅海中的脉冲声传播[J]. 中国科学(A辑),1996,26(3):271-279.

[12] BUCKINGHAM M J,CHEN C F. Acoustic ambient noise in the Arctic Ocean below the marginal ice zone[M]//Kerman BR. Sea surface sound. Dordrecht: Springer, 1988: 583-598.

[13] JOHANNESSEN O M,SAGEN H,SANDVEN S,et al. Hotspots in ambient noise caused by ice-edge eddies in the Greenland and Barents Seas[J]. IEEE Journal of Oceanic Engineering,2003,28(2):212-228.

[14] KINDA G B,SIMARD Y,GERVAISE C,et al. Under-ice ambient noise in Eastern Beaufort Sea,Canadian Arctic, and its relation to environmental forcing[J]. The Journal of the Acoustical Society of America,2013,134(1):77-87.

[15] KINDA G B,SIMARD Y,GERVAISE C,et al. Arctic underwater noise transients from sea ice deformation: Characteristics, annual time series, and forcing in Beaufort Sea[J]. The Journal of the Acoustical Society of America,2015,138(4):2034-2045.

[16] OZANICH E,GERSTOFT P,WORCESTER P F,et al. Eastern Arctic ambient noise on a drifting vertical array[J]. The Journal of the Acoustical Society of America,2017,142(4):1997.

[17] HAN X, YIN J W, YANG Y M, et al. Under-ice ambient noise in the Arctic Ocean: Observations at the long-term ice station[J]. Acta Oceanologica Sinica, 2020, 39(9): 125-132.

第 3 章　水声编码和通信体制

由于水声信道具有时延长、频率选择性衰落、时域扩展多途结构复杂等特性，大部分无线电通信体制需要进行针对性的改造方可应用于水声通信系统。本章通过概述 Pattern 时延差编码(Pattern Time Delay Shift Coding, PDS)、扩频、单载波、正交频分复用 4 种通信技术在水声通信系统中的实现方式，介绍水声通信系统的主要构成模块及其数字信号处理环节。

3.1　扩频水声通信技术

扩频通信(Spread Spectrum Communication, SS)在无线电方面已被广泛应用于商业和军事通信各个领域。由于水声信道的带宽受限，扩频技术在水声通信中的发展相对比较缓慢，主要应用于低速水声通信系统。但是由于扩频通信具有良好的性能，因此它也是近年来水声通信技术研究的热点。

水声通信中的一个重要问题就是抗干扰问题，包括各种强的噪声干扰、多途干扰等，此外还要考虑未来水声通信的发展目标——建立水下自组织通信网络。扩频通信因其具备一系列优点而在水声通信中受益：扩频通信可获得扩频增益，抗干扰能力强，可胜任远程水声通信；由于通信信号的频谱被展宽，可认为是一种频率分集，所以多途衰落会大大减小；扩频码自相关特性优良，当多途时延超过一个码片宽度时，则与原码相关性急剧下降而可视为噪声处理，因而对多途效应不敏感；可通过码分复用实现多用户组网通信，保密性好，可为实现水声通信网络化提供有利条件。

3.1.1　直接序列水声扩频通信

直接序列扩频(Direct-Sequence Spread Spectrum, DSSS)，简称“直扩”，是用高速率的伪随机序列在发射端扩展信号的频谱；在接收端利用本地参考的伪随机序列对接收到的扩频信号进行解扩处理，恢复出原来的基带信息，可获得可观的扩频处理增益，从而显著提高水声通信系统的性能。

图 3.1 为直接序列扩频原理框图(图中 PN 码为伪噪声码(Pseudo Noise Code))。在发射端，设原始发送信息序列为 a_n(a_n 以概率 P 取+1，以概率 $1-P$ 取−1)，码元持续时间为 T_a，作为扩频序列的伪随机序列 $c=[c_0 \quad c_1 \quad \cdots \quad c_{N-1}]$，码元持续时间为 T_c，N 为扩频序列的码片周期，则直扩系统的基带信号可表示为

$$s_b(t) = \sum_{n=0}^{\infty} a_n c(t - nT_a) \tag{3-1}$$

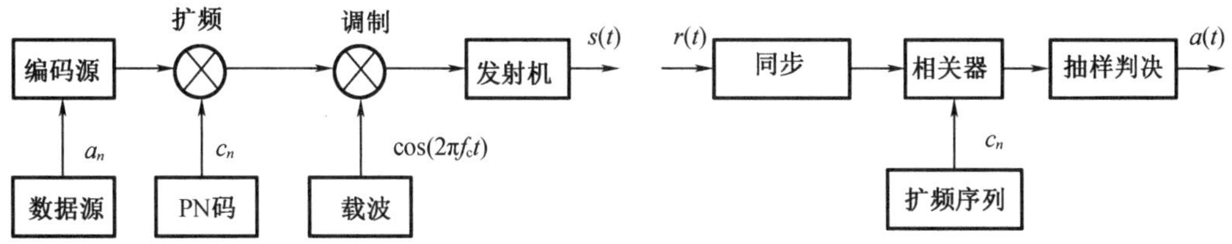

图 3.1 直接序列扩频原理框图

$c(t)$为伪随机序列的时域波形，可表示为

$$c(t)=\sum_{i=0}^{N-1}c_i g_c(t-iT_c) \tag{3-2}$$

式中，$g_c(t)=\begin{cases}1,0\leqslant t\leqslant T_a\\0,其他\end{cases}$，为门函数。经载波调制后，直扩系统的通带信号可表示为

$$s(t)=\mathrm{Re}\{s_b(t)e^{j2\pi f_c t}\} \tag{3-3}$$

式中，$\mathrm{Re}\{\cdot\}$表示取实部；f_c 为载波中心频率。

接收端解扩的过程与扩频的过程相同，对接收直扩信号进行同步后，将通带直扩信号经解调转换为基带信号并与本地参考扩频序列进行匹配相关运算。

在接收端接收到的直扩信号为

$$r(t)=s(t)\otimes h(t)+n(t)+J(t) \tag{3-4}$$

式中，$h(t)$为水声信道；$n(t)$为带限白噪声；$J(t)$为干扰信号，包括人为干扰以及多址干扰。

经同步、解调、匹配相关运算后，输出结果可表示为

$$\mathrm{out}(t)=\sum_n a_n h_n(t-nT_a)\otimes\rho(t-nT_a)+\Gamma(t) \tag{3-5}$$

式中，$h_n(t)$为第 n 个扩频符号内的水声信道；$\Gamma(t)$为解扩输出后噪声与干扰的综合形式；$\rho(t)$为扩频序列的自相关函数。

由于噪声干扰与伪随机序列不相关，多址干扰与本地伪随机序列不相关，所以解扩相当于进行了一次扩频处理，进一步减小了信号带宽内的干扰，提高了输出信噪比。如图 3.2 的直扩系统解扩输出结果所示，通过相关处理，可以将湮没在噪声中的信号提取出来，获得比较大的处理增益。除此之外，可将在发送端被展宽的信号恢复到原信息序列的频带内。最后，对输出结果进行逐扩频符号周期相关峰判决检测即可完成直扩系统解码。

然而在实际应用中，复杂的海洋环境（如海面起伏、内波等）和收、发节点的相对运动使得接收的扩频信号将产生随时间变化的相位，而载波相位跳变将严重影响直扩系统的相关输出结果，导致系统的扩频处理增益下降，进而产生误码。因此在实际应用中，式(3-5)将变为

$$\mathrm{out}(t)=\sum_n a_n h_n(t-nT_a)\otimes\rho(t-nT_a)\cos\varphi_n+\Gamma(t) \tag{3-6}$$

式中，φ_n 为第 n 个扩频符号周期内对应的载波相位跳变。图 3.3 给出了实际海试试验接收的直扩信号与本地参考信号的匹配输出结果，可以看到，受到载波相位跳变的影响，不同扩频符号周期内的相关峰值明显不同，尤其当 $\varphi_n\to\pi/2$ 时，直扩系统将失去扩频处理增益。另外，当 $\varphi_n>\pi/2$ 时 $\cos\varphi_n<0$，通过相关峰极性解码将出现误码。

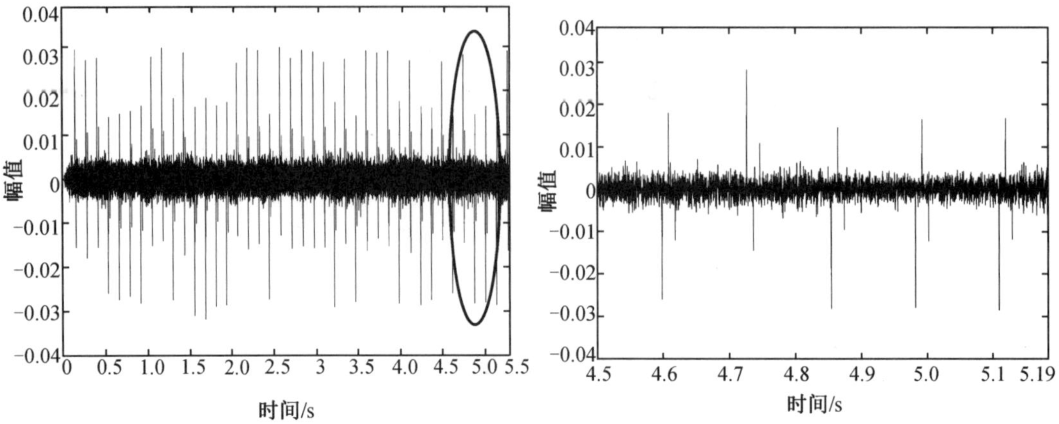

(a)直扩系统匹配输出相关峰　　(b)局部放大

图 3.2　直扩系统解扩输出结果

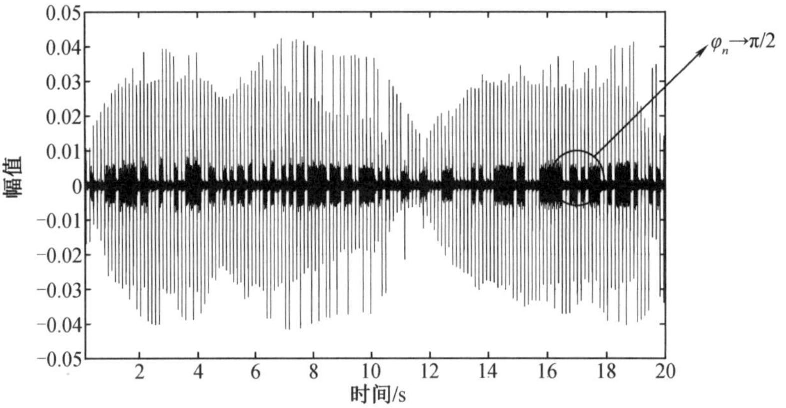

图 3.3　实际海试数据直扩系统匹配输出结果

从上述分析中可以看到,直扩系统传统的匹配相关解码在实际应用中将严重受到载波相位跳变的影响。接下来将以应对载波相位跳变为中心,对基于直扩系统的差分相关检测器进行介绍。

3.1.2　差分相关检测器

图 3.4 给出了差分相关检测器的原理图(图中 PN 为 PN 码)。差分相关检测器只需将本地的扩频序列与接收基带信号进行相关运算后再延迟共轭相乘即可完成直扩系统的解码。该算法简单且易于工程实现,同时可利用相邻扩频符号间的载波相位跳变实现对载波相位跳变干扰的自动匹配抵消,有效地保证了直扩系统的处理增益。

在直扩系统发射端,首先对发送信息序列进行差分编码:

$$d_n = a_n \cdot d_{n-1} \tag{3-7}$$

式中,a_n 为原始信息序列;d_n 为 a_n 差分编码后的信息序列,且有 $d_0=1$。差分编码后的信息序列经过扩频及载波调制后即可发送出去。

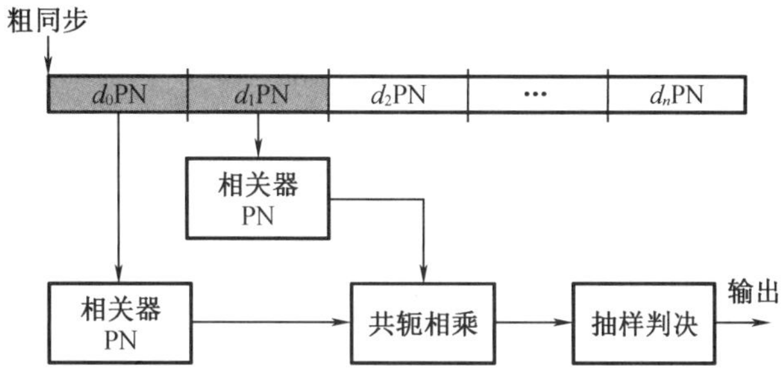

图 3.4 差分相关检测器原理图

在直扩系统接收端,首先将接收信号由通带信号转换为基带信号,则接收信号可表示为(为方便说明,对扩频信号的讨论均限定在一个扩频符号持续周期内)

$$r_n = d_n c\mathrm{e}^{\mathrm{j}\varphi_n} + \Gamma_n \tag{3-8}$$

式中,c 为扩频序列;φ_n 为第 n 个扩频符号内的载波相位跳变;Γ_n 为第 n 个扩频符号内的高斯白噪声。将接收基带信号通过差分相关检测器,有

$$\mathrm{out}_n = \mathrm{Re}\{\langle r_{n-1}\cdot c\rangle\cdot\langle r_n\cdot c\rangle^*\} = \mathrm{Re}\{d_{n-1}d_n\rho^2\mathrm{e}^{\mathrm{j}(\varphi_{n-1}-\varphi_n)}\} + \Delta \tag{3-9}$$

式中,$\langle\cdot\rangle$ 表示相关运算; $\mathrm{Re}\{\cdot\}$ 表示取实部运算;Δ 为解扩处理后的噪声分量,为小量可忽略不计;ρ 为扩频序列自相关函数。由于载波相位跳变在扩频符号持续时间内变化缓慢,因此可认为 $\varphi_{n-1}\approx\varphi_n$,则式(3-9)可整理为

$$\mathrm{out}_n = a_n\rho^2 + \Delta \tag{3-10}$$

从式(3-10)中可以看出,差分相关检测器的输出结果有效抑制了载波相位跳变干扰。通过检测差分相关检测器的输出峰值即可完成对直扩系统的解码。

当考虑水声信道影响时,直扩系统接收端接收的基带信号为

$$r_n = d_n\mathrm{e}^{\mathrm{j}\varphi_n}c\otimes h_n + \Gamma_n \tag{3-11}$$

式中,h_n 为第 n 个扩频符号内对应的水声信道。则差分相关检测器的输出为

$$\begin{aligned}\mathrm{out}_n &= \mathrm{Re}\{\langle r_{n-1}\cdot c\rangle\cdot\langle\langle r_n\cdot c\rangle\rangle^*\}\\ &= \mathrm{Re}\{(d_{n-1}\mathrm{e}^{\mathrm{j}\varphi_{n-1}}\rho\otimes h_{n-1})\cdot(d_n\mathrm{e}^{\mathrm{j}\varphi_n}\rho\otimes h_n)^*\} + \Delta\\ &= \mathrm{Re}\{a_n\mathrm{e}^{\mathrm{j}(\varphi_{n-1}-\varphi_n)}(\rho\otimes h_{n-1})(\rho\otimes h_n)\} + \Delta\end{aligned} \tag{3-12}$$

在实际通信中,相邻扩频符号间的水声信道具有较高的相关性,即 $h_{n-1}\approx h_n$,因此式(3-12)可整理为

$$\mathrm{out}_n = \mathrm{Re}\{a_n\mathrm{e}^{\mathrm{j}(\varphi_{n-1}-\varphi_n)}(\rho\otimes h_n)^2\} \approx a_n h_n^2 + \Delta \tag{3-13}$$

从式(3-13)中可以看出,当考虑水声信道影响时,差分相关检测器的输出将是一系列相关峰,这些相关峰反映了多途信道的信道结构。因此,差分相关检测器在解码时对水声信道的多途扩展干扰不敏感,具有一定的抗多途扩展干扰的能力。图 3.5 给出了差分相关检测器在水声信道影响下的仿真结果。图 3.5(b)验证了式(3-13)的分析结果,同时更形象地说明了当水声信道最大多途扩展小于符号持续时间时,无论水声信道结构如何复杂,差分相关检测器均不受信道影响,具有较强的抗多途干扰能力。

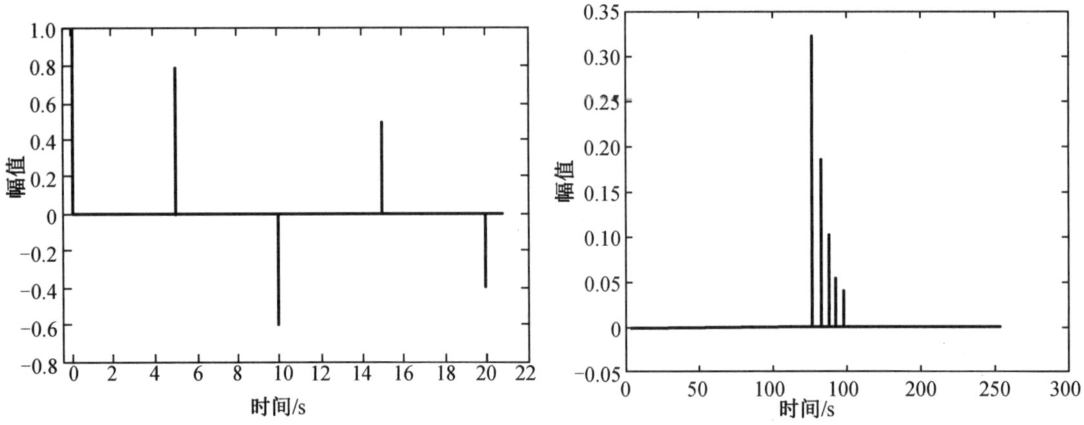

(a)仿真水声信道　　　　(b)差分相关检测器的输出

图 3.5　水声信道影响下差分相关检测器的仿真结果

3.2　单载波水声通信技术

单载波水声通信技术是水声高速通信的重要手段。本章聚焦于单载波水声通信中的两种技术:单载波时域水声通信技术和单载波频域水声通信技术,从基本原理、系统框图和仿真等角度,具体阐述二者的基本思想、关键步骤和技术特点。

3.2.1　单载波时域水声通信技术

单载波时域水声通信技术是一种基于时域信号传输的通信技术,其原理是将数字信号调制成时域信号进行传输。在单载波时域水声通信技术中,信号可以通过脉冲幅度调制(Pulse Amplitude Modulation,PAM)、脉冲位置调制(Pulse-Position Modulation,PPM)等方式进行调制。图 3.6 中展示了一个基本的单载波水声通信系统基本框图。

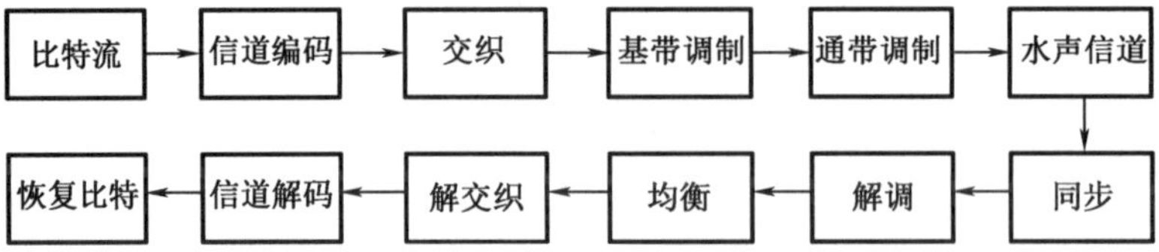

图 3.6　单载波时域水声通信系统基本框图

在发送端,原始的比特流经过信道编码、交织、基带和通带调制后形成时域波形,被送至水声信道中。在接收端,水声换能器捕捉海水中的声信号,将其转换成电信号,经由同步、解调、均衡、解交织和信道解码后恢复出原始比特。因此,单载波水声通信系统中的接收处理是发送端处理的逆过程,其中可涉及诸多信号处理方法。下面对框图中的步骤做进一步的解释。

信道编码是一种用于提高数据传输可靠性的技术。由于水声信道在传输过程中受到多种干扰,如声学噪声、多途传播和衰落等,因此需要采用信道编码来保证数据传输的正确性和可靠性。其基本思想是通过在数据中添加冗余信息来保证传输的正确性。当接收端接收到数据时,通过信道解码操作可以检测和纠正可能发生的错误,从而确保数据传输的正确性和可靠性。此外,由于水声信道中声速慢,信道复杂,前向纠错(Forward Error Correction,FEC)码成为常用的编码技术,其中包括海明码、卷积码、Turbo 码、低密度奇偶校验(Low-Density Parity-Check,LDPC)码等。

交织是一种将数据流进行混淆和重排的技术。通过交织可以有效地降低水声信道中的时域相关性,减小单载波数据在传输过程中受到突发干扰的影响,进一步提高数据传输的可靠性。常用的交织器包括块交织器(Block Interleaver)、交织矩阵(Interleaving Matrix)和随机交织器(Random Interleaver)等。

在水声通信中,常用的基带调制方式包括 PSK 和 QAM 等。图 3.7 中展示了 PSK 的 3 种调制星座图,将比特流分组映射成包含幅值与相位信息的符号,其中二进制相移键控(Binary PSK,BPSK)、QPSK 和 8PSK 的每个符号分别包含了 1 bit、2 bit 和 3 bit 信息。

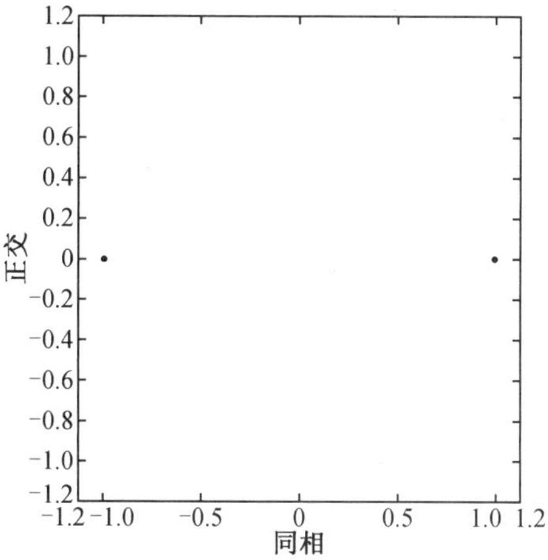

(a) BPSK 调制

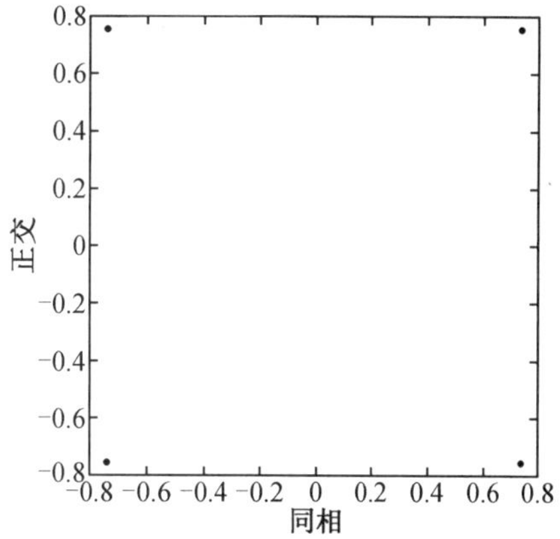

(b) QPSK 调制

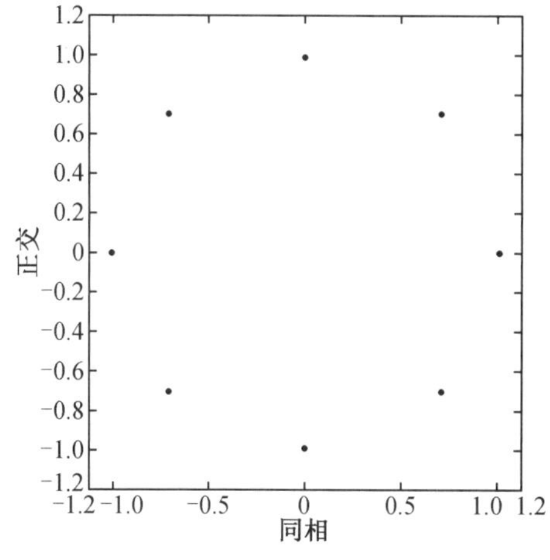

(c) 8PSK 调制

图 3.7　基带调制星座图

对于单输入单输出(Single-Input Single-Output,SISO)的单载波系统,基带发射信号可以表示为

$$s(t)=\sum_{n=0}^{N_s-1}s[n]g(t-nT_s),t\in[0,T] \tag{3-14}$$

式中,$s[n]$为长度为N_s的符号序列;$g(t)$为脉冲成型函数;$T=N_sT_s$,为总信号持续时间。将基带信号调制到中心频率为f_c的载波上,得到的通带信号可以表示为

$$\tilde{s}(t)=\mathrm{Re}\{s(t)\mathrm{e}^{\mathrm{j}2\pi f_c t}\},t\in[0,T] \tag{3-15}$$

脉冲成型滤波器通过作用于每个符号来满足通信信道的两个重要条件:形成与信道带宽相匹配的带限信号和降低由信道多途效应引起的码间干扰(图3.8)。

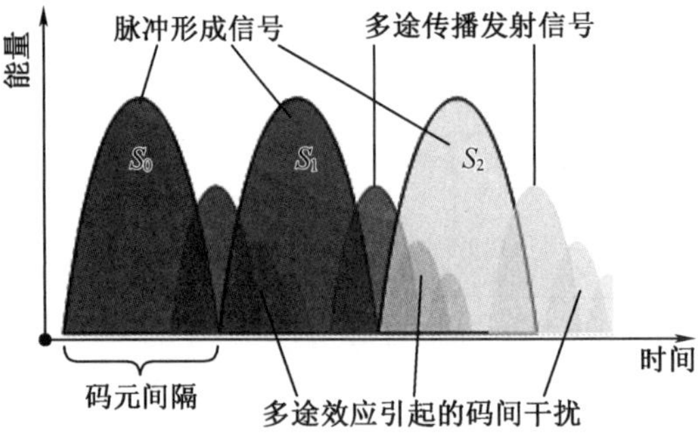

图3.8　多途效应引起的码间干扰

从降低信号带宽的角度来看,通常正弦载波相位调制会导致载波相位产生固定偏移。例如,在BPSK调制中,由于载波相位在符号变化处会发生一次倒相,在不使用滤波器时,信号中存在尖锐的跳变,从而会在频域中引入高频成分,信道带宽以外的高频功率较高。当调制信号经过脉冲成型滤波器后,尖锐的跳变会变得平稳,输出信号的能量会被限制在特定的带宽之内。在单载波通信系统中,将调制信号的所有功率都限制在所用信道带宽内可以有效降低发射功率。

从降低码间干扰的角度来看,在带限信道内,当信号经过长距离传输时,信道的多途效应会导致符号能量的延伸,从而干扰与其相邻的符号,产生码间干扰。脉冲成型滤波器通过改变其滤波特性,使符号能量最大值集中在周期中部、衰减周期开始和结束的部分,从而提供了一定的时间间隔,减小多途信号能量造成的码间干扰。

假设水声信道模型为

$$\tilde{h}(\tau,t)=\sum_{p=1}^{N_{pa}}A_p(t)\delta[\tau-\tau_p(t)] \tag{3-16}$$

式中,N_{pa}为水声信道到达途径的数目;$A_p(t)$和$\tau_p(t)$分别为第p个途径的幅值和时延。假设信道幅值和时延变化缓慢,即$A_p(t)\approx A_p$、$\tau_p(t)\approx\tau_p$,则信道模型可以进一步简化为

$$\tilde{h}(\tau)=\sum_{p=1}^{N_{pa}}A_p\delta(\tau-\tau_p) \tag{3-17}$$

因此水听器(也称接收换能器)接收到的通带信号可以表示为

$$\widetilde{y}(t) = \sum_{p=1}^{N_{\mathrm{pa}}} A_p \widetilde{s}(t - \tau_p) + \widetilde{w}(t) \tag{3-18}$$

式中，$\widetilde{w}(t)$为加性环境噪声，服从零均值的高斯分布。在接收端完成信号同步后，经过通带-基带转换，基带信号可以写为

$$y(t) = 2\mathrm{LPF}[\widetilde{y}(t)\mathrm{e}^{-\mathrm{j}2\pi f_c t}] \tag{3-19}$$

式中，LPF[·]表示低通滤波器。将式(3-15)和式(3-18)代入式(3-19)可得

$$y(t) = \sum_{n=1}^{N_s-1} \sum_{p=1}^{N_{\mathrm{np}}} A_p s[n] g(t - \tau_p - nT_s) + w(t) \tag{3-20}$$

式中，$w(t)$为基带上的加性环境噪声。若f_{sB}为基带采样率，则离散的基带输入输出关系可以表示为式(3-21)。

$$y[m] = \sum_{n=1}^{N_s-1} \sum_{p=1}^{N_{\mathrm{np}}} A_p s[n] g\left(\frac{m}{f_{sB}} - \tau_p - nT_s\right) + w[m] = \sum_{l=0}^{L-1} s[m-l] h_l + w[m] \tag{3-21}$$

式中，右侧第一项可以写为卷积形式；h_l表示长度为l的离散信道抽头；$w[m]$表示加性环境噪声的离散采样点。因此，水声信道环境对于符号的影响在基带可以简单建模成信道的乘性干扰和噪声的加性干扰，导致信号的时域失真。为了恢复发送符号，则需估计和校正信道响应，并设计与信道互补的滤波器，这个过程即为均衡。

为了进一步展示单载波时域通信的过程，图 3.9 列举了于 2021 年 11 月在南海海域进行的水声通信试验中，采集到的一帧 QPSK 调制的单载波时域通信信号。

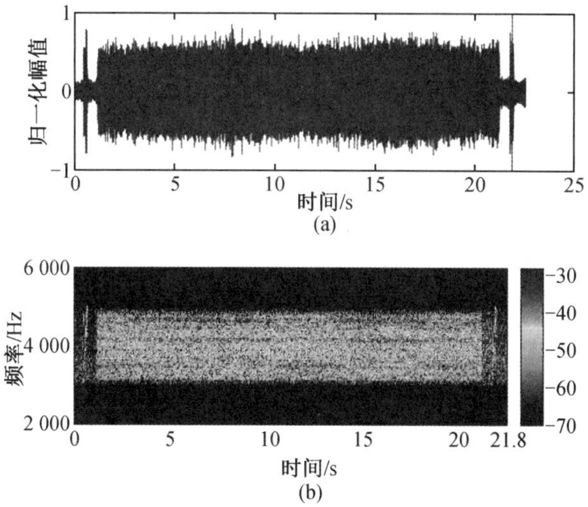

图 3.9 南海试验单载波时域信号时频图

相应地，图 3.10 为南海试验单载波时域信号星座图，给出了接收基带上，在信道均衡前后的信号星座图。由图 3.10 可知，经过水声信道的符号重叠在一起，幅值与相位信息都受到了干扰，无法直接区分。信道均衡可以对信道滤波器进行一定程度的补偿，但由于加性高斯噪声的存在，符号只能围绕在 QPSK 星座点的附近，仍存在一定偏差。

总的来说，单载波时域水声通信信号以符号为单位进行处理，通常利用自适应算法调节均

衡器抽头的系数,并利用锁相环跟踪时变的水声信道相位,获得了较好的均衡效果。其主要具有通信速率高,恒包络,抗多普勒效应能力强,易与 MIMO、时间翻转镜、扩频等技术相结合等优点。同时,由于每个符号的持续时间较短,单载波时域通信面临着严重的码间干扰和频率选择性衰落,这就需要对接收后的信号进行抗干扰处理,导致接收端需要使用复杂的均衡技术。

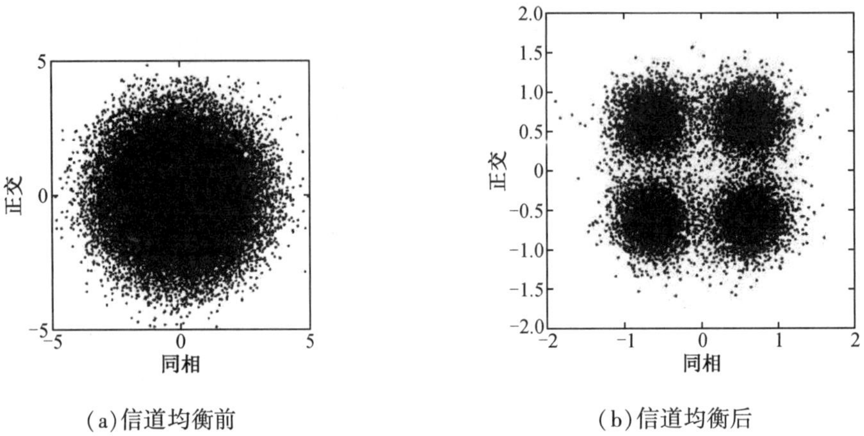

图 3.10　南海试验单载波时域信号星座图

3.2.2　单载波频域水声通信技术

单载波频域水声通信技术,又称单载波频域均衡(Single Carrier Frequency Domain Equalization,SC-FDE)技术,是单载波水声通信技术中的另一种方法。它结合了单载波时域信号与多载波的特点,将发送的数据符号分块,而接收端以块为单位在频域进行处理,结合了 OFDM 和单载波时域均衡的优点,在复杂度和性能之间获得了折中,降低了多载波系统的峰均比和对相位噪声的敏感性,同时具有与多载波系统相当的抗多途效应能力,算法计算复杂度较低。下面进行详细介绍。

图 3.11 中给出了 SC-FDE 系统的基本框图,对比图 3.6 可知,它与单载波时域水声通信系统的区别主要在于发送端的数据分块及接收端的均衡技术上。但每个数据符号的特性与时域系统是一致的。通常,SC-FDE 系统的每帧信号中会包含多个数据块,如图 3.12 所示。

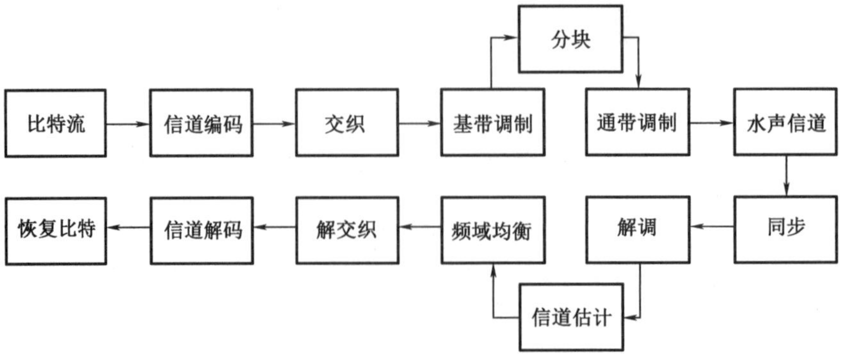

图 3.11　SC-FDE 系统的基本框图

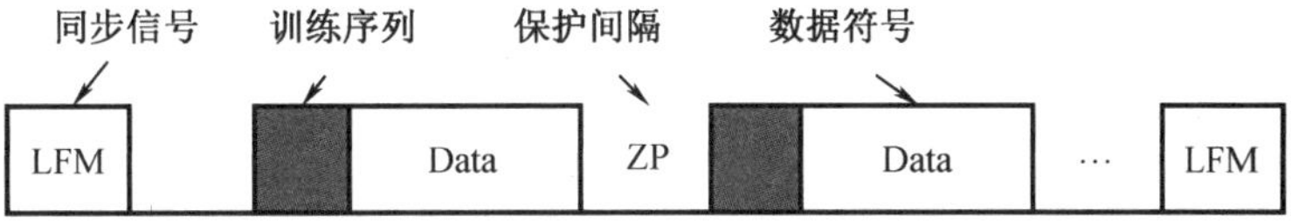

图 3.12　零保护间隔的 SC-FDE 系统帧结构示意图

其中,帧信号前后的 LFM 序列通常被用于信号同步,每个数据块前的训练序列被用于信道估计,块与块之间的保护间隔(Guard Interval,GI)除了零保护间隔(Zero-Padded,ZP)外,还可以由循环前缀(Cyclic Prefix,CP)或独特字(Unique Word,UW)序列组成。下面对独特字序列组成的 SC-FDE 帧结构进行介绍。

基于 UW 序列的负载帧格式,在发送信号内插入已知的 UW 序列充当循环前缀,克服来自前一个数据块的干扰的同时还可以基于自身稳健性进行信道估计及同步,逐渐取代了传统的负载帧格式,其中插入 UW 序列的负载帧格式又分为数据块内插入单个 UW 序列和多个 UW 序列。图 3.13 和图 3.14 分别为两种插入 UW 序列的帧格式示意图,图中 FFT 表示快速傅里叶变换(Fast Fourier Transform)。

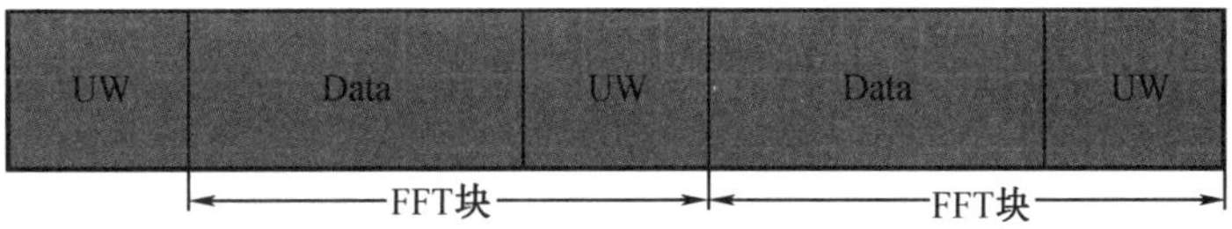

图 3.13　数据块内插入单个 UW 序列

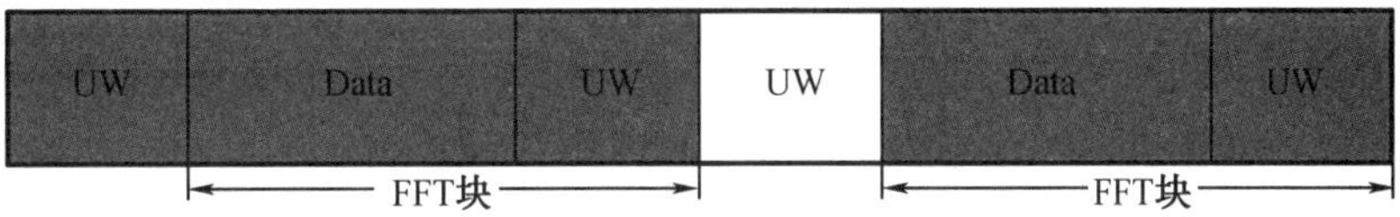

图 3.14　数据块内插入两个 UW 序列

图 3.13 中,一个数据块内只有后端有一个 UW 序列,而图 3.14 中,一个数据块内前端和后端都有 UW 序列。假设 FFT 块的长度为 N_{FFT},UW 序列的长度为 N_g,则图 3.13 和图 3.14 对应帧结构的频带利用率分别为 $(N_{\mathrm{FFT}}-N_g)/N_{\mathrm{FFT}}$ 和 $(N_{\mathrm{FFT}}-N_g)/(N_{\mathrm{FFT}}+N_g)$。

在 SC-FDE 系统中,UW 序列既可以起到循环前缀的作用,也可以用于信道估计、时间同步、多普勒因子估计,所以需要满足一定的条件:自身有良好的相关性、频谱稳定性好,即其是一种在时域和频域均具有较小峰值平均功率比(Peak to Average Power Ratio,PAPR)的序列。以下是 3 种符合条件的 UW 序列,分别为 Chu 序列、Frank-Zadoff 序列以及 Zadoff-Chu 序列。

其中,Chu 序列与 Frank-Zadoff 序列可分别为 I 和 Q 两路信号:

$$I_{[n]}=\cos\theta_{[n]},n=0,1,2,\cdots,U-1 \tag{3-22}$$

$$Q_{[n]}=\sin\theta_{[n]},n=0,1,2,\cdots,U-1 \tag{3-23}$$

当产生 Chu 序列时

$$\theta_{[n]}=\frac{\pi n^2}{U} \tag{3-24}$$

当产生 Frank-Zadoff 序列时

$$\theta_{[n=p+q\sqrt{U}]}=\frac{2\pi pq}{\sqrt{U}},p=0,1,2,\cdots,\sqrt{U}-1,q=0,1,2,\cdots,\sqrt{U}-1 \tag{3-25}$$

Zadoff-Chu 序列的定义为

$$\theta_{[n]}=\begin{cases}e^{j\pi\frac{n^2r}{N}},N\text{ 为偶数}\\e^{j\pi\frac{n(n+1)r}{N}},N\text{ 为奇数}\end{cases} \tag{3-26}$$

以 Chu 序列为例,图 3.15 中展示了 640 点的 Chu 序列的时域和频域星座图,可以观察到其时域与频域都具有稳定的幅度特性。

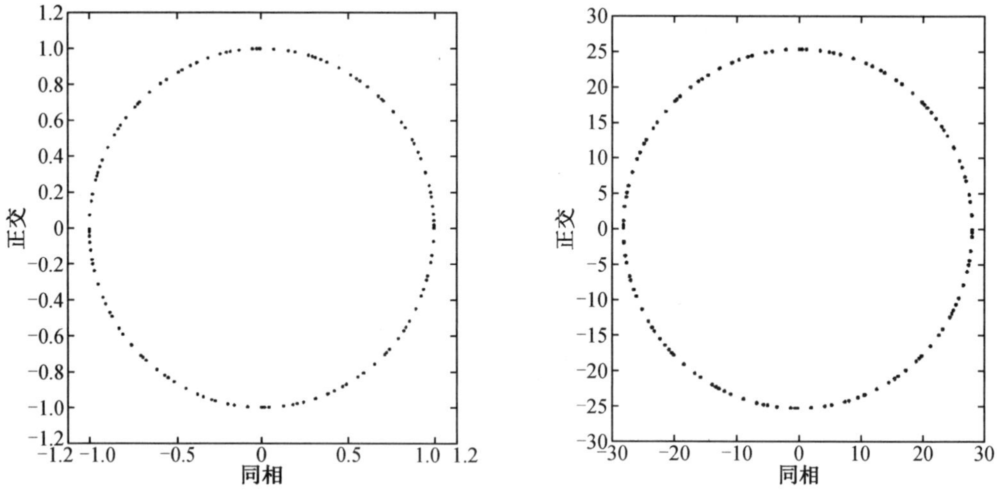

(a)时域星座图　　(b)频域星座图

图 3.15　640 点的 Chu 序列星座图

图 3.16 进一步表明,Chu 序列在时域和频域都具有良好的自相关特性,因此也适用于频域的信道估计,其余两种序列——Frank-Zadoff 序列和 Zadoff-Chu 序列也有着相似的特性和性能,这里不再一一列举。

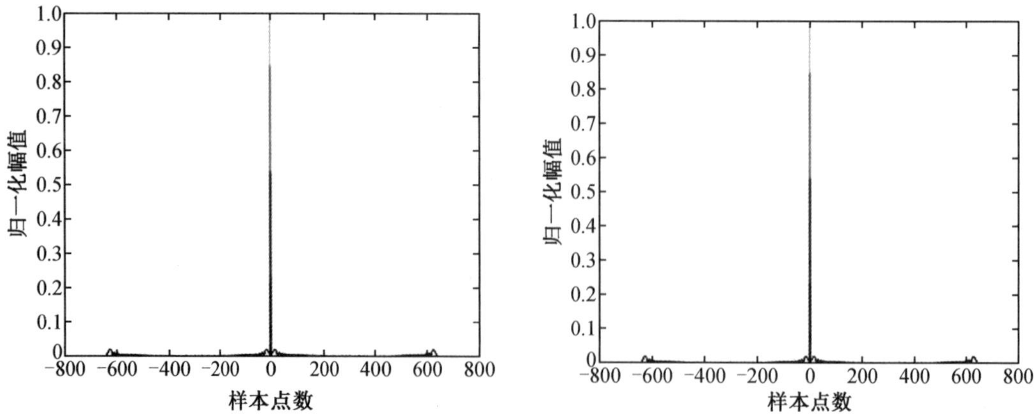

(a)时域自相关　　(b)频域自相关

图 3.16　640 点的 Chu 序列自相关特性

对于单输入单输出的 SC-FDE 系统，接收端的基带模型可以写为

$$\boldsymbol{y}_k=\boldsymbol{h}\boldsymbol{s}_k+\boldsymbol{w}_k \tag{3-27}$$

式中，$\boldsymbol{y}_k=[\boldsymbol{y}_k[1],\boldsymbol{y}_k[2],\cdots,\boldsymbol{y}_k[N]]^{\mathrm{T}}$，$\boldsymbol{s}_k=[\boldsymbol{s}_k[1],\boldsymbol{s}_k[2],\cdots,\boldsymbol{s}_k[N]]^{\mathrm{T}}$ 和 $\boldsymbol{w}_k=[\boldsymbol{w}_k[1],\boldsymbol{w}_k[2],\cdots,\boldsymbol{w}_k[N]]^{\mathrm{T}}$ 分别为第 k 个数据块的接收向量、发送向量和噪声向量，包含 N 个符号。

假设信道基带长度为 L 且在每个数据块内保持不变，则 $\boldsymbol{h}$ 为托普利兹矩阵，满足

$$\boldsymbol{h}=\begin{bmatrix} h_1 & 0 & \cdots & h_L & \cdots & h_2 \\ h_2 & h_1 & 0 & \cdots & \cdots & h_L \\ & & \ddots & & & \\ \vdots & & \vdots & & & \vdots \\ 0 & \cdots & h_L & \cdots & h_2 & h_1 \end{bmatrix} \tag{3-28}$$

对式(3-27)两侧同时做傅里叶变换，则

$$\boldsymbol{F}\boldsymbol{y}_k=\boldsymbol{F}\boldsymbol{h}\boldsymbol{s}_k+\boldsymbol{F}\boldsymbol{w}_k=\boldsymbol{H}\boldsymbol{S}_k+\boldsymbol{W}_k \tag{3-29}$$

式中，$\boldsymbol{F}$ 为归一化的 N 维离散傅里叶变换矩阵，满足 $\boldsymbol{F}\boldsymbol{F}^H=\boldsymbol{I}$；$\boldsymbol{H}=\boldsymbol{F}\boldsymbol{h}\boldsymbol{F}^H$，为对角阵；$\boldsymbol{S}_k=\boldsymbol{F}\boldsymbol{s}_k$，为频域的发送数据块；$\boldsymbol{W}_k$ 为频域的噪声向量。

将式(3-29)展开写成矩阵的形式：

$$\begin{bmatrix} Y_k[1] \\ Y_k[2] \\ \vdots \\ Y_k[N] \end{bmatrix}=\begin{bmatrix} H[1] & & & \\ & H[2] & & \\ & & \ddots & \\ & & & H[N] \end{bmatrix}\begin{bmatrix} S_k[1] \\ S_k[2] \\ \vdots \\ S_k[N] \end{bmatrix}+\begin{bmatrix} W_k[1] \\ W_k[2] \\ \vdots \\ W_k[N] \end{bmatrix} \tag{3-30}$$

可以观察到，由于频域的信道矩阵为对角阵，因此信道对发送信号的影响等效于将每个元素 $S_k[n]$ 乘上一个幅值的衰落系数，矩阵运算变为 N 个并行的元素运算，使得信道均衡变得简单易行，同时避免了矩阵的求逆运算，降低了复杂度。也正因如此，SC-FDE 系统通常需要假设每个数据块内的信道是不变的，否则性能会大打折扣。

图 3.17 展示了 2022 年 11 月在杭州千岛湖进行的一次水声移动通信试验中，经过带通滤波后通道 1，8，17，24 的接收信号时频图。在时域波形上充斥着多途效应引发的时延扩展，但由于块间的保护间隔时长长于最大多途扩展，因此不会引发块间干扰。在频域中，可以观察到明显的频域选择性衰落，这与单载波时域信号是一致的。

试验中系统采样率为 48 kHz，试验采样率为 16 kHz。每帧信号中包含 5 个数据块，每个数据块由 512 个单载波符号组成，其中，符号采用 QPSK 调制，脉冲成型滤波器的滚降因子为 1，且每帧信号前后各添加了长 500 ms 的 LFM 信号用于多普勒效应的估计与补偿，LFM 与信号之间的保护间隔为 200 ms。图 3.18 统计了在此次试验中点对点通信经过处理后的误码率情况，分为 4 个区间(Ⅰ、Ⅱ、Ⅲ、Ⅳ)。其中误码率大于或等于 1×10^{-2} 且小于或等于 1 的帧数占所有数据的 20.57%，误码率大于或等于 1×10^{-3} 且小于 1×10^{-2} 的占比为 36.72%，误码率大于或等于 1×10^{-4} 且小于 1×10^{-3} 的占比为 4.17%，误码率大于或等于 0 且小于 1×10^{-4} 的占比为 38.54%。

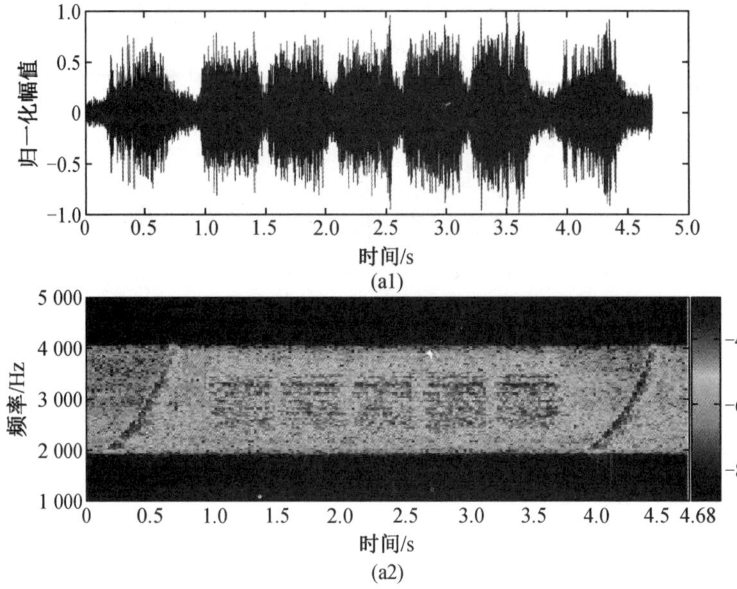

(a)通道 1

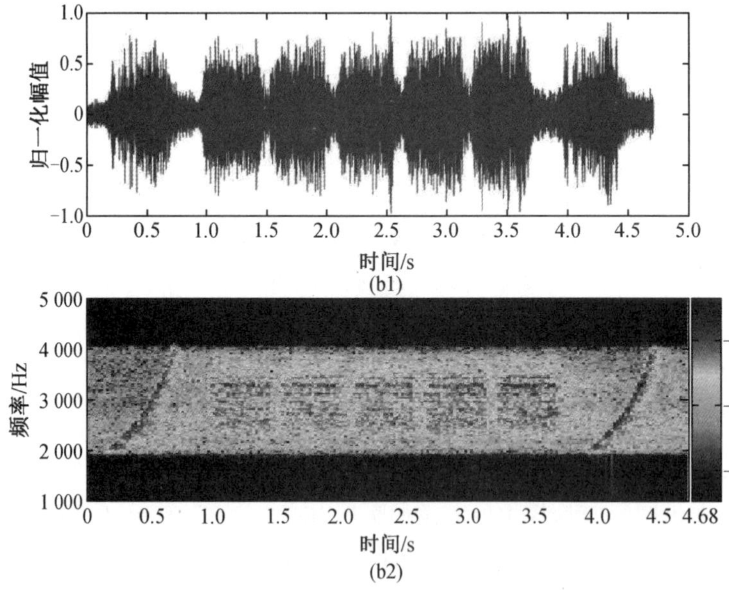

(b)通道 8

图 3.17　千岛湖试验单载波频域信号时频图

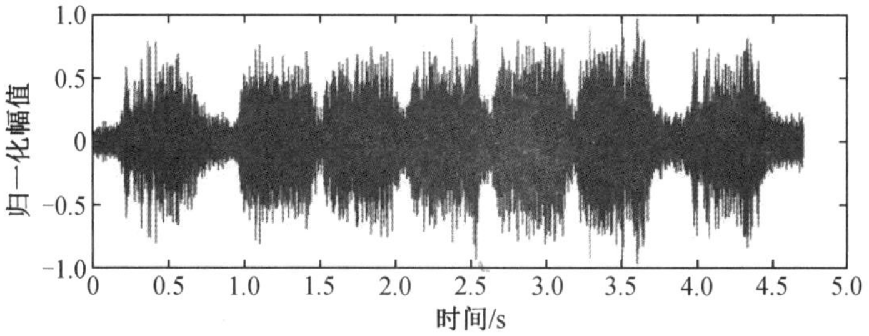

(c1)

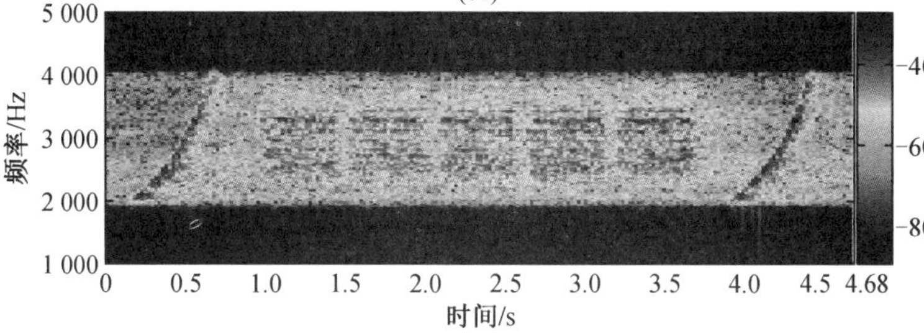

(c2)

(c)通道 17

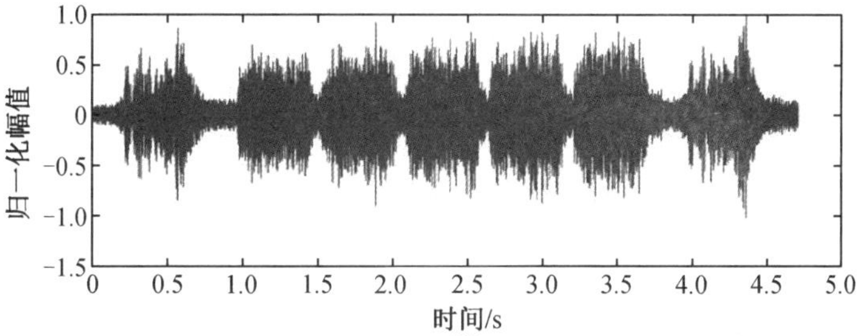

(d1)

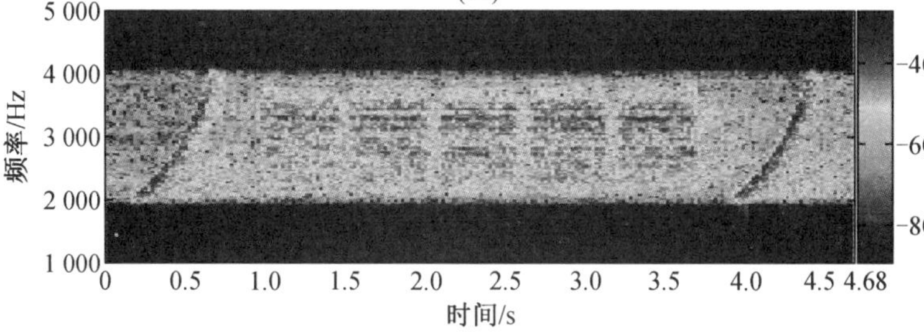

(d2)

(d)通道 24

图 **3.17**(续)

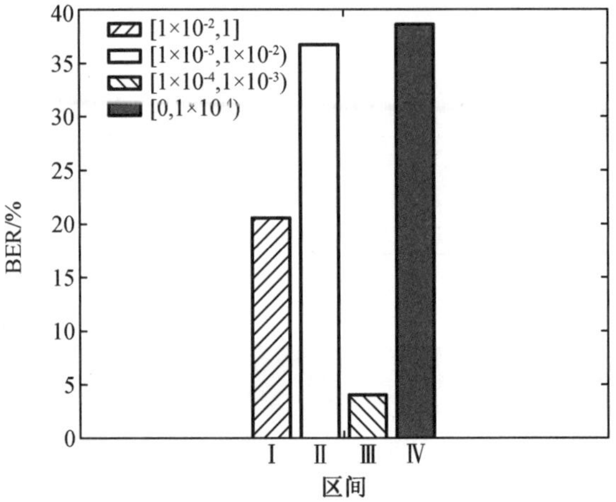

图 3.18　千岛湖试验单载波频域信号误码率情况统计

总的来说，单载波频域水声通信技术是目前水声通信领域中被广泛应用的一种调制技术，适用于水下高速率通信和稳定的信道环境，是单载波时域水声通信技术和 OFDM 技术的一种有效的替代方案，也是目前无线电领域上行通信中的核心技术。

3.3　正交频分复用水声通信技术

3.3.1　相关知识介绍

OFDM 是一种可有效对抗频率选择性衰落的高速传输技术，其应用可追溯到 20 世纪 60 年代的军用高频通信系统。无线信道大多是频率选择性的，而 OFDM 技术的主要思想就是在频域内将所给的信道分成多个正交子信道，在每个子信道上进行窄带并行传输，信号带宽小于信道的相干带宽，因此可以大大消除码间干扰，且由于载波间有部分重叠而提高了频带利用率。

基于 OFDM 多载波技术的抗多途效应能力强、频带利用率高、通信速率快和实现复杂度低等种种诱人优点，从 20 世纪 90 年代中后期，逐渐有人开始了将 OFDM 应用于高速水声通信的研究，以应对水声信道多途严重、频带有限、频率选择性衰落的难题。

S. Weinstein 提出了利用离散傅里叶变换（Discrete Fourier Transform，DFT）实现 OFDM 系统的调制和解调。考虑在发射端要传送一组二进制数据，首先通过映射将该组数据映射成为复数序列$\{d_0,\cdots,d_{N-1}\}$，其中 $d_n=a_n+\mathrm{j}b_n$。如果对这一复数序列进行离散傅里叶逆变换（Inverse DFT，IDFT），得到 N 个复数元素组成的新复数序列$\{S_0,\cdots,S_{N-1}\}$，其中，

$$S_m=\frac{1}{N}\sum_{n=0}^{N-1}d_n\exp(\mathrm{j}2\pi nm/N),m=0,1,\cdots,N-1 \qquad (3-31)$$

如果令 $f_n=\dfrac{n}{N\cdot\Delta t}$，$t_m=m\cdot\Delta t$，式中 Δt 是取定的某一时间长度，则 $T=N\cdot\Delta t$，为符号时间长度。式(3-31)可写为如下形式：

$$S_m=\frac{1}{N}\sum_{n=0}^{N-1}d_n\exp(\mathrm{j}2\pi f_n t_m),m=0,1,\cdots,N-1 \tag{3-32}$$

从式(3-32)中可以很明显地看到,这是一个多个载波调制信号和的形式。其各子载波间的频率差为

$$\Delta f=f_n-f_{n-1}=\frac{1}{N\cdot\Delta t}=\frac{1}{T} \tag{3-33}$$

如果把这个序列$\{S_0,\cdots,S_{N-1}\}$以Δt的时间间隔通过数模转换器(Digital to Analog Converter,D/A 转换器)并滤波输出,就会转化为如下形式的连续信号(忽略常系数$1/N$):

$$x(t)=\sum_{n=0}^{N-1}d_n\exp(\mathrm{j}2\pi f_n t),0\leqslant t\leqslant T \tag{3-34}$$

在接收端,对接收到的信号进行时间间隔为Δt的采样,并进行 DFT,就可以恢复出复数序列$\{d_0,\cdots,d_{N-1}\}$,进而恢复出二进制数据。对于 IDFT/DFT 的计算,通常都采用成熟的 IFFT/FFT 算法(IFFT 为快速傅里叶反变换,Inverse FFT)来实现,以大幅度减少计算量,提高实现效率。

整个 OFDM 通信系统的基本框图如图 3.19 所示,图中 A/D 转换器为模数转换器(Analog to Digital Coverter)。

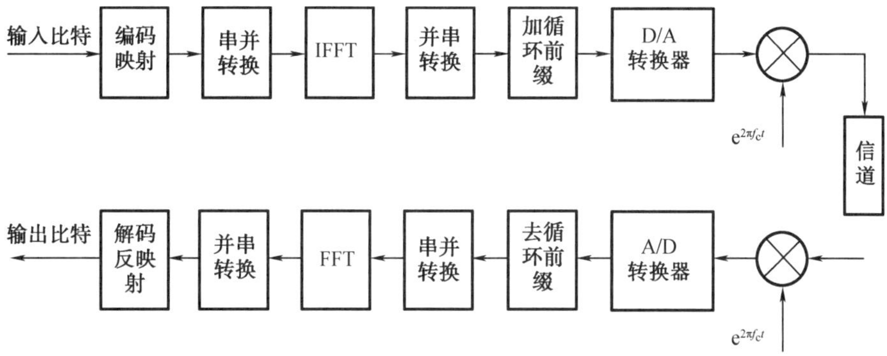

图 3.19　OFDM 通信系统的基本框图

下面来分析一下各子载波间的正交性。设 OFDM 信号发射周期为$[0,T]$,子载波数为N,令$f_i=f_k+(i-k)\Delta f$,其中f_i、f_k为信号中的任两个子载波,Δf为子载波间频率间隔,由正交性计算公式:

$$R=\int_0^T\exp(\mathrm{j}2\pi f_k t)\cdot\exp(\mathrm{j}2\pi f_i t)^*\,\mathrm{d}t \tag{3-35}$$

将$f_i=f_k+(i-k)\Delta f$和式(3-33)代入式(3-35),可以得到

$$R=\int_0^T\exp[\mathrm{j}2\pi(k-i)t/T]\,\mathrm{d}t=\begin{cases}T,i=k\\0,i\neq k\end{cases} \tag{3-36}$$

由式(3-36)可以得出结论:OFDM 信号任意子载波之间都是互相正交的。体现在频谱上就是每个子载波的频谱为$\sin x/x$形状,其峰值对应其他所有载波的频谱中的零点,因而 OFDM 接收机能有效地对每个子载波解调。如图 3.20 所示,从图中可见 OFDM 信号子载波频谱满足正交性准则。当N非常大,所有载波组合在一起时,总的频谱将非常接近于矩形

频谱,频带利用率理论上可以达到香农(Shannon)信息论极限。从这一点看,OFDM 同单载波相比具有明显的优越性。此外,由于各子载波上的信息是互不相关的,它们按指数规律相加,时域内的合成信号非常接近于白噪声。早在 20 世纪 50 年代,哈尔凯维奇就从理论上证明:要克服多途衰落的影响,信道中传输的最佳信号波形应该具有白噪声的统计特性,这也说明了 OFDM 系统对抗多途干扰的潜力。

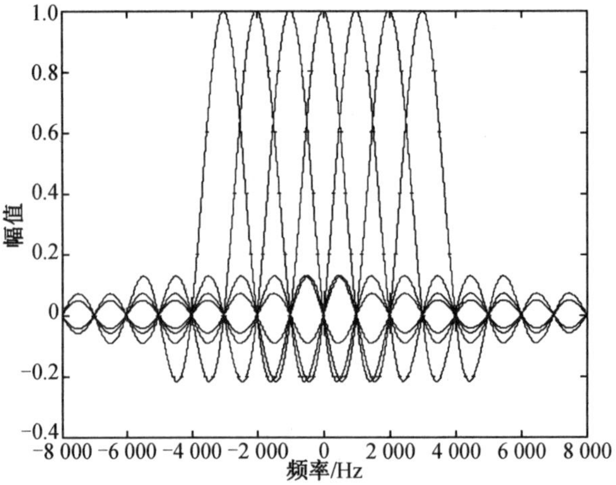

图 3.20 OFDM 信号子载波频谱图

OFDM 系统中最为常用的调制方式为 QPSK 及四相差分相移键控(Quadrature Differential Phase Shift Keying,QDPSK)。

在 QPSK 调制方式中,载波的初始相位共有 4 个可能的取值且间隔相等,如 π/4、3π/4、5π/4、7π/4,每个相位代表 2 bit 信息。其星座图如图 3.21 所示。

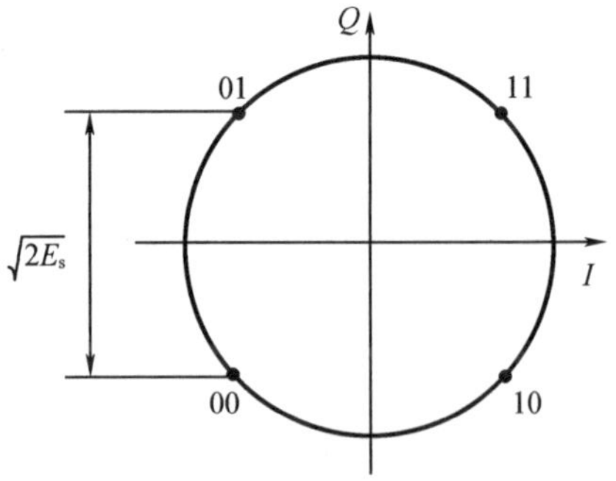

E_s—单位符号的信号能量。

图 3.21 QPSK 信号的星座图

图 3.21 中的 QPSK 采用了格雷码编码方式,使得相邻相位所对应的码元只有 1 bit 不同,这样在发生误码时,一般情况下只会有 1 bit 发生差错。

在 QDPSK 调制方式中,载波的初始相位也有 4 个可能的取值且间隔相等,但是是用本码元载波相对于前一个码元载波的不同相位差代表不同的比特信息。

在 OFDM 系统中，如果采用 QPSK 调制方式，则需要进行信道估计，占用额外的时间或带宽，而采用 QDPSK 调制方式则不需要进行信道估计，不过却要付出 3~4 dB 的损失。

1. OFDM 的优点

近年来，OFDM 系统受到众多研究者的广泛关注，主要是因其具有适合宽带传输的优点。总结起来，在水声信道中，OFDM 系统与传统的单载波或一般非交叠的多载波传输系统相比，具有以下优点：

(1) OFDM 将系统的整个频带分割为带宽小于信道相干带宽的子频带，这样尽管总的信道具有频率选择性，但每一个子频带是相对平坦的，每一子载波上分配的符号速率较低，可以有效地对抗多途扩展产生的码间干扰。

(2) 在数据间插入的循环前缀保护间隔可有效降低码间干扰，同时循环前缀可以降低系统对同步的要求。

(3) 子信道频谱相互重叠且正交，信道频带利用率高。通过对各正交子载波的联合编码，利用宽带信道的频率分集，可获得很强的抗衰落能力，这一点对频谱资源有限、止带和通带相间出现的水声环境很关键。

(4) OFDM 系统各子载波上的调制方式可以灵活控制，容易通过动态调制方式分配，可充分利用衰落小的子信道，避免深度衰落子载波信道给系统性能带来不利影响。这也可以有效对抗窄带干扰。

(5) 通过插入频域导频(Pilot)，可以很简单地实现频域均衡，以补偿信道造成的频率选择性衰落。

(6) OFDM 可以方便地与其他多址接入技术结合使用，并且能够实现非对称高速率数据传输。同时，OFDM 系统具有可变的动态带宽。正交子载波数决定了整个系统的带宽，而正交子载波数由 FFT 的变换点数决定，因此系统带宽具有灵活性，可根据多用户需要设置频带分配。

(7) OFDM 系统可以使用 IFFT/FFT 处理来实现，设备复杂度较传统的多载波系统大大下降，这使得水声系统的设备复杂度可被接受。

2. OFDM 的缺点

OFDM 系统的发送信号是多个正交子载波上发送信号的叠加，这给 OFDM 系统带来了一些固有的缺点，具体如下：

(1) 易受多普勒频偏的影响。OFDM 系统要求各子载波之间相互正交，如果存在多普勒频移，则子载波之间的正交性容易受到破坏，会产生载波间干扰(Intercarrier Interference, ICI)，限制了 OFDM 系统的性能。

(2) 大 PAPR。OFDM 系统的发送信号是多个子载波上的发送信号的叠加，当多个信号同相相加时，叠加信号的瞬时功率远远超出信号的平均功率，导致产生大 PAPR。这种 PAPR 跟系统的发送子载波数成正比。大 PAPR 提高了发送滤波器的线性范围要求，增加了设备的代价。如果放大器的动态范围不能满足信号的变化，则会产生信号畸变，各子载波之间的正交性也会遭到破坏，产生 ICI 和带外辐射。

(3) 保护间隔大而降低传输效率。在信道传播时延扩展超长的水声信道中，由于保护间隔必须大于多途扩展时延，因此 OFDM 的传输效率显著降低。

上面分析了在水声信道中采用 OFDM 技术的优、缺点。分析表明:虽然 OFDM 技术存在自身的缺点,但瑕不掩瑜,其仍是一个值得深入研究的技术。OFDM 也被认为是最有可能成为未来水下信息网物理层的通信方案。

下面对 OFDM 系统中的 PAPR 和多普勒效应进行简要介绍。

3. PAPR

OFDM 信号是独立调制在 N 个正交子载波上的信号和的形式,虽然各子载波的包络值统计独立,但其缺点是当子载波数增加时,如果把每个子载波信号看作是相位随机的余弦信号,则所有子载波信号叠加后合成的 OFDM 信号包络起伏不定,并且会不可避免地出现许多较高的峰值,由此带来较大的 PAPR,即相对于单载波系统而言,OFDM 发射机的输出信号的瞬时值会有较大的波动。具有过大的 PAPR 是 OFDM 系统的一个主要缺点。这就对系统内的一些部件提出了苛刻的要求,如功率放大器,A/D、D/A 转换器等需要具有很大的线性动态范围。而反过来,这些部件的非线性也会导致动态范围较大的信号产生非线性失真,所产生的谐波会造成子信道间的相互干扰,从而影响 OFDM 系统的性能。

PAPR 可以定义为

$$\mathrm{PAPR}=10\lg\frac{\max\limits_{k}\{|x(k)|^2\}}{P_{\mathrm{av}}}\quad(\mathrm{dB})\tag{3-37}$$

式中,$x(k)$ 表示经过 IFFT 运算之后所得到的时域输出信号;平均功率 $P_{\mathrm{av}}=E\{|x(k)|^2\}$。在单载波调制系统中,已调信号的幅度包络是恒定的,PAPR 为 0 dB。在包含 N 个子载波的 OFDM 系统中,当 N 个子载波以相同的峰值求和时,所得到的信号的峰值功率就会是平均功率的 N 倍,那么基带信号的 PAPR 可以表示为:$\mathrm{PAPR}=10\lg N$。例如,在 $N=256$ 的情况中,OFDM 系统的 PAPR=24 dB。当然,这是一种非常极端的情况,OFDM 系统中的 PAPR 一般达不到这一数值。

目前已有的减小 PAPR 的方法大概可以分为 3 类:第一类是信号预畸变技术,即在信号放大之前,首先要对功率值大于门限值的信号进行非线性畸变,包括采取限幅(Clipping)、峰值加窗或者峰值消除等操作。这些信号畸变技术的好处在于直观、简单,但信号畸变对系统性能造成的损失是不可避免的。第二类是编码方法,即避免使用那些会生成大 PAPR 信号的编码图样,如采用循环编码方法。这种方法的缺陷在于可供使用的编码图样数量非常少,特别是当子载波数量 N 较大时,编码效率会非常低,从而导致这一矛盾会更加突出。第三类是利用数据加扰的方法,把需要传输的数据在编码以前与伪随机序列进行加权处理,使数据具有一定的随机性,从而可以避免较大的 PAPR;在接收端再进行相应的去加扰处理即可。这种方法运算量小、简单且易于工程实现。

4. 多普勒效应

多普勒效应包括多普勒频移和多普勒扩展两部分,它是影响系统性能的关键因素。多载波调制系统的一个主要缺点就是对频率或相位偏移敏感。由于声波在水中的传播速度比电磁波的传播速度低 5 个数量级,因此水声通信存在的多普勒系数更大,特别是在高速移动环境下,多普勒频移和多普勒扩展更为明显。频偏会导致系统子载波间的正交性遭到破坏,产生 ICI。

目前,已有多个不同的方法来减少由多普勒频偏产生的 ICI 的影响,大体可分为 3 类:第一类是辅助信号方法,或是在数据前加入同步信号并对同步数据进行 FFT 或匹配滤波,或是在信号谱零点处加入导频来估计多普勒因子,如频域均衡方案、时域自相关法方案等。第二类是用最大似然估计(Maximum Likelihood Estimate,MLE)算法或旋转不变子空间算法来估计多普勒因子,然后用准确的同步来恢复子载波间的正交性,或者用均衡的方法来补偿非完全正交带来的损失。这些方法的共同特点是:假设在一帧数据时间内收发双方的相对运动速度不变,当有加速度存在时,以上方法会导致残留多普勒效应过大,影响系统的性能。同时,这些方法都需要准确的信道估计。然而,在接收节点移动状态下,信道处于快衰落的情况,要实现准确快速的信道估计是非常困难的。而且,一般的信道估计算法只能得到一个固定的频偏值,所以在多普勒扩展(同时存在多个频偏)的情况下不能达到很好的效果。

上述两类算法都把多普勒频移和多普勒扩展看作不利因素,并采取各种方式来补偿或减弱其带来的负面影响。近几年有学者提出第三类方法:把频域的多普勒扩展作为分集的一种方式,不仅可以克服其对系统的不利影响,而且可以化害为利,改进系统性能,是一个行之有效的方案。

各途径到达信号的多普勒频偏不同,无论接收机同步于哪一径、测多普勒频偏于哪一径,其他途径的信号仍然为干扰信号,干扰不可能被完全消除,所以即使采用精确的频率同步技术,跟踪速度足够快,也很难通过估计多普勒频偏以进行补偿并完全消除多普勒效应。在快衰落信道,通过采用多普勒分集方式增加信号的能量,进而改善系统性能,是一个比较有效的方案。

多普勒分集技术主要有两种:多普勒频域分集和联合多途-多普勒分集。多普勒频域分集的基本思想是:在时域表现为 $e^{j2\pi f_m t}$ 的频偏在频域等效为 $\delta(f-f_m)$,将它与原信号相乘,可以看成是原信号在频域上的延迟。通过将这些经过延迟的频谱识别出来,并将其作为分集的路径与原信号进行叠加,就可以在减弱多普勒效应危害的同时增加信号的能量以提高系统的性能。但该技术只有合适的编码才能获得最大多普勒分集增益,然而适用的编码方式会提高计算复杂度和解码时延,不利于信息的实时传输。联合多途-多普勒分集是为了克服多普勒效应引起的时间选择性衰落而提出的,它利用多途和多普勒扩展构成联合多途与多普勒分集,也利用了多普勒频域分集的思想,同时又利用了多途带来的时间分集的效果,但它主要应用于码分多址(Code-Division Multiplexing Access,CDMA)扩频系统中。

3.3.2 循环前缀正交频分复用水声通信技术

由于信道引起的 ISI 和信道间干扰的存在,OFDM 信号子载波之间的正交性会受到破坏,无法在接收端通过 FFT 将各子载波上的信息分开。尽管多载波调制可以延长符号周期,信号的多途时延相对于符号周期缩短了,增强了系统抗 ISI 的能力,但是当前符号仍然会与前一符号的时延产生重叠,从而产生 ISI。

为了减少甚至消除 ISI 对系统的影响,一个方案就是在每个符号前面加上保护间隔。该保护间隔扮演着缓冲器的角色,其目的是使先前符号产生的多途信号在当前符号到达接收机之前消失,从而避免了使用复杂的均衡器来克服 ISI,这也是 OFDM 系统的一个优势。加了保护间隔的后一个 OFDM 符号的持续时间变为

$$T' = T + T_g \tag{3-38}$$

式中,T 为 OFDM 的符号周期,等于子载波频率间隔的倒数;T_g 为保护间隔。保护间隔的插入,导致 OFDM 的功率利用率和系统传输速率降至原来的 $T/(T+T_g)$。

为了消除多途传播造成的 ISI,一种有效的方法是对原来宽度为 T 的 OFDM 符号进行周期扩展。这种采用周期扩展信号的保护间隔称为循环前缀。加了循环前缀的 OFDM 符号如图 3.22 所示。

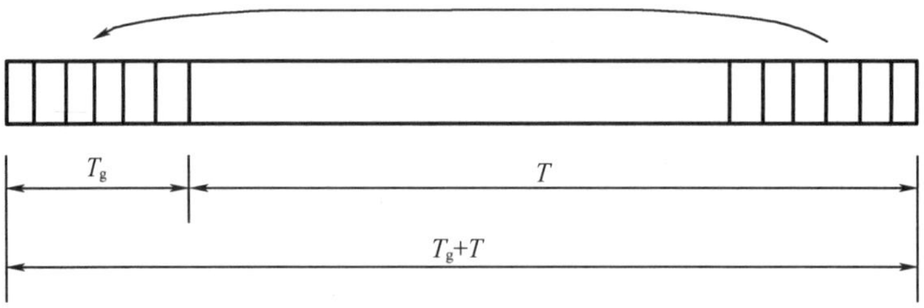

图 3.22 加循环前缀的 OFDM 符号

3.3.3 补零正交频分复用水声通信技术

保护间隔内的信息设置是一个值得考虑的问题。如果将保护间隔内的信息设置为空,则由于多途传播的影响,各子载波之间会丧失正交性,进而导致 ICI,这种效应如图 3.23 所示。

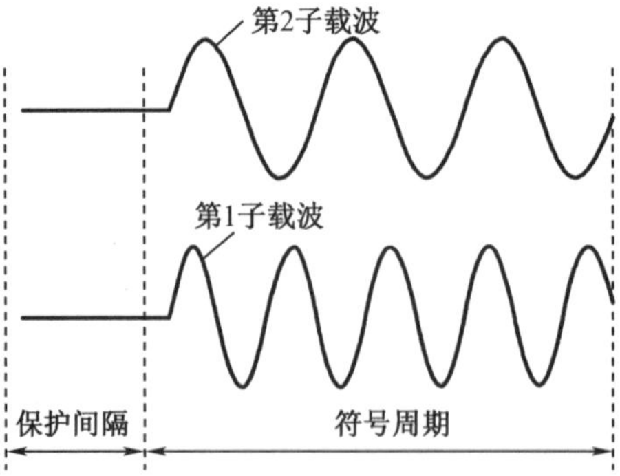

图 3.23 空闲保护间隔在多途信道下的影响

每个 OFDM 符号中都包括所有的非零子载波信号,而且也同时会出现该 OFDM 符号的时延信号。从图 3.23 中可以看出,由于在 FFT 运算时间长度内第 1 子载波与第 2 子载波之

间的周期个数之差不再是整数，所以当接收机对第 1 子载波进行解调时，第 2 子载波会对解调造成干扰，同样，当接收机对第 2 子载波进行解调时，也会存在来自第 1 子载波的干扰。

图 3.24 给出了采用 QDPSK 调制方式的仿真结果，共 300 个子载波，子载波间隔为 10 Hz，每个 OFDM 符号 $T=100$ ms。信道为两径信道，其中第 2 条途径比第 1 条途径幅值衰减约 6 dB，并且多途时延长度远小于保护间隔时间长度。图 3.24(a) 为循环前缀下的星座图，图 3.24(b) 为空闲保护间隔下的星座图。

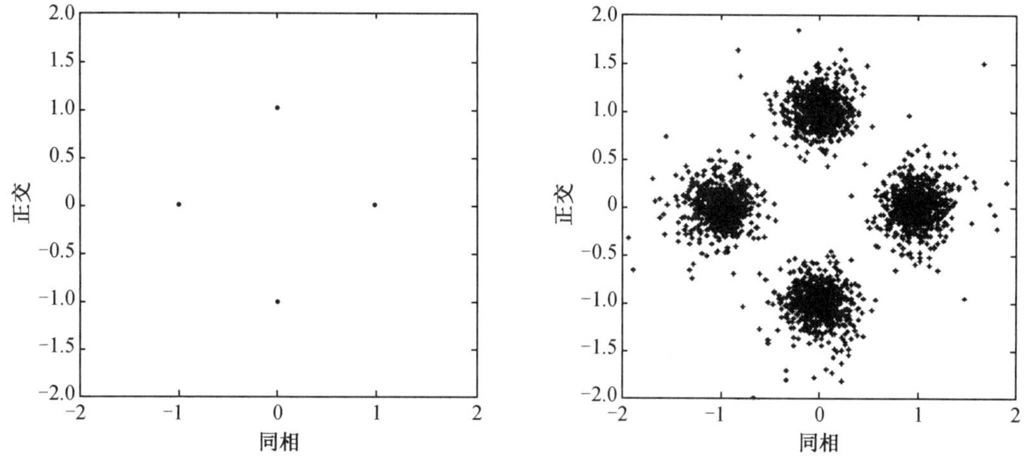

(a) 循环前缀下的星座图　　(b) 空闲保护间隔下的星座图

图 3.24　循环前缀与空闲保护间隔性能比较

理论上而言，只要保护间隔长于多途时延长度就可以完全消除 ISI。但是从仿真结果可以看出，虽然空闲保护间隔远长于多途时延长度，但却未达到应有的效果，这说明空闲保护间隔已经破坏了子载波间的正交性，产生了 ICI，从而导致系统性能下降；而循环前缀却不会导致系统性能下降。

3.4　Pattern 时延差编码水声通信

PDS 水声通信体制属于脉位编码（即脉冲位置调制，Pulse-Position Modulation，PPM），信息并非调制于码元波形中，而是调制于 Pattern 码出现在码元窗中的时延差信息中，不同的时延差值代表不同的信息。图 3.25 为 PDS 示意图，给出了一组码元结构，包含 L 个相关性优良的 Pattern 码。

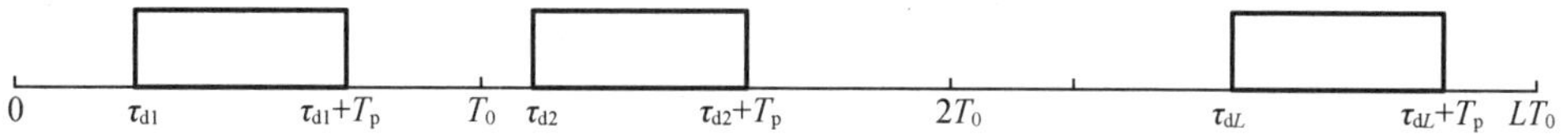

图 3.25　PDS 示意图

图 3.25 中，$\tau_{di}(i=1,2,\cdots)$ 表示时延差值，为 Pattern 码出现在码元窗中的位置；T_p 为 Pattern 码脉宽；码元宽度 $T_0=T_p+T_c$，T_c 为编码时间。PDS 体制的每个码元占空比 $\eta=T_p/T_0$，其数值小于 1。

若每个码元携带的信息量为 n（单位为 bit），则将编码时间均匀分为 (2^n-1) 份，编码量化间隔 $\Delta\tau=T_c/(2^n-1)$，时延差 τ_d 为

$$\tau_d=k\cdot\Delta\tau, k=0,1,\cdots,2^n-1 \tag{3-39}$$

不同的时延差值 τ_d 代表不同的信息，如每个码元携带的信息量为 $n=4$ bit，则将编码时间均匀分为 15 份。若 $k=0$，则代表数字信息“0 0 0 0”；若 $k=11$，则代表数字信息“1 0 1 1”。

系统通信速率为

$$\nu=\mathrm{lb}\left(\frac{T_c}{\Delta\tau}+1\right)\bigg/ T_0=n/T_0 \tag{3-40}$$

从式(3-40)可以看出，编码时间 T_c 和 Pattern 脉宽 T_p 一定（即码元宽度 T_0 一定）时，通信速率与每个码元携带的信息量有关。每个码元所携带的信息量 n 越大，则通信速率越高，而此时编码量化间隔 $\Delta\tau$ 就越小，这就对系统的时延估计精度要求越高。由此可见，时延估计的精度越高，则编码量化间隔 $\Delta\tau$ 可分得越细，每个码元所携带的信息量越大，通信速率也就越高。

单频道 PDS 波形信号可以表示成如下形式：

$$s(t)=\sum_{i=0}^{+\infty}\sum_{j=0}^{L-1}p_j[t-(j+L\cdot i)\cdot T_0-k_{ij}\cdot\Delta\tau],\ k_{ij}=0,1,\cdots,2^n-1 \tag{3-41}$$

式中，$p_j(t)$ 表示第 j 号 Pattern 码波形，其脉宽为 T_p；$k_{ij}\cdot\Delta\tau$ 为第 $L\cdot i+j+1$ 号信息码元的时延差值。

多频道 PDS 水声通信系统通过频分多址（Frequency-Division Multiple Access，FDMA）来划分通信信道。将系统带宽等分成 N 个子频道，每个子频道对应于一个通信频道，每个频道的信源编码、信道编码工作方式是一样的。多频道同时工作时，通信速率相对于单频道工作提高了 N 倍。

每个频道均选取互相准正交的 L 种 Pattern 波形以抑制码间干扰。对各频道分别编码后，将各路编码信号叠加发射出去，即多频道 PDS 信号可表示成如下形式：

$$s(t)=\sum_{l=1}^{N}s_l(t) \tag{3-42}$$

式中，$s_l(t)$ 为第 l 个频道的编码信号，其编码形式如式(3-41)所示。

多频道可同时工作，这样就可以选择某些频道用于下行通信，而将剩余的频道用于上行通信，这为实现组网通信及全双工工作方式提供了条件。

对于浅海工作环境进行仿真研究，系统工作频带选取 5~13 kHz，均分为 4 个子频道，即 4 个通信频道（Ⅰ、Ⅱ、Ⅲ、Ⅳ），每个频道占用 2 kHz 的带宽，选取 $L=5$ 种 Pattern 波形，其通信速率是单频道通信的 4 倍。湖试系统工作频带限制在 6~9 kHz，均分为 2 个子频道，即 2 个通信频道，其通信速率是单频道通信的 2 倍。

3.4.1 PDS 码通信体制

1. PDS 码元结构

PDS 通信系统采用 Pattern 码作为水下数据传输的信息码元，以 4 个频道工作方式为例，设信道多途扩展时间小于 T_{ISI}，其数据码元结构如图 3.26 所示（图中 Block 表示时域的信号分块）。

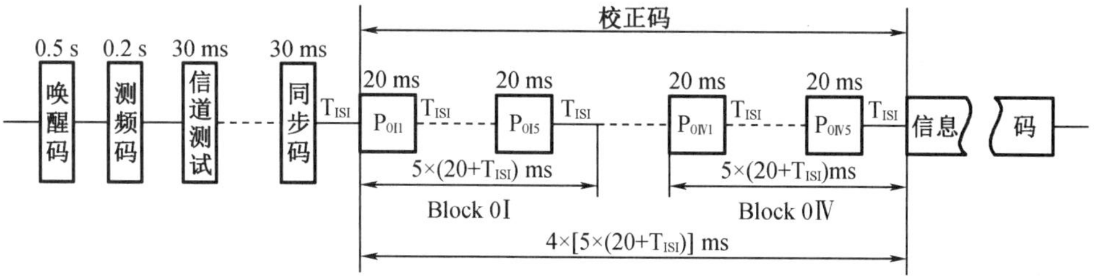

图 3.26 PDS 码元结构图

下面对 PDS 码元结构的重点部分进行简要介绍。

（1）唤醒码

唤醒码（Wakening-Code）用于唤醒通信系统，使通信系统上电准备通信工作。只在通信刚开始时才发出唤醒码，后续通信时由同步码起始。

（2）信道测试

信道测试（Channel Estimation）用于测量信道多普勒系数 σ。当与移动节点通信时，相关器的参考信号均须依据 σ 实时计算。

（3）同步码

同步码（Sync Code）可以给出译码窗的时基并确定最强的多途途径到达时刻。接收机利用拷贝相关器，通过峰选测得同步码到达时刻。相关峰对应的时刻作为译码窗同步基准，该时刻亦为最强的多途途径到达时刻。同步码与后面的校正码之间应有一定时隙，以减小同步码的多途信号对后面校正码的影响。

（4）校正码

校正码（Correcting Code）是一码串，它包括本体制中使用的所有码型，为后面的信息码提供时延估计的参考信号。校正码是为修正多途信号对译码的影响而设置的，提供了相干重置参考波形及译码的时延差修正量。校正码与信息码之间应有一定时隙，须保证在信息码到来之前完成参考波形制表。

（5）信息码

信息码（Information Code）跟在校正码的后面。可以有多组信息码，具体组数取决于海洋信道相对稳定的时间。每个频道的一组信息码含有 5 种码型，和校正码的码型种数一样，它用码片出现在码元窗的时延差调制信息。本通信系统 4 个频道同时工作，每组信息码由 4 个频道的信息码叠加而成。

图3.27(a)给出了信源、信道编码后波形；信号经海洋(水声)信道传输至接收机，接收波形如图3.27(b)所示，存在多途及噪声干扰。

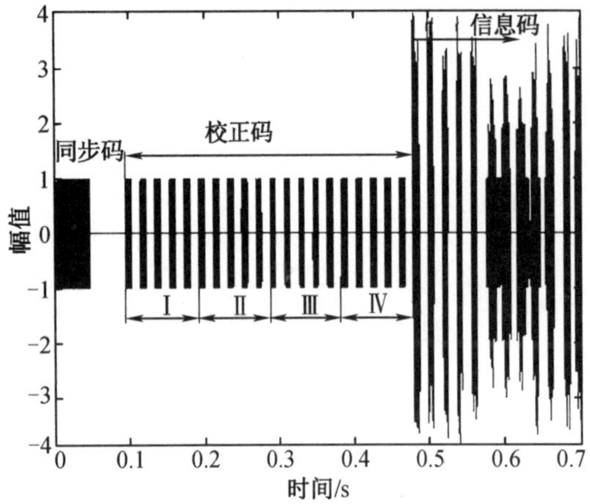

(a)原信号

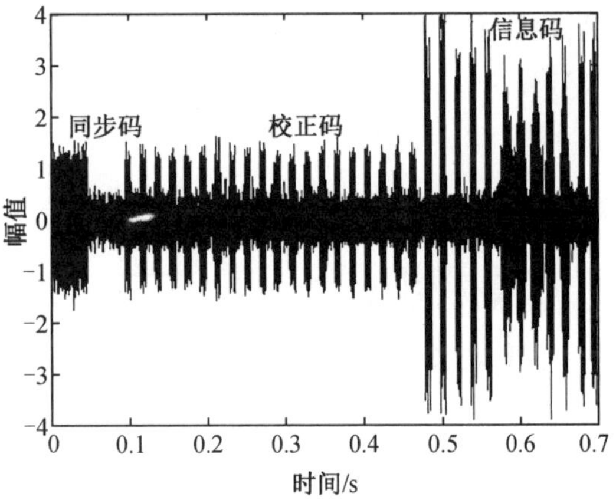

(b)接收信号

图3.27　通信信号经水声信道传输

2. PDS体制译码原理

PDS通信体制：在发射端利用Pattern码的时延差值进行时延编码，在接收端利用时延估计技术进行时延测量译码。时延估计的精度越高，则编码量化间隔$\Delta\tau$分得越细，每个码元所携带的信息量也就越大。

时延估计技术在水下目标定位、被动声呐测距等方面有着广泛的应用。国内外提出了各种时延估计方法，如相关法时延估计、极大似然时延估计、自适应参数估计方法、高阶统计量分析、小波分析等。本章提出相干重置技术以提高测时精度，并依此采用拷贝相关时延估计方法和多频道联合时延估计方法两种译码方案。

(1)相干重置技术

校正码是为修正多途信号对译码的影响而设置的，它提供了相干重置参考波形及译码的时延差修正量。每个频道的校正码是5个选定的Pattern波形串，它们的代码均为零时延。由同步码给出开窗时基后，在每5个窗内(每个窗宽为T_0)截取5段信号并存储到对应的随机存储器(Radom Access Memory，RAM)中。将各个窗内采集的波形作为相干重置处理的参考信号。

下面介绍相干重置技术克服信道多途扩展的简单原理。设校正码$C_0(t)$经海洋信道传输至接收机，接收机得到信号$C_r(t)$。由于受到海洋信道的作用，接收信号$C_r(t)$的波形已不同于发射信号$C_0(t)$，而是多途信号的叠加。在接收机处以$C_r(t)$为参考信号，或进行拷贝相关，或进行制表。当与此校正码对应相同Pattern波形的信息码到达接收机时，在信道相干时间内，可认为信道对$C_0(t)$和信息码中的Pattern波形的作用是一致的，因此采用相干重置技术可克服信道多途扩展干扰影响。图3.28给出了通信流程示意图。

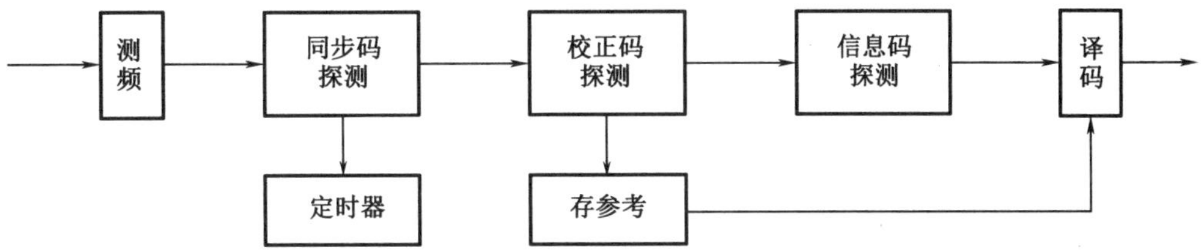

图 3.28　通信流程示意图

图 3.29 为相干重置技术在拷贝相关中的仿真。图 3.29(a)是将接收到的校正码作为拷贝相关器的参考信号，与其对应相同 Pattern 的信息码进行拷贝相关得到的归一化输出波形；图 3.29(b)是将图 3.29(a)中相关峰附近坐标放大后得到的效果图；图 3.29(c)是以 Pattern 原波形为拷贝相关器的参考信号得到的拷贝相关归一化输出波形，图 3.29(d)是将图 3.29(c)中相关峰附近坐标放大后得到的效果图。

如图 3.29(d)所示，码内多途干扰的存在，导致相关峰分裂成 2 个峰甚至更多峰，进而导致峰值误判而产生误码，而图 3.29(b)则具有单一峰值。可见，将接收校正码作为拷贝相关器的参考信号，可以减小码内多途干扰，提高 PDS 体制的时延差测量精度。

(2)拷贝相关时延估计译码

拷贝相关又称副本相关，就是用发射信号与经信道传输后接收信号求相关，其参考信号是发射信号的拷贝，在性能上等价于匹配滤波器，输出具有最大信杂比，其处理增益由信号的带宽和脉宽的乘积决定。尽管匹配滤波器的输出信噪比在理想条件下与信号波形(信号能量一定时)无关，但是实际上选择合适的波形对水声系统的工作性能(检测能力和测量性能)有重要影响。

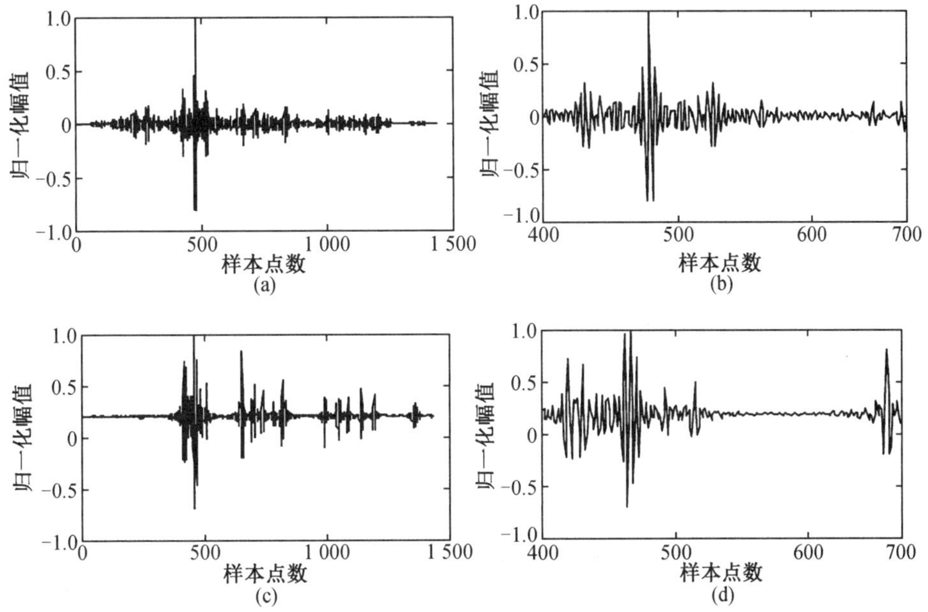

图 3.29　相干重置技术在拷贝相关中的仿真

PDS 水声通信系统主要包括信源编码、信道编码和译码 3 大模块,4 个频道工作。其接收信号首先经过 4 个带通滤波器,然后分别通过拷贝相关器进行译码。拷贝相关译码系统框图如图 3.30 所示。

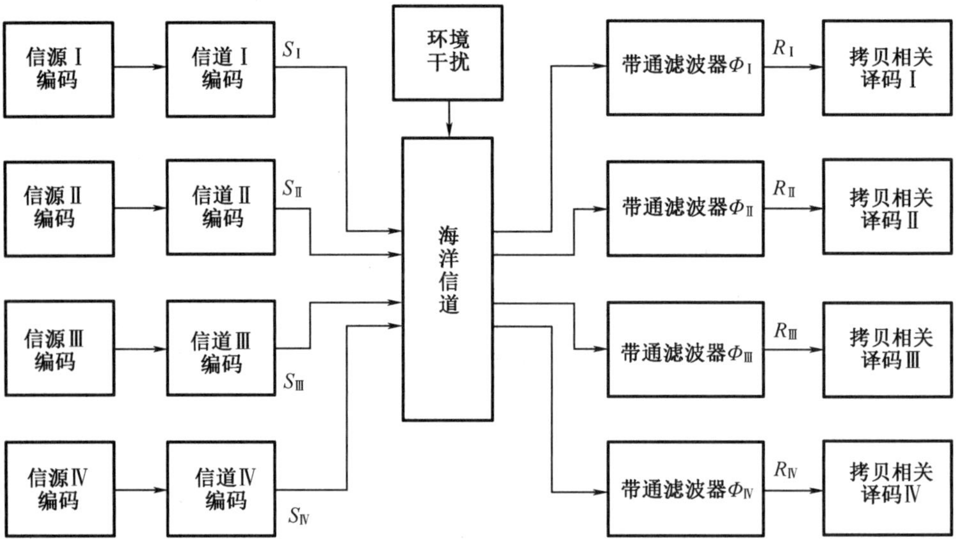

S—发射信号;R—接收信号;Φ—滤波器系数。

图 3.30　拷贝相关译码系统框图

(3)多频道联合时延估计译码

针对浅海 4 信道通信系统,提出依据最小均方误差准则对 2 个频道联合估计时延的方法,即对频道Ⅰ与频道Ⅱ联合估计时延,对频道Ⅲ与频道Ⅳ联合估计时延,其译码流程如图 3.31 所示。

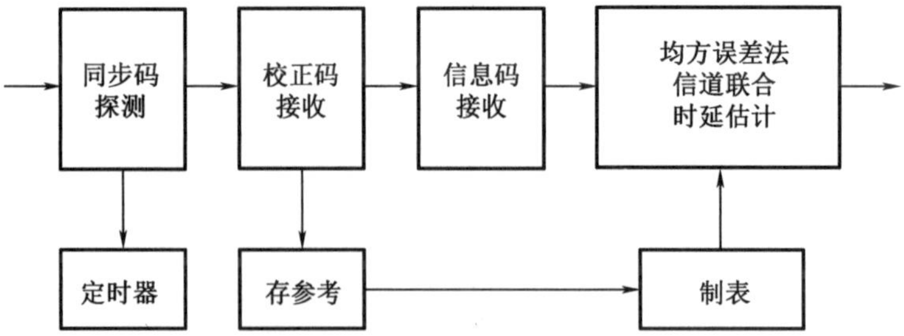

图 3.31　多频道联合译码流程图

接收机在接收开始时先搜索同步信号,在相应的时间窗内接收校正码信号 Pattern 并存储、制表。

图 3.32 为多频道联合时延估计译码系统框图。

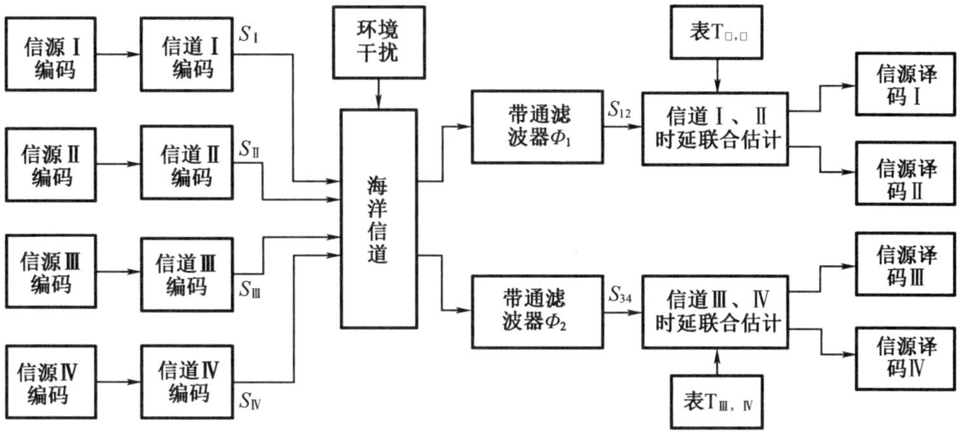

图 3.32 多频道联合译码系统框图

设每个频道均选取互相准正交的 5 种 Pattern 波形($L=5$),4 频道联合时延估计译码具体步骤如下:

①制表

采用相干重置技术,将存储的校正码波形制表。设频道Ⅰ接收并存储的 5 个校正码 Pattern 分别为 $P_{0\mathrm{I}1}$、$P_{0\mathrm{I}2}$、$P_{0\mathrm{I}3}$、$P_{0\mathrm{I}4}$、$P_{0\mathrm{I}5}$,频道Ⅱ接收并存储的 5 个校正码 Pattern 分别为 $P_{0\mathrm{II}1}$、$P_{0\mathrm{II}2}$、$P_{0\mathrm{II}3}$、$P_{0\mathrm{II}4}$、$P_{0\mathrm{II}5}$。每个 Pattern 携带的信息量为 n(单位为 bit),设时延量化层为 $\Delta\tau$,则每个 Pattern 脉冲时延取值可为 $0,\Delta\tau,\cdots,(2^n-1)\Delta\tau$。在一个码元时间间隔内,$P_{0\mathrm{I}1}$ 与 $P_{0\mathrm{II}1}$ 相对应,两者分别时延后叠加对应一个波形,共有 $2^n\times2^n$ 种组合波形。记录每一个波形对应的 2 个频道的时延,将它们制表 $T_{\mathrm{I,II}1}$ 并存储。同理,$P_{0\mathrm{I}2}$ 与 $P_{0\mathrm{II}2}$ 相对应制表 $T_{\mathrm{I,II}2}$,$P_{0\mathrm{I}3}$ 与 $P_{0\mathrm{II}3}$ 相对应制表 $T_{\mathrm{I,II}3}$,$P_{0\mathrm{I}4}$ 与 $P_{0\mathrm{II}4}$ 相对应制表 $T_{\mathrm{I,II}4}$,$P_{0\mathrm{I}5}$ 与 $P_{0\mathrm{II}5}$ 相对应制表 $T_{\mathrm{I,II}5}$,最终得到频道Ⅰ与频道Ⅱ波形表 $T_{\mathrm{I,II}}$。对于频道Ⅲ与频道Ⅳ亦照此方法制表 $T_{\mathrm{III,IV}}$。

②通过带通滤波器实现频分

带通滤波器 Φ_1 的带宽对应于频道Ⅰ、Ⅱ总的频带,带通滤波器 Φ_2 的带宽对应于频道Ⅲ、Ⅳ总的频带。接收到的信号通过 Φ_1 后为频道Ⅰ和频道Ⅱ的信号叠加(S_{12}),通过 Φ_2 后为频道Ⅲ和频道Ⅳ的信号叠加(S_{34}),如图 3.32 所示。

③联合时延估计

信息码波形与校正码之间存在波形相似性,以最小均方误差为准则来联合估计时延。图 3.33 给出了频道Ⅰ、Ⅱ的码元叠加示意图,下面给出其数学表达式加以说明。

$$X_{\mathrm{I}}=\begin{cases}P_{0\mathrm{I}},[k_1\cdot\Delta\tau,k_1\cdot\Delta\tau+T_{\mathrm{p}})\\0,[0,k_1\cdot\Delta\tau)\cup[k_1\cdot\Delta\tau+T_{\mathrm{p}},T]\end{cases}\tag{3-43}$$

$$X_{\mathrm{II}}=\begin{cases}P_{0\mathrm{II}},[k_2\cdot\Delta\tau,k_2\cdot\Delta\tau+T_{\mathrm{p}})\\0,[0,k_2\cdot\Delta\tau)\cup[k_2\cdot\Delta\tau+T_{\mathrm{p}},T]\end{cases}\tag{3-44}$$

式中,$k_1,k_2=0,1,\cdots,2^n-1$。

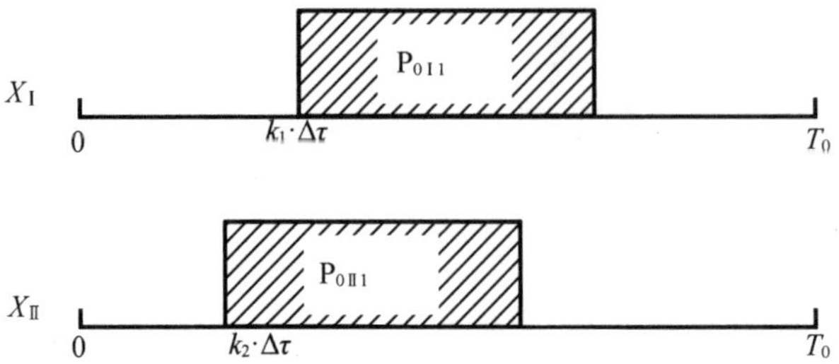

图 3.33　频道Ⅰ、Ⅱ的码元叠加示意图

频道Ⅰ、Ⅱ码元叠加 $X_{\rm I,II}=X_{\rm I}+X_{\rm II}$，共对应 $2^n\times2^n$ 种波形，每种波形对应着 2 个频道的时延($k_1\cdot\Delta\tau,k_2\cdot\Delta\tau$)，将波形及对应的时延制表 $T_{\rm I,II1}$。设接收信号波形 S 为 $P_{\rm I1}$、$P_{\rm II1}$ 的时延叠加，在表 $T_{\rm I,II1}$ 中按均方误差最小准则搜索最相近波形，即求 $E[(S-X_i)^2]$ 的最小值($X_i\in X_{\rm I,II},i=1,2,\cdots,2^n\times2^n$)，均方误差最小即最相近波形对应的两个时延差即为频道Ⅰ、Ⅱ的时延差。

3.4.2　差分 Pattern 时延差编码水声通信

PDS 采用的是固定码元宽度，利用码元的时间宽度在时域进行相邻码元的分割来抵消多途信道引起的码间干扰。但是固定码元宽度一方面会在一定程度上带来通信速率的下降；另一方面是当存在由于相对运动而产生时间压缩或展宽时，在接收端很难精确做到码元分割。

差分调制、解调是无线电通信里面常用的方法，比如差分相移键控(Differential PSK, DPSK)。采用差分相干解调除了不需要恢复相干载波外，在抗频漂能力、抗多途效应与抗相位抖动能力方面均优于绝对调制。本节基于 PDS 体制及差分编解码的特点，提出了一种以相邻码元的时间差值携带信息的差分编码方式——差分 Pattern 时延差编码(Differential PDS, DPDS)，它的码元宽度是非固定的，有效地提高了通信速率，具有较好的抗码间干扰和抗多普勒效应的能力。

1. DPDS 原理

对于 PDS 水声通信体制来讲，通信节点的移动一方面将导致相关峰降低从而引起测时精度下降；另一方面就是存在时间压缩与展宽。

图 3.34 是存在多普勒效应条件下 PDS 译码示意图，从图中可以看见，多普勒效应的存在引起了时间压缩，Pattern 码相关峰在减弱的同时还会发生偏移。

DPDS 水声通信体制是对 PDS 体制的改进，如图 3.35 所示。从图 3.35 中可以看到，每个码元没有固定的码元宽度，相邻的 Pattern 码采用正、负调频斜率的线性调频信号进行码元分割，这样可以抑制部分多途信道对相邻码元产生的码间干扰。

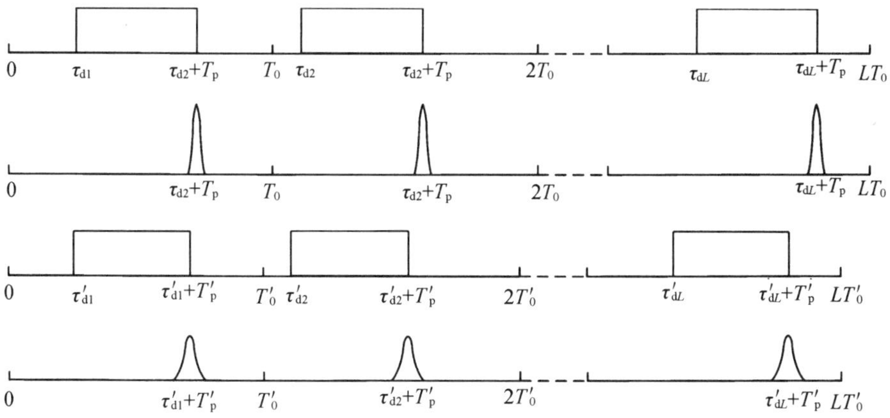

图 3.34 存在多普勒效应条件下 PDS 译码示意图

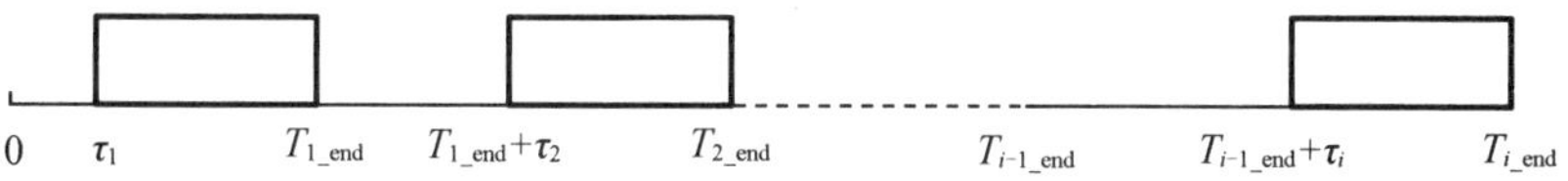

图 3.35 DPDS 示意图

图 3.34 中，T_{p} 为 Pattern 码脉宽；T_{i_end} 为第 i 个码元结束时刻；τ_i 为第 i 个码元所调制的时延值，$\tau_i \in [0, T_{\mathrm{c}}]$，其中 T_{c} 为最大编码时间。若每个码元携带的信息量为 n（单位为 bit），则将最大编码时间 T_{c} 分为 2^n-1 份，编码量化间隔 $\Delta\tau = T_{\mathrm{c}}/(2^n-1)$。例如，当每个码元携带 4 bit 信息时，则将编码时间均分为 15 份，第 i 个码元的时延差 τ_i 为

$$\tau_i = T_{i\_\mathrm{end}} - T_{i-1\_\mathrm{end}} - T_{\mathrm{p}} = k_i \cdot \Delta\tau,\ k_i = 0,1,\cdots,2^n-1 \tag{3-45}$$

式中，第 i 个码元信息的参考时基是前一码元，不同的 τ_i 代表不同的信息。若 $k=0$，则代表信息“0 0 0 0”，Pattern 码位置 $\tau=0$；若 $k=8$，则代表信息“1 0 0 0”，Pattern 码位置 $\tau=8\cdot\Delta\tau$。

DPDS 通信系统在进行解码时，第 i 个码元 Pattern 码相关峰出现的位置 T_{i_end} 与解码时间基准 T_{i-1_end}（该时刻为前一个码元 Pattern 码的相关峰位置）的差值，再减去 T_{p} 即求得第 i 个码元携带的时延值 τ_i。

2. 系统抗多普勒效应性能分析

当信源、信宿间存在相对运动时，将会产生两个问题：一是多普勒效应对 Pattern 码在时域上产生压缩或展宽而引起的其与本地参考码之间相关性的减弱；二是由于信源、信宿间相对距离的变化而造成时间漂移，该时间漂移会随着通信的持续而发生累积。对于第一个问题，由于本章选取正、负调频斜率的 LFM 为 Pattern 码型，它具有较好的多普勒容限，经验证在 LFM 信号相关性损失 3 dB（半功率点）的情况下对应的多普勒系数为 $1.74/BT$，其中 B 为信号的带宽，T 为信号的脉宽。本章采用的 Pattern 码参数下的多普勒容限为 0.043 5，仿真和湖试条件下产生的多普勒效应均不会对 Pattern 码的相关性产生很大的影响，故在此不做详细讨论。下面分析一下第二个问题。

信源、信宿间径向运动速度为 v，其在通信时间长度 T_x 内的移动距离等于信源、信宿相对距离变化所产生的时间压缩量内的声程，即

$$vT_x=c(T_x-T_x')\tag{3-46}$$

式中，$T_x-T_x'=\mathrm{d}T_x$，为时间压缩量，也是通信时间长度 T_x 内的时间漂移累积量；c 为声速。

从式(3-45)中可以看出，各码元信息是以相邻码元的时间差携带的，参考时基是前一码元，所以对于下一码元，式(3-46)中的通信时间长度 $T_x=T_p+\tau_i$。只要保证在通信时间长度 T_x 范围内，时间漂移累积量 $\mathrm{d}T_x$ 小于 $\Delta\tau/2$，则不会由于时间漂移而产生误码，即满足

$$\mathrm{d}T_x=\frac{vT_x}{c}<\frac{\Delta\tau}{2}\tag{3-47}$$

由此可推出，当信源、信宿间径向运动速度 $v<\frac{\Delta\tau}{2T_x}c$ 时，通信系统不会由于时间漂移累积而产生误码。对于 DPDS 系统，式(3-47)中的通信时间长度的最大值 $T_{x\max}=T_p+T_c$，假设 $T_p=T_c$，每个码元携带的信息量为 n(单位为 bit)，则 v 只要保证不大于$\frac{c}{2^{n+2}}$，就不会由于信源、信宿间的相对运动而产生时间漂移累积，进而导致误码。在工程实际应用中，为提高通信质量，在水声通信期间，通信双方相对速度低于 5 m/s 较为适宜，以减小多普勒效应和本地背景干扰。所以 DPDS 系统具有较好的抗由多普勒效应产生的时间压缩、展宽的能力。

3. 系统有效性与可靠性分析

从统计的角度来分析信源，对于每个码元，平均码元宽度为 $T_p+T_c/2$，则 DPDS 系统的通信速率为 $n/(T_p+T_c/2)$。同前面讲解的 PDS 系统比较，DPDS 系统除了具有抗相对运动产生时间漂移累积的能力外，其通信速率提高了，即

$$\Delta v=n/(T_p+T_c/2)-n/T_0\tag{3-48}$$

假设 $T_p=T_c$，则通信速率约提高了 33.3%。若每个码元携带 4 bit 信息，此时 DPDS 系统的通信速率为 266 bit/s，比前面讲解的 PDS 系统提高了 66 bit/s。

另外，DPDS 系统对信源编码产生的每 4 位二进制信息进行了格雷码变换。采用格雷码的好处在于：相邻的两个时延差值所代表的数字信息只有一位不同。噪声或其他干扰产生时延差估计误差时，最有可能发生的是相邻时延差的判决错误，采用格雷码之后，相邻时延差估计错误仅会造成 1 bit 的误码。把原始二进制信息码变换为格雷码，只需要从原始二进制码的最右边一位起，依次将每一位与左边一位做异或运算，最左边一位不变，这样得到的码即为格雷码。反之，把格雷码变换成二进制信息码时，从左边第二位起，依次将每一位与左边一位解码后的值做异或运算，所得到的码即为原始二进制信息码。假设产生的误码大部分是由相邻时延差值发生的误判决引起的，采用格雷码后发生的误码率与误符号波特率有如下关系：

$$P_b\approx\frac{P_s}{n}\tag{3-49}$$

式中，n 为每个码元携带的信息量，单位为 bit。假设每个码元携带 4 bit 信息，则该体制的误码率大致为 1/4 误符号率。

本章参考文献

[1] YANG T C, YANG W B. Performance analysis of direct-sequence spread-spectrum underwater acoustic communications with low signal-to-noise-ratio input signals[J]. The Journal of the Acoustical Society of America, 2008, 123(2): 842-855.

[2] YANG T C, YANG W B. Low probability of detection underwater acoustic communications using direct-sequence spread spectrum[J]. The Journal of the Acoustical Society of America, 2008, 124(6): 3632-3647.

[3] 殷敬伟,杜鹏宇,张晓,等. 基于单矢量差分能量检测器的扩频水声通信[J]. 物理学报,2016,65(4):166-173.

[4] SCHREIBER U. Pulse-amplitude-modulation (PAM) fluorometry and saturation pulse method: An overview[M]//PAPAGEORGIOU G C, GOVINDJEE G. Chlorophyll a fluorescence. Dordrecht: Springer Netherlands, 2007: 279-319.

[5] BERROU C, GLAVIEUX A, THITIMAJSHIMA P. Near Shannon limit error-correcting coding and decoding: turbo-codes. 1[C]//Proceedings of ICC'93: IEEE International Conference on Communications. Geneva, Switzerland. IEEE, 1993, 2: 1064-1070.

[6] BENVENUTO N, DINIS R, FALCONER D, et al. Single carrier modulation with nonlinear frequency domain equalization: an idea whose time has come: Again[J]. Proceedings of the IEEE, 2010, 98(1): 69-96.

[7] 朱彤. 基于正交频分复用的水声通信技术研究[D]. 哈尔滨:哈尔滨工程大学,2004.

[8] 章渊. 单载波传输系统均衡技术研究[D]. 南京:东南大学,2015.

[9] 张涛,黄建国,何成兵,等. 基于 UW 帧结构水声通信系统及其性能分析[J]. 计算机工程与应用,2008,44(21):85-88.

[10] 王文博,郑侃. 宽带无线通信 OFDM 技术[M]. 北京:人民邮电出版社,2003.

[11] PIAZZO L, MANDARINI P. Analysis of phase noise effects in OFDM modems[J]. IEEE Transactions on Communications, 2002, 50(10): 1696-1705.

[12] YERRAMALLI S, MITRA U. Optimal resampling of OFDM signals for multiscale-multilag underwater acoustic channels[J]. IEEE Journal of Oceanic Engineering, 2011, 36(1): 126-138.

[13] 张海滨. 正交频分复用的基本原理与关键技术[M]. 北京:国防工业出版社,2006.

[14] NEGI R, CIOFFI J. Pilot tone selection for channel estimation in a mobile OFDM system [J]. IEEE Transactions on Consumer Electronics, 1998, 44(3): 1122-1128.

[15] BEEK J J V D, SANDELL M, BORJESSON P O. ML Estimation of time and frequency offset in OFDM systems[J]. IEEE Transactions on Signal Processing, 1997, 45(7): 1800-1805.

第 4 章　水声信道估计方法基础

训练序列指在发射信号中插入部分已知信息。基于训练序列的信道估计方法通过检测训练序列在接收端的变化对信道进行估计。其中,一类常用的信道估计方法有最小二乘(Least Square,LS)算法、最小均方误差(Minimum Mean Square Error,MMSE)算法等。LS 算法的特点是原理简单、计算复杂度低、便于实际应用,并且不需要任何的先验知识,只需要关于被估计量的观测信号模型即可。但是该算法受噪声影响大,估计准确度不高。

MMSE 算法将信道和噪声的统计特性考虑在内,其性能要优于 LS 算法,但是该算法需要信道和噪声的相关性先验信息,而且其计算过程中需要对矩阵求逆,在求解大维度问题时计算复杂度较高。为改善 MMSE 的计算复杂度,线性最小均方误差(Linear Minimum Mean Square Error,LMMSE)算法被提出,虽然复杂度有一定减小,但是仍然较为复杂。另一类常用的信道估计方法是匹配滤波。在加性噪声的环境中,匹配滤波器是最佳线性滤波器。然而,由于水声通信中可用带宽受限,匹配滤波器的高时间分辨率无法实现。

4.1　LS 信道估计算法

下面给出基于 OFDM 导频的 LS 信道估计算法的基本原理。首先,设基于 OFDM 调制的导频上的信道传输模型为

$$\boldsymbol{Y}=\boldsymbol{H}\boldsymbol{X}+\boldsymbol{W} \tag{4-1}$$

为了得到信道估计值$\hat{\boldsymbol{H}}$,LS 信道估计算法需要最小化下面的代价函数:

$$\begin{aligned}\boldsymbol{J}(\hat{\boldsymbol{H}}) &= \|\boldsymbol{Y}-\boldsymbol{X}\hat{\boldsymbol{H}}\|^2\\ &=(\boldsymbol{Y}-\boldsymbol{X}\hat{\boldsymbol{H}})^{\mathrm{H}}(\boldsymbol{Y}-\boldsymbol{X}\hat{\boldsymbol{H}})\\ &=\boldsymbol{Y}^{\mathrm{H}}\boldsymbol{Y}-\boldsymbol{Y}^{\mathrm{H}}\boldsymbol{X}\hat{\boldsymbol{H}}-\hat{\boldsymbol{H}}^{\mathrm{H}}\boldsymbol{X}^{\mathrm{H}}\boldsymbol{Y}+\hat{\boldsymbol{H}}^{\mathrm{H}}\boldsymbol{X}^{\mathrm{H}}\boldsymbol{X}\hat{\boldsymbol{H}}\end{aligned} \tag{4-2}$$

令上面的代价函数关于$\hat{\boldsymbol{H}}$ 的偏导数等于 0,即

$$\frac{\partial \boldsymbol{J}(\hat{\boldsymbol{H}})}{\partial \hat{\boldsymbol{H}}}=-2(\boldsymbol{X}^{\mathrm{H}}\boldsymbol{Y})^*+2(\boldsymbol{X}^{\mathrm{H}}\boldsymbol{X}\hat{\boldsymbol{H}})^*=0 \tag{4-3}$$

然后可以得到 $\boldsymbol{X}^{\mathrm{H}}\boldsymbol{X}\hat{\boldsymbol{H}}=\boldsymbol{X}^{\mathrm{H}}\boldsymbol{Y}$,由此得到的 LS 信道估计的解为

$$\hat{\boldsymbol{H}}_{\mathrm{LS}}=(\boldsymbol{X}^{\mathrm{H}}\boldsymbol{X})^{-1}\boldsymbol{X}^{\mathrm{H}}\boldsymbol{Y}=\boldsymbol{X}^{-1}\boldsymbol{Y} \tag{4-4}$$

令 $\hat{H}_{\mathrm{LS}}[k]$表示$\hat{\boldsymbol{H}}_{\mathrm{LS}}$ 中的元素,$k=0,1,2,\cdots,N-1$。由无 ICI 的假设条件可知 $\boldsymbol{X}$ 为对角矩阵,因此每个子载波上的 LS 信道估计可以表示为

$$\hat{H}_{\mathrm{LS}}[k]=\frac{Y[k]}{X[k]},k=0,1,2,\cdots,N-1 \tag{4-5}$$

LS 信道估计的均方误差(Mean Square Error,MSE)为

$$\mathrm{MSE}_{\mathrm{LS}}=E\{(\boldsymbol{H}-\hat{\boldsymbol{H}}_{\mathrm{LS}})^{\mathrm{H}}(\boldsymbol{H}-\hat{\boldsymbol{H}}_{\mathrm{LS}})\}$$

$$
\begin{aligned}
&= E\{(\boldsymbol{H}-\boldsymbol{X}^{-1}\boldsymbol{Y})^{\mathrm{H}}(\boldsymbol{H}-\boldsymbol{X}^{-1}\boldsymbol{Y})\} \\
&= E\{(\boldsymbol{X}^{-1}\boldsymbol{Z})^{\mathrm{H}}(\boldsymbol{X}^{-1}\boldsymbol{Z})\} \\
&= E\{\boldsymbol{Z}^{\mathrm{H}}(\boldsymbol{X}\boldsymbol{X}^{\mathrm{H}})^{-1}\boldsymbol{Z}\} \\
&= \frac{\sigma_z^2}{\sigma_x^2}
\end{aligned} \tag{4-6}
$$

式(4-6)中的 MSE 与信噪比 σ_x^2/σ_z^2 成反比,这意味着 LS 估计增强了噪声,在信道处于深度衰落时更是如此。然而,LS 估计算法由于简单而被广泛应用于信道估计中,常作为基础算法而用于算法拓展和算法性能对比。关于 LS 信道估计算法的仿真结果和仿真性能的分析部分将在后文中一并给出。

4.2 MMSE 信道估计算法

MMSE 信道估计算法的代价函数为 MSE:

$$
\boldsymbol{J}(\hat{\boldsymbol{H}}) = E\{\|\boldsymbol{e}\|^2\} = E\{\|\boldsymbol{H}-\hat{\boldsymbol{H}}\|^2\} \tag{4-7}
$$

定义 MMSE 估计为$\hat{\boldsymbol{H}} \overset{\mathrm{d}}{=} \boldsymbol{W}\hat{\boldsymbol{H}}$。在 MMSE 信道估计算法中,通过选择 $\boldsymbol{W}$ 最小化式中的 MSE,可以估计误差向量 $\boldsymbol{e}=\boldsymbol{H}-\hat{\boldsymbol{H}}$ 与$\widetilde{\boldsymbol{H}}$ 正交,即满足

$$
\begin{aligned}
E\{\boldsymbol{e}\widetilde{\boldsymbol{H}}^{\mathrm{H}}\} &= E\{(\boldsymbol{H}-\hat{\boldsymbol{H}})\widetilde{\boldsymbol{H}}^{\mathrm{H}}\} \\
&= E\{(\boldsymbol{H}-\boldsymbol{W}\widetilde{\boldsymbol{H}})\widetilde{\boldsymbol{H}}^{\mathrm{H}}\} \\
&= E\{\boldsymbol{H}\widetilde{\boldsymbol{H}}^{\mathrm{H}}\} - \boldsymbol{W}E\{\widetilde{\boldsymbol{H}}\widetilde{\boldsymbol{H}}^{\mathrm{H}}\} \\
&= \boldsymbol{R}_{\boldsymbol{H}\widetilde{\boldsymbol{H}}^{\mathrm{H}}} - \boldsymbol{W}\boldsymbol{R}_{\widetilde{\boldsymbol{H}}\widetilde{\boldsymbol{H}}} \\
&= 0
\end{aligned} \tag{4-8}
$$

式中,$\boldsymbol{R}_{\boldsymbol{AB}}=E\{\boldsymbol{AB}^{\mathrm{H}}\}$,为 $\boldsymbol{A}$ 和 $\boldsymbol{B}$ 的互相关矩阵;$\widetilde{\boldsymbol{H}}$ 为 LS 信道估计结果:

$$
\widetilde{\boldsymbol{H}} = \boldsymbol{H}+\boldsymbol{X}^{-1}\boldsymbol{Z} \tag{4-9}
$$

求解式(4-8),可以得到 $\boldsymbol{W}$:

$$
\boldsymbol{W} = \boldsymbol{R}_{\boldsymbol{H}\widetilde{\boldsymbol{H}}^{\mathrm{H}}}\boldsymbol{R}_{\widetilde{\boldsymbol{H}}\widetilde{\boldsymbol{H}}}^{-1} \tag{4-10}
$$

式中,$\boldsymbol{R}_{\widetilde{\boldsymbol{H}}\widetilde{\boldsymbol{H}}}$为$\widetilde{\boldsymbol{H}}$ 的自相关矩阵,即

$$
\begin{aligned}
\boldsymbol{R}_{\widetilde{\boldsymbol{H}}\widetilde{\boldsymbol{H}}} &= E\{\widetilde{\boldsymbol{H}}\widetilde{\boldsymbol{H}}^{\mathrm{H}}\} \\
&= E\{(\boldsymbol{H}+\boldsymbol{X}^{-1}\boldsymbol{Z})(\boldsymbol{H}+\boldsymbol{X}^{-1}\boldsymbol{Z})^{\mathrm{H}}\} \\
&= E\{\boldsymbol{H}\boldsymbol{H}^{\mathrm{H}}\} + E\{\boldsymbol{X}^{-1}\boldsymbol{Z}\boldsymbol{Z}^{\mathrm{H}}(\boldsymbol{X}^{-1})^{\mathrm{H}}\} \\
&= E\{\boldsymbol{H}\boldsymbol{H}^{\mathrm{H}}\} + \frac{\sigma_z^2}{\sigma_x^2}\boldsymbol{I}
\end{aligned} \tag{4-11}
$$

$\boldsymbol{R}_{\widetilde{\boldsymbol{H}}\widetilde{\boldsymbol{H}}}$是频域上真实信道向量和临时信道估计向量之间的互相关矩阵。根据式(4-11),MMSE 信道估计可以表示为

$$
\begin{aligned}
\hat{\boldsymbol{H}}_{\text{MMSE}} &= \boldsymbol{W}\widetilde{\boldsymbol{H}} \\
&= \boldsymbol{R}_{\boldsymbol{H}\widetilde{\boldsymbol{H}}}\boldsymbol{R}_{\widetilde{\boldsymbol{H}}\widetilde{\boldsymbol{H}}}^{-1}\widetilde{\boldsymbol{H}} \\
&= \boldsymbol{R}_{\boldsymbol{H}\widetilde{\boldsymbol{H}}}\left(\boldsymbol{R}_{\boldsymbol{H}\boldsymbol{H}}+\frac{\sigma_z^2}{\sigma_x^2}\boldsymbol{I}\right)^{-1}\widetilde{\boldsymbol{H}}
\end{aligned}
\tag{4-12}
$$

MMSE 信道估计算法由于考虑了信道间的相关性,在低信噪比的情况下相对于 LS 信道估计性能有所提升,但大量的求逆运算使得算法运算量有所增加。鉴于 MMSE 估计算法运算量较大,LMMSE 估计算法对其做出了改进,使用 $E[(\boldsymbol{XX}^{\mathrm{H}})^{-1}]$ 来代替 $(\boldsymbol{XX}^{\mathrm{H}})^{-1}$,这在很大程度上减小了 MMSE 的计算量。

$$
E[(\boldsymbol{XX}^{\mathrm{H}})^{-1}] = E\left[\left(\frac{1}{|\boldsymbol{X}|^2}\right)^{-1}\right]\boldsymbol{I} \tag{4-13}
$$

式中,$\boldsymbol{I}$ 为单位矩阵。平均信噪比的定义为

$$
\text{SNR} = E\left[\frac{|\boldsymbol{X}|^2}{\sigma_x^2}\right] \tag{4-14}
$$

LMMSE 估计器为

$$
\hat{\boldsymbol{H}}_{\text{LMMSE}} = \boldsymbol{R}_{\boldsymbol{H}\widetilde{\boldsymbol{H}}}\left(\boldsymbol{R}_{\boldsymbol{H}\boldsymbol{H}}+\frac{\beta}{\text{SNR}}\boldsymbol{I}\right)^{-1}\widetilde{\boldsymbol{H}} \tag{4-15}
$$

式中

$$
\beta = E[\,|\boldsymbol{X}|^2\,]E\left[\frac{1}{|\boldsymbol{X}|^2}\right] \tag{4-16}
$$

MMSE 算法和 LMMSE 算法虽然都要求估计的均方误差最小,但前者可以是非线性估计,后者仅限于线性估计。当被估计量与观察模型下的噪声分量互不相关时,那么这二者是联合高斯分布的,此时其前二阶矩知识与它们已知的概率密度函数相同,因此 MMSE 与 LMMSE 算法也是相同的。注意:这是在高斯分布条件下的结论,不能推广到一般情况。

4.3 仿 真 分 析

此部分的仿真基于 OFDM 调制,并给出了 LS、MMSE 算法水声信道估计仿真结果。仿真使用的导频结构为梳状导频,即将每个 OFDM 符号块中特定位置的子载波作为导频子载波,包含已知信息,利用导频子载波估计信道,并扩展到数据子载波中。OFDM 梳状导频结构如图 4.1 所示,图中黑色块是已知信息(导频),白色块是位置信息。

在仿真信号中,导频子载波等间隔地均匀分布在所有子载波中,每相邻的 4 个子载波中就存在一个已知的导频子载波。通过信道估计算法得到导频上的频域信道后,通过插值获得所有子载波上的信道估计值,并用插值方法选择 3 次样条插值。所用的仿真参数汇总如表 4.1 所示。

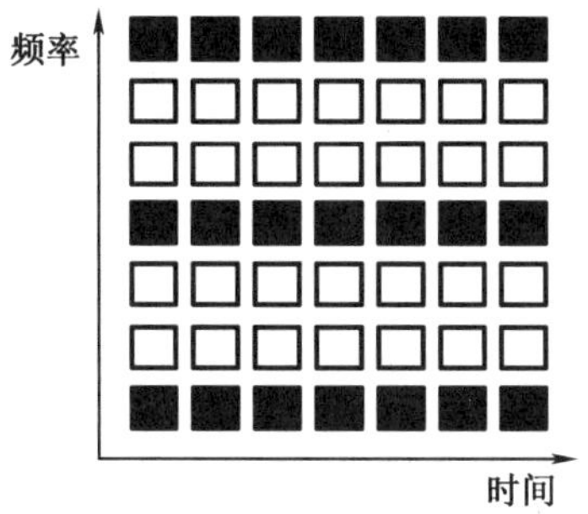

图 4.1　OFDM 梳状导频结构

表 4.1　仿真参数

子载波数/个	导频数量/个	数据子载波数/个	升采样点数/个	符号数/个
1 024	256	768	12	20
采样频率/kHz	中心频率/kHz	频带宽度/kHz	映射方式	信道长度/个
48	12	4	QPSK	203
多途数量/个	信噪比范围/dB			
4	0~20			

得到频域信道估计结果后，利用接收信号和插值后的信道估计值进行频域信道均衡，如式(4-17)所示还原得到发射信号，此时可通过星座图初步观测信道估计过程的有效性。

$$\hat{X}=\frac{Y}{\hat{H}} \tag{4-17}$$

这里所用的接收信号 $\boldsymbol{Y}$，是直接将接收信号经过滤波采样，去除 OFDM 循环前缀并转换到时域的信号，按照符号数量和子载波数量进行排布。对式(4-17)的结果进行并串转换和归一化处理后，对所有符号进行硬判决，并根据使用的调制阶数进行解映射，从而得到码元信息。为了简化流程并增加运算速度，此部分仿真的通信流程中不包含信源编码和信道编码步骤。

对 LS 和 MMSE 算法在不同信噪比下的信道估计性能进行对比分析，对仿真性能用信道估计后的误码率来衡量。误码率为接收端输出码元发生差错的概率，是衡量数字通信系统传输可靠性的一种统计指标。传输系统由于噪声、失真、相位抖动、频率偏移等各种因素而使接收端对接收信号判决失误，进而导致误码率数值的不同。

在此部分仿真中，在不同信噪比情况下计算误码率，通过误码率随信噪比的变化曲线来衡量信道估计结果的准确性，信噪比变化范围为 0~20 dB，步进长度为 5 dB。由于仿真中预设的发射信号码元都是已知的，因此可以计算误码率=传输中的错误的码元数量/所传输的全部码元数量×100%。

图 4.2 给出了本章的仿真结果展示，预设仿真信道后同时使用 LS 和 MMSE 算法对其进行估计。当信噪比为 5 dB 时，由图 4.2 可以看出 MMSE 所估计的信道与仿真预设的稀疏信道更加近似。

图 4.3、图 4.4 分别是两算法信道均衡后星座图，以及误码率随信噪比的变化曲线图，可以看出在不同信噪比下，MMSE 算法所对应的误码率均要低于 LS 算法。

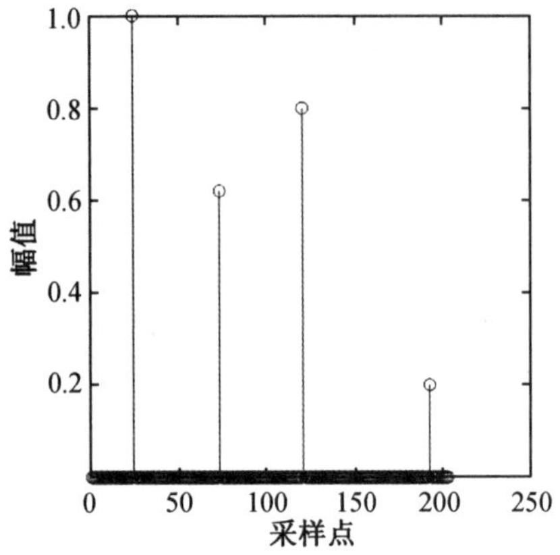

(a)预设仿真信道

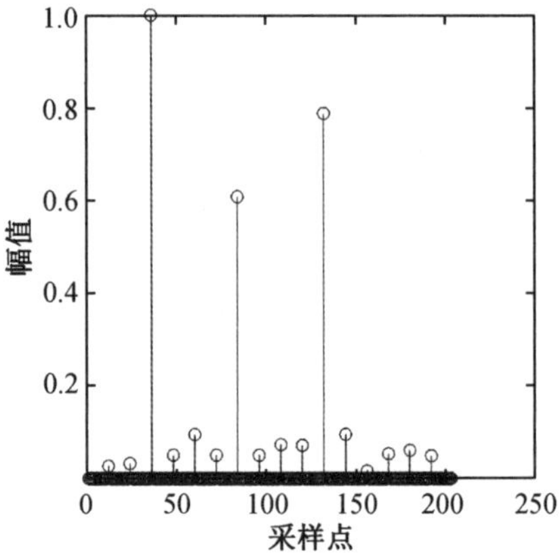

(b)LS 算法估计信道

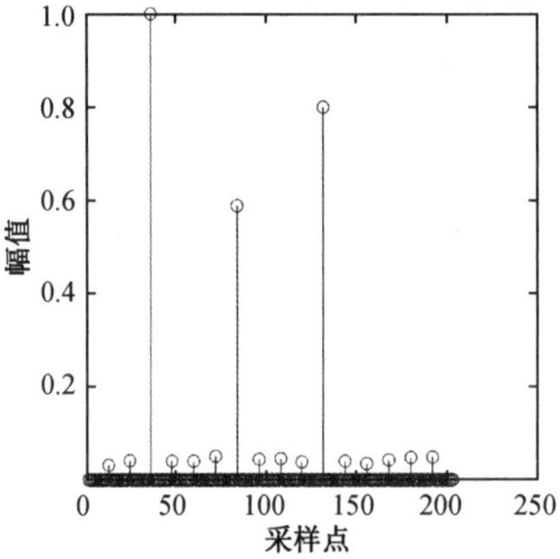

(c)MMSE 算法估计信道

图 4.2 水声信道估计结果

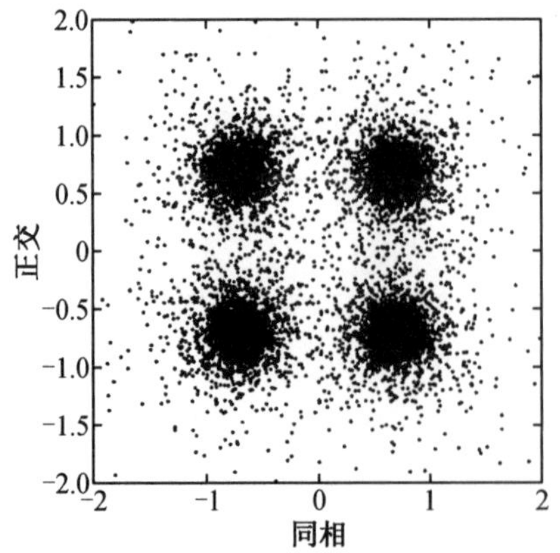

(a)LS 算法星座图

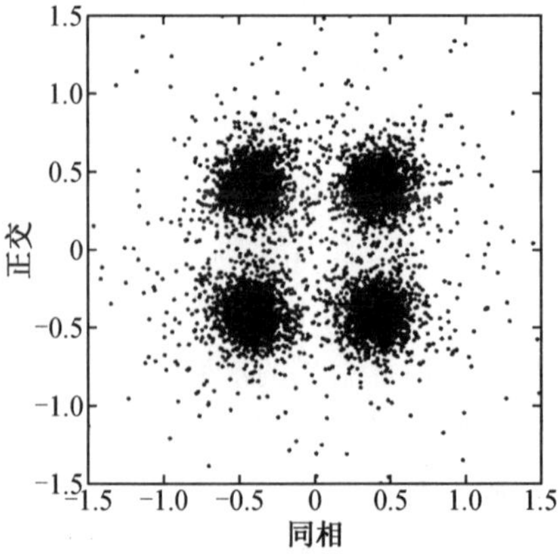

(b)MMSE 算法星座图

图 4.3 LS、MMSE 信道均衡后星座图

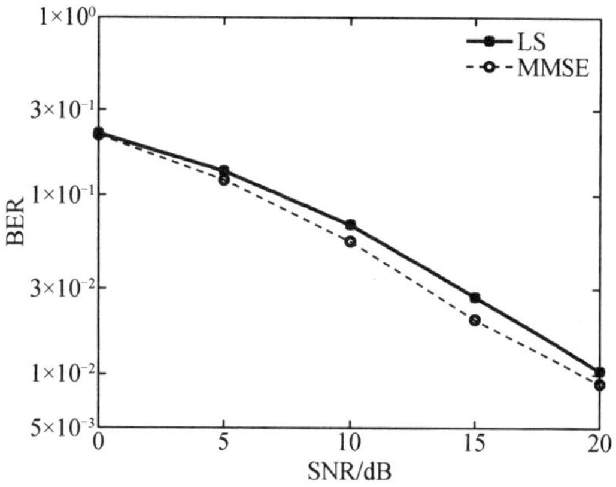

图 4.4 LS、MMSE 信道估计误码率曲线图

本章参考文献

[1] 樊昌信,曹丽娜. 通信原理[M]. 6 版. 北京:国防工业出版社,2006.

[2] 张继东,郑宝玉. 基于导频的 OFDM 信道估计及其研究进展[J]. 通信学报,2003,24(11):116-124.

[3] RODGER E Z, TRANTER W H. Principles of communications: system modulation and noise[M]. 6th ed. NJ:John Wiley & Sons,2006.

[4] 周胜利,王昭辉. OFDM 水声通信[M]. 胡晓毅,任欢,译. 北京:电子工业出版社,2018.

第5章　基于压缩感知的水声信道估计方法

水声信道具有显著的稀疏性，即绝大多数信道抽头系数都为0或者接近于0，信道的大部分能量只集中在少数信道抽头中。前文中介绍的传统信道估计方法LS、MMSE等并未利用信道的稀疏特性，在应用于稀疏信道估计时，复杂度过高且性能也有所降低。压缩感知(Compressed Sensing, CS)理论框架可以解决稀疏信道恢复的问题，且相较于传统估计方法提升了估计性能。本章重点介绍压缩感知技术与基于该技术的信号重建方法在水声信号处理中的应用。

5.1　压缩感知技术

2006年，D. L. Donoho正式提出压缩感知理论框架。随后E. J. Candès、T. Tao以及J. K. Romberg等针对压缩感知做了一些重要工作，为压缩感知理论的发展奠定了坚实的基础。压缩感知理论表明，若信号可以在某变换域中被稀疏表示，便可用一个观测矩阵将所得到的高维空间信号投影到低维空间中，恢复出原始信号。压缩感知理论突破了奈奎斯特采样频率的限制，合并了压缩与采样的过程，其突出优点是可减少采样数据，节省存储空间，并可以用适当的重建算法从得到的数据中恢复足够多的数据点。利用压缩感知理论进行信号重建必须满足以下3个条件：

第一，待恢复信号是稀疏的或可压缩的。

第二，观测矩阵是随机的，并和待恢复信号本身互不相干。

第三，通过一定的重构方法促进稀疏化，完成对问题的求解，即选择合适的重构算法。

本节针对以上3个条件展开介绍。

5.1.1　稀疏变换

常见的自然信号在时域内几乎都是不稀疏的，因而针对稀疏信号的重构方法无法直接应用于自然信号。信号稀疏表示理论指出，自然信号可以通过某种变换 $\boldsymbol{\Psi}$ 进行稀疏表示。假设一组离散信号 $\boldsymbol{s}$ 可以被稀疏表示，即

$$\boldsymbol{s}=\boldsymbol{\Psi}\boldsymbol{x} \tag{5-1}$$

式中，$\boldsymbol{s}=[s_1,s_2,\cdots,s_N]^{\mathrm{T}}$；$\boldsymbol{\Psi}=[\Psi_1,\Psi_2,\cdots,\Psi_N]^{\mathrm{T}}$，是一组基变换矩阵，$\Psi_i(i=1,2,\cdots,N)$ 是长度为 $N\times1$ 的列向量；$\boldsymbol{x}=[x_1,x_2,\cdots,x_N]^{\mathrm{T}}$，是线性组合的系数向量，如果 $\boldsymbol{x}$ 中大部分系数是0或者接近于0，那么可以认为信号 $\boldsymbol{s}$ 在变换 $\boldsymbol{\Psi}$ 上是稀疏的，即信号 $\boldsymbol{s}$ 可以被稀疏表示。

5.1.2　观测矩阵

压缩感知理论通过变换矩阵 $\boldsymbol{\Psi}$ 对信号进行采样和压缩，并且经过压缩能够实现对信号

的低速采样且不丢失重要信息。考虑一个一般的信号重构问题，即已知一个观测矩阵 $\boldsymbol{\Phi} \in \mathbb{C}^{M\times N}(M \ll N)$ 以及未知信号 $\boldsymbol{s}$ 在该矩阵下的线性测量值 $\boldsymbol{y} \in \mathbb{C}^{M}$，有

$$\boldsymbol{y} = \boldsymbol{\Phi s} \tag{5-2}$$

式中，$\boldsymbol{s}$ 可被稀疏表示为式(5-1)所示形式，则线性测量值可表示为

$$\boldsymbol{y} = \boldsymbol{\Phi \Psi x} = \boldsymbol{A x} \tag{5-3}$$

式中，$\boldsymbol{x}$ 的稀疏度为 K；$\boldsymbol{A}$ 是基变换矩阵与观测矩阵的乘积，记作字典矩阵，如图 5.1 所示。

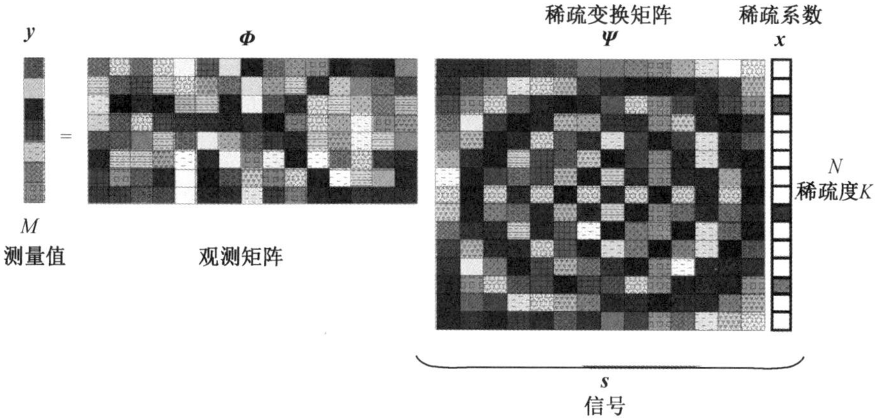

图 5.1　压缩感知的线性测量过程

E. J. Candès 等指出，若矩阵 $\boldsymbol{A}$ 满足有限等距性质(Restricted Isometry Property，RIP)，则可以通过稀疏重构算法较为准确地恢复出稀疏向量。由于对于某个信号来说，$\boldsymbol{\Psi}$ 是固定的，要使得 $\boldsymbol{A} = \boldsymbol{\Phi \Psi}$ 满足有限等距性质，则观测矩阵 $\boldsymbol{\Phi}$ 必须满足一定的条件。对任意的 $k = 1,2,\cdots,K$，定义矩阵的等距常量 δ_k 为满足式(5-4)的最小值：

$$(1-\delta_k)\|\tilde{\boldsymbol{x}}\|_2^2 \ll \|\boldsymbol{\Phi}\tilde{\boldsymbol{x}}\|_2^2 \ll (1+\delta_k)\|\tilde{\boldsymbol{x}}\|_2^2 \tag{5-4}$$

式中，向量 $\tilde{\boldsymbol{x}}$ 的稀疏度为 K，$0<\delta_k<1$，满足上述条件，称矩阵 $\boldsymbol{\Phi}$ 满足 k 阶 RIP。

通常情况下，虽然 RIP 给出了重构稀疏信号的条件，但是直接构造满足该性质的矩阵较为困难。因此 R. G. Baraniuk 给出了 RIP 准则的等价条件：如果观测矩阵 $\boldsymbol{\Phi}$ 和稀疏基变换矩阵 $\boldsymbol{\Psi}$ 不相关，即要求 $\boldsymbol{\Phi}$ 的第 j 行不能由 $\boldsymbol{\Psi}$ 的列向量 Ψ_i 稀疏表示，且 $\boldsymbol{\Psi}$ 的列向量不能由 $\boldsymbol{\Phi}$ 稀疏表示。则 $\boldsymbol{A}$ 极有可能满足 RIP 性质。常见的能使字典矩阵满足 RIP 条件的观测矩阵还包括一值球矩阵、二值随机矩阵、局部哈达玛矩阵以及托普利兹矩阵等。

5.1.3　信号重构

由前两节的分析可知，式(5-3)可以看作稀疏信号 $\boldsymbol{x}$ 在 $\boldsymbol{A}$ 下的线性投影，现在考虑由 $\boldsymbol{y}$ 重构 $\boldsymbol{x}$。虽然 $\boldsymbol{y}$ 的维数远远低于 $\boldsymbol{x}$ 的维数，但由于 $\boldsymbol{x}$ 是 K 稀疏的向量，且 $\boldsymbol{y}$ 和 $\boldsymbol{\Phi}$ 满足一定的条件，理论证明信号 $\boldsymbol{x}$ 可以由测量值 $\boldsymbol{y}$ 通过求解最优 l_0 范数问题进行精确重构：

$$\hat{\boldsymbol{x}} = \arg\min \|\boldsymbol{x}\|_0 \quad \text{s.t.}^{①} \quad \boldsymbol{y} = \boldsymbol{A x} \tag{5-5}$$

式中，$\|\cdot\|_0$ 为向量 $\boldsymbol{x}$ 的 l_0 范数，表示向量 $\boldsymbol{x}$ 中非零元素的个数。最优化式(5-5)本质上是

① s. t. 表示约束条件。

一个 NP-hard 问题(Non-Deterministic Polynominal Time Hard)问题,需要对该问题进行转换,对 l_0 范数进行转化。

5.2 基于压缩感知理论的信号重构算法

信号重构算法是压缩感知理论的核心,是指由 M 次测量向量重构长度为 $N(M \ll N)$ 的稀疏信号 $\boldsymbol{x}$ 的过程。那么如何保证能够有效唯一地重构原信号呢？人们最早采用的是传统的最小 l_2 范数作为约束,然而对于 l_2 范数优化问题,求得的解通常并不具备稀疏性。E. J. Candès 等证明了信号重构问题可以通过求解最小 l_0 范数问题(式(5-5))加以解决,但最小 l_0 范数问题是一个 NP-hard 问题,求解该问题需要穷举 $\boldsymbol{x}$ 中非零值的所有 C_N^K 种排列可能,因而无法求解。鉴于此,研究人员提出了一系列求得次最优解的算法,主要包括最小 l_1 范数法、匹配追踪系列算法等。图 5.2 列出了当前在 CS 中常用的算法及其相互之间的关系。本节重点介绍最小 l_1 范数法与匹配追踪(Matching Pursuit,MP)算法。

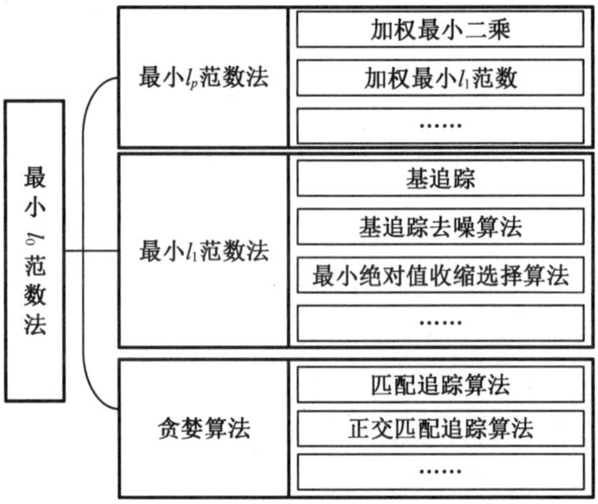

图 5.2　CS 中常用的算法及其相互之间的关系

5.2.1　最小 l_1 范数法

由于 l_0 最优化求解的复杂性和不稳定性,采用 l_1 范数代替 l_0 范数,得到另外一种最优化方法,即

$$\hat{\boldsymbol{x}} = \arg\min \|\boldsymbol{x}\|_1 \quad \text{s. t.} \quad \boldsymbol{y} = \boldsymbol{A}\boldsymbol{x} \tag{5-6}$$

有学者已经证明式(5-6)与式(5-5)可看作等价的两种方法。式(5-6)是一个凸最优问题,可以将其转化成一个线性规划问题加以求解,计算复杂度为 $O(N^3)$,这种方法也称基追踪(Basis Pursuit,BP)方法。从某种意义上说,BP 是一种规则(Principle)而非方法(Method),需要从完备的基字典(集合)中寻找信号的最稀疏表示,即用尽可能少的基尽可能精确地表示原信号,从而获取信号的内在本质特性。因此它通过范数最小化将信号稀疏表示问题定义为一类有约束的优化问题,进一步转化为线性规划问题并求解,其本质就是在每一次

的迭代中寻找最佳的匹配原子基。常见线性规划软件包括 l_1-Magic、SOCP、CVX、SparseLab 等。如果考虑噪声,上述问题可以转换为如下基追踪去噪(BP Denoising,BPDN)问题:

$$\min \frac{1}{2}\|\boldsymbol{y}-\boldsymbol{A}\boldsymbol{x}\|_2^2+\lambda\|\boldsymbol{x}\|_1 \tag{5-7}$$

式中,λ 为正则化参数,用于控制可接受的误差和稀疏性之间的平衡。

对式(5-6)也可以用内点算法、梯度投影法以及同伦算法求解。而最典型的 BP 算法属于内点算法,从它的几何意义出发解释,就是将所求解的优化问题看作寻找一个多面体的顶点的问题。多面体内的点就是满足约束条件的所有点的集合,而多面体的顶点对应的就是在某基向量下最匹配的解元素,即满足优化问题约束条件的解,因而内点算法就是从多面体内一点(内部点)出发,经过迭代,逐渐收缩到顶点的过程。比较而言,内点算法速度较慢但非常精确,梯度投影法则具有很好的运算速度,而同伦算法对小尺度问题比较实用。此外,为进一步减少测量噪声对重构算法的影响,E. J. Candès 等还提出了加权最小 l_1 范数重构算法。这种方法通过重新设置最小化范数问题来提高稀疏信号的重构质量。

5.2.2 匹配追踪算法

贪婪算法是 CS 中一类重要的稀疏信号重构算法,该算法的思想是利用字典矩阵中的原子(矩阵的列)线性表示稀疏信号,并且该算法只考虑当前最优而不考虑整体最优。常见的贪婪算法包括匹配追踪算法、正交匹配追踪(Orthogonal MP,OMP)算法等。匹配追踪类算法的基本思想为在每次迭代时将测量信号与过完备字典中每一个原子做内积运算,选取内积最大的原子作为稀疏信号的一个基,然后从观测信号中减去在该原子上的正交投影分量得到残差,并记录投影系数。将该原子从字典矩阵中删掉,得到新的字典矩阵,然后在字典矩阵中选取下一个与残差内积最大的原子作为第二个基。重复上述步骤直到满足迭代终止条件为止,即可得到重构信号。但信号在已选定原子(字典矩阵的列向量)集合上的投影的非正交性使得每一次迭代可能是次优的,因此 MP 算法需要更多的迭代次数才能收敛。

为了克服这一缺点,J. A. Troppo 等提出 OMP 算法。OMP 算法作为最早的贪婪迭代算法之一,它的思想对之后出现的各种贪婪算法都有着不容忽视的意义。OMP 算法仍然沿用了 MP 算法中的原子选择准则,不同的是 OMP 算法要将所选原子利用格拉姆-施密特(Gram-Schmidt)正交化方法进行正交处理,再将信号在这些正交原子构成的空间上投影,得到信号在各个已选原子上的分量和残差,然后用相同的方法分解残差。在每一步分解中,所选原子均满足一定的条件,因此残差随着分解过程的进行而迅速减小。递归地对已选择原子集合进行正交化保证了迭代的最优性,从而减少了迭代次数。

此外,OMP 的重构算法是在给定迭代次数的条件下重构的,这种强制迭代过程停止的方法使得 OMP 需要非常多的线性测量来保证精确的信号重构。它以贪婪迭代的方法选择字典矩阵 $\boldsymbol{A}$ 的列,保证在每次迭代中所选择的列与当前残差最大限度相关,从测量向量中减去相关部分并反复迭代,直到迭代次数达到稀疏度 K,强制迭代停止。

首先需要说明的是,匹配追踪类算法通过求余量 $\boldsymbol{r}$ 与字典矩阵 $\boldsymbol{A}$ 中各个原子之间内积的绝对值,来计算相关系数 $\boldsymbol{u}$。

$$\boldsymbol{u}=\{u_j \mid u_j=|\langle \boldsymbol{r},a_j\rangle|, j=1,2,\cdots,N\} \tag{5-8}$$

并通过最小二乘法对信号逼近,更新残差:

$$\hat{\boldsymbol{x}}=\arg\min_{i\in\mathbf{R}^{\Omega}}\|\boldsymbol{y}-\boldsymbol{A}_{\Omega}\boldsymbol{x}\|_2 \tag{5-9}$$

$$\boldsymbol{r}_{t+1}=\boldsymbol{r}_t-\boldsymbol{A}_{\Omega}\hat{\boldsymbol{x}} \tag{5-10}$$

OMP 算法的具体步骤如表 5.1 所示。

表 5.1　OMP 算法的具体步骤

步骤	内容
1	初始化:设迭代次数 $t=0$,稀疏度为 K,残差 $\boldsymbol{r}_0=\boldsymbol{y}$,索引值集合 $\Omega=\varnothing$,$J=\varnothing$
2	求解残差 $\boldsymbol{r}_t$ 与字典矩阵 $\boldsymbol{A}$ 的相关系数 $\boldsymbol{u}$,并将 $\boldsymbol{u}$ 中最大值对应的索引存入 J 中
3	更新字典矩阵的支撑集 $\boldsymbol{A}_{\Omega}$,其中 $\Omega=\Omega\cup J$
4	应用式(5-9)求解 $\hat{\boldsymbol{x}}$,并通过式(5-10)计算新的残差
5	若 $\|\boldsymbol{r}_{t+1}-\boldsymbol{r}_t\|\geqslant\varepsilon$ 或未到稀疏度 K,$t=t+1$,重复 2~4 步;否则,停止迭代

OMP 算法保证了每次迭代的最优性,减少了迭代的次数。但是,它在每次迭代中仅选取 1 个原子来更新原子集合,这样必然会付出巨大的重构时间代价。迭代的次数与稀疏度 K 或采样个数 M 密切相关。随着迭代次数的增加,复杂度也将大幅增加,因此,之后出现了许多改进的匹配追踪算法,如正则化正交匹配追踪(Regularization OMP,ROMP)、分段式正交匹配追踪(Stagewise OMP,StOMP)、压缩采样匹配追踪(Compressive Sampling MP,CoSaMP)等,都希望在重构时间和重构质量之间取得一个较好的平衡,在保证重构质量的同时提高重构效率。本书对以上方法不多做介绍,感兴趣的读者可自行查阅文献。

5.3　基于压缩感知的水声信道估计

5.3.1　水声信道传输模型

水声信道具有传播损失大、多途干扰严重、多普勒频移现象明显等特点。本节的研究重点为对水声多途信道的估计,将信道冲激响应建模为

$$h(\tau,t)=\sum_{l=1}^{L}A_l(t)\delta(\tau-\tau_l) \tag{5-11}$$

式中,A_l、τ_l 分别为第 l 条路径的增益和时延,L 为信道长度,此处不考虑多普勒频移,认为在信号传输时间内信道保持不变。

接收端接收到的同代信号为信号和信道冲激响应的卷积与加性白噪声之和,在经过解调、降采样之后得到的基带接收信号为

$$y(t)=x(t)*h(\tau,t)+w(t) \tag{5-12}$$

式中,$x(t)$ 为 t 时刻的发射信号;$w(t)$ 为 t 时刻采样点位置处的加性高斯白噪声。

一般在接收端使用发射信号中的导频 $\boldsymbol{x}_{\mathrm{p}}$ 进行信道估计,将式(5-12)重新写成向量和矩阵的形式:

$$\boldsymbol{y}=\boldsymbol{Xh}+\boldsymbol{w} \tag{5-13}$$

式中，$\boldsymbol{y} \in \mathbb{C}^{N\times1}$，是接收端信号；$N$ 是测量向量的长度；$\boldsymbol{X} \in \mathbb{C}^{N\times L}$，是导频组成的字典矩阵；$\boldsymbol{h} \in \mathbb{C}^{L\times1}$，是待估计的 K 稀疏的信道向量；$\boldsymbol{w} \in \mathbb{C}^{N\times1}$，为加性高斯白噪声。各个向量或矩阵的结构如下：

$$\boldsymbol{y} = [y(n), y(n+1), \cdots, y(n+N-1)]^{\mathrm{T}} \tag{5-14}$$

$$\boldsymbol{X} = \begin{bmatrix} x(n) & x(n-1) & \cdots & x(n-L+1) \\ x(n+1) & x(n) & \cdots & x(n-L+2) \\ \vdots & \vdots & & \vdots \\ x(n+N-1) & x(n+N-2) & \cdots & x(n-L+N) \end{bmatrix} \tag{5-15}$$

$$\boldsymbol{h} = [h_0, h_1, \cdots, h_{L-1}]^{\mathrm{T}} \tag{5-16}$$

$$\boldsymbol{w} = [w(n), w(n+1), \cdots, w(n+N-1)]^{\mathrm{T}} \tag{5-17}$$

建模完成后，选用 5.2 节介绍的 BPDN 与 OMP 算法，对水声信道展开估计。

5.3.2　水声信道估计仿真

为了验证算法在水声通信系统中的有效性，开展仿真试验验证。

1. 仿真试验一：使用 BPDN 与 OMP 算法估计水声信道

此时设置 BPDN 算法的正则化参数 λ 值为 0.5，OMP 算法的稀疏度为 5，试验相关参数如表 5.2 所示，仿真中所用信道如图 5.3 所示。设置信道最大多途时延为 18 ms、稀疏度为 5。

表 5.2　仿真试验一的详细参数

参数	值	参数	值
采样频率/kHz	48	信道长度/ms	18
频带宽度/kHz	9～11	SNR/dB	10、20
映射方式	QPSK	BPDN 正则化参数	0.5
符号长度/ms	1	OMP 算法的稀疏度	5

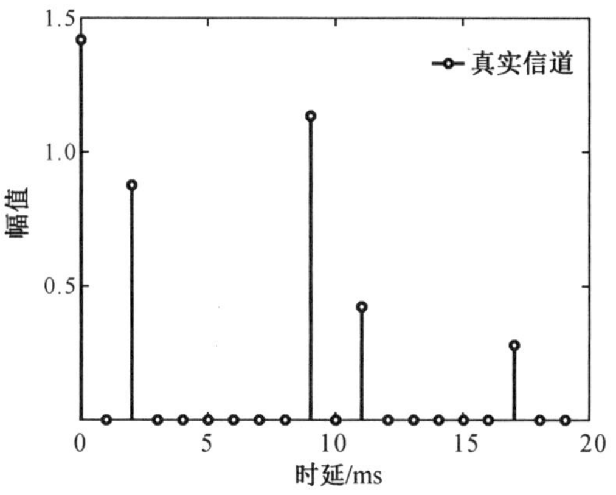

图 5.3　仿真中所用信道

分别绘制信噪比为 10 dB 和 20 dB 时得到的估计信道，如图 5.4 所示。

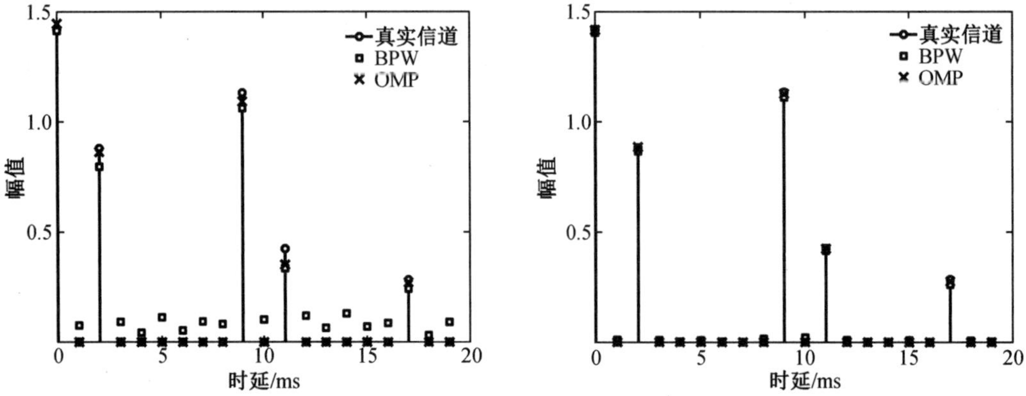

(a) SNR = 10 dB　　(b) SNR = 20 dB

图 5.4　两种方法估计得到的信道与真实信道对比图

从图 5.4 中可以看出,BPDN 算法在当前参数设置下对噪声比较敏感,当 SNR 为 10 dB 时,受噪声影响,信道估计的准确度下降;而 OMP 算法在稀疏度设置与信道稀疏度相同时,性能均优于 BPDN 算法。从 5.2 节中两种算法的公式里可以看出,BPDN 算法的性能与正则化参数的取值相关,OMP 算法的性能与稀疏度设置相关。下面继续进行相关参数的仿真实验。

2. 仿真试验二:BPDN 算法的正则化参数对信道估计精度的影响

采用仿真试验一中的信道,在每个信噪比下,将 BPDN 的正则化参数分别设置为 0.5、2.0、5.0,进行 30 次独立重复试验,绘制归一化均方误差(Normalized MSE, NMSE)曲线与 BER 曲线,对比不同正则化参数对 BPDN 算法性能的影响,其他参数如表 5.2 所示。NMSE 用来表征信道估计的精度,其表达式为

$$\mathrm{NMSE}=\frac{\|\boldsymbol{h}-\hat{\boldsymbol{h}}\|_2^2}{\|\boldsymbol{h}\|_2^2} \tag{5-18}$$

不同正则化参数下 BPDN 算法的 NMSE 曲线与 BER 曲线如图 5.5 所示。

从图 5.5(a)中可以看到,不同参数下 BPDN 算法的 NMSE 都随 SNR 的增加而降低。在 SNR 低时,正则化参数对于 BPDN 算法的影响不明显,NMSE 曲线接近;随着 SNR 的升高,性能表现出差异;在 SNR 为 12 dB 以上时,BPDN($\lambda=5$)性能降低,BPDN($\lambda=2$)性能提高且超过了 BPDN($\lambda=5$)的曲线。在给出的仿真条件下,3 种 BPDN 算法由于正则化参数的不同而表现出了不同的性能,其中,综合来看,BPDN($\lambda=2$)的 NMSE 是 3 种正则化参数下的 BPDN 算法中性能最优的,BPDN($\lambda=5$)次之,在 SNR 为 13 dB 以上时较好,BPDN($\lambda=0.5$)是性能相对来说是最差的。因此 BPDN 算法的 NMSE 性能对正则化参数的选取非常敏感。较小的正则化参数对小的抽头系数抑制较弱,这使得估计结果的稀疏性有所减弱;较大的正则化参数会令估计结果整体上更加向 0 靠近,原本就比较小的抽头系数会更接近于 0,估计结果的稀疏性得到增强。但当正则化参数过大时,这将导致主要的抽头系数估计结果与真实值产生相对大的差异,尽管稀疏性进一步加强,但是在高 SNR 下,性能将有所下降。正则化参数选取过大或过小均会导致算法性能的下降。图 5.5(b)为 BPDN 算法的 3

种参数下 BER 曲线,均衡方法采用 MMSE 均衡。从图中可以看出,BER 均随着 SNR 的增加而降低,性能接近,但整体表现出了与 NMSE 性能相类似的性能。

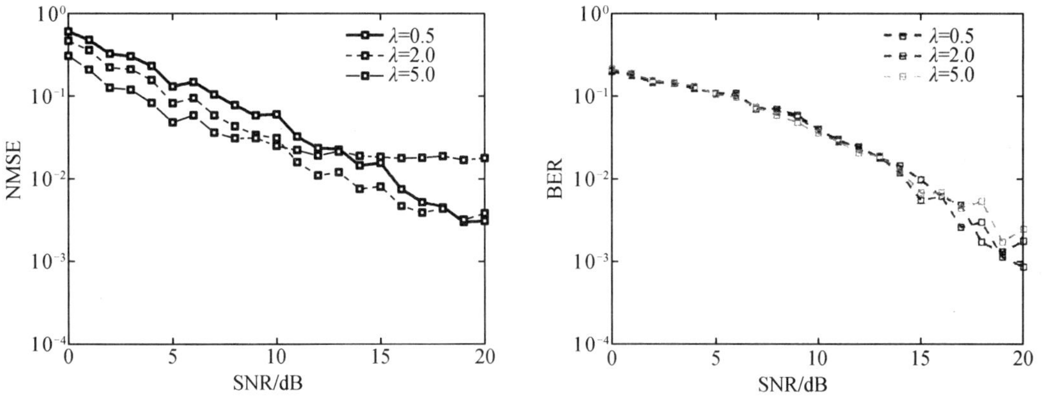

(a) NMSE 曲线　　(b) BER 曲线

图 5.5　不同正则化参数下 BPDN 算法的 NMSE 曲线与 BER 曲线

3. 仿真试验三:OMP 算法的稀疏度设置对信道估计精度的影响

采用仿真试验一中的信道和试验条件,因为将仿真信道稀疏度设置为 5,所以将 OMP 的稀疏度分别设置为 3、5、10 以进行对比,进行 30 次独立重复试验,绘制 NMSE 曲线与 BER 曲线,对比验证不同稀疏度参数下 OMP 算法的性能,其他参数如表 5.2 所示。

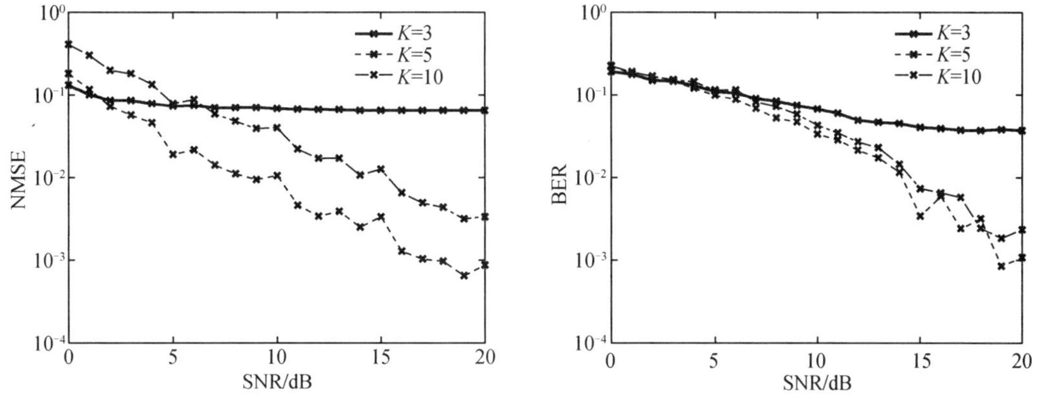

(a) NMSE 曲线　　(b) BER 曲线

图 5.6　不同稀疏度参数下 OMP 算法的 NMSE 曲线与 BER 曲线

从图 5.6 中可以看出,当稀疏度选取为 3 的时候,OMP 算法的性能非常差,NMSE 基本上不随 SNR 的变化而变化,因为此时无法完美恢复真实信道,估计误差极大;当稀疏度的值大于或等于仿真所用稀疏度时,OMP 算法的性能随 SNR 的增高而降低,但是当 SNR 较低,稀疏度大于实际信道的稀疏度时会引入额外的估计误差,NMSE 较高;当稀疏度与实际信道的稀疏度相同时，性能最优，BER 曲线同样说明了这一点。因此，从图 5.6 中可以看出，OMP 算法的性能对稀疏度的选取较为敏感，当稀疏度与实际信道相同或大于实际信道的稀疏度时，信道重构精度较高；但若稀疏度选取过大，则会估计出其他多余的信道抽头，影响估计精度，此时需要调节算法中的截断误差 ε 以保证估计的精度。

4. 仿真试验四：BPDN 与 OMP 算法在最优参数下的性能对比

采用仿真试验一中的信道和试验条件，将 BPDN 算法的正则化参数设置为 2.0，将 OMP 算法的稀疏度设置为 5，进行 30 次独立重复试验，绘制 NMSE 曲线与 BER 曲线，对比验证两种方法在不同参数和不同信噪比下的性能，其他参数如表 5.2 所示。

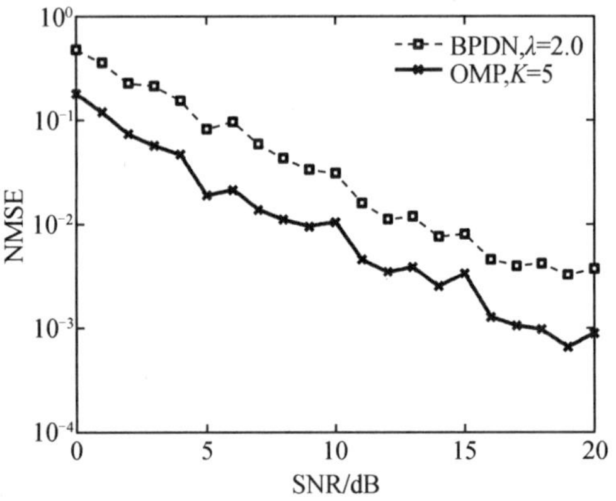

(a) NMSE 曲线

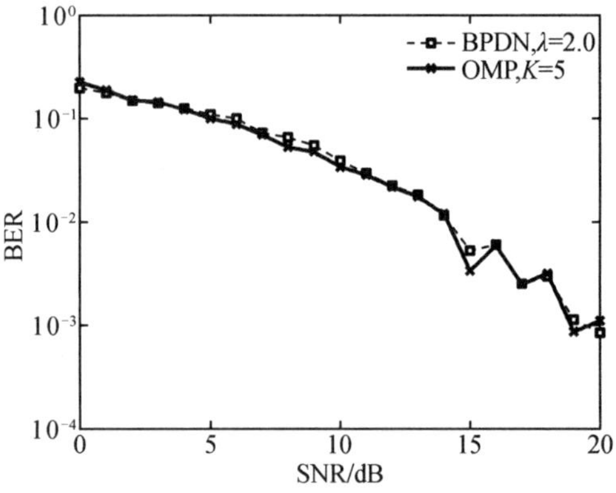

(b) BER 曲线

图 5.7　BPDN 与 OMP 算法的 NMSE 曲线与 BER 曲线

对比 NMSE 可知，OMP 算法在当前参数下的 NMSE 小于 BPDN 算法，但二者的 BER 曲线接近，这是由于当稀疏度的值与实际信道相同时，OMP 算法仅估计对信号影响最大的 K 个抽头，其他位置处的信道系数均为 0，而 BPDN 算法将信道向量整体作为优化对象，不可避免地会引入较小的估计误差，造成整体 NMSE 性能的下降。但是由于二者均估计出了对接收信号影响最大的 K 个抽头，所以后续均衡中体现的性能差异并不明显，BER 曲线接近。

5.3.3　海试数据验证

为验证本章提到的算法对水声信道进行压缩感知估计的有效性，选用海试数据进行验证。海试相关参数如表 5.3 所示，试验海域为南海某海域，试验水域平均水深 113.3 m，发射机和接收机之间的距离为 1.27 km，发射换能器放置深度约为 10 m，接收的 5 个自容式水听器分别位于 30.8、35.5、59.9、64.5、74.0 m 处。

表 5.3　海试详细参数

参数	内容
采样频率/kHz	48
频带宽度/kHz	1~3
映射方式	BPSK
符号长度/ms	1
发送数据长度/s	8

以 35.5 m 处的水听器为例,使用接收数据估计信道,将整块传输数据分为 8 帧,分别选用 BPDN 和 OMP 算法绘制 8 帧数据中信道的图像。在信道估计过程中,将 BPDN 算法的正则化参数设置为 2.0。因试验中信道抽头个数未知,故为保证信道估计准确度,即估计得到全部信道抽头,将 OMP 算法的稀疏度设置为 10。

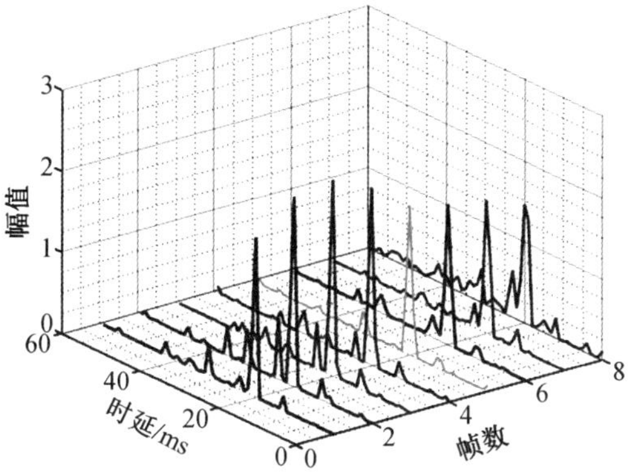

(a)BPDN 算法估计信道图像

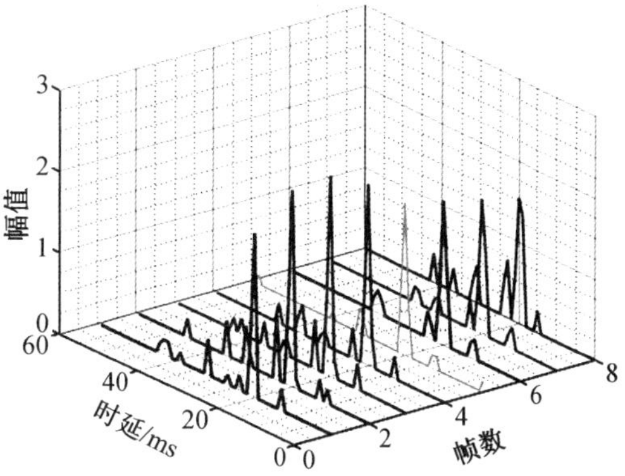

(b)OMP 算法估计信道

图 5.8　当前位置处信道冲激响应的图像

从图 5.8 中可以看出,水声信道具有明显的时变特性,不同帧中信道结构相似,但有明显的幅值和位置变化。为保证处理精度,同时验证两种算法对信道估计的准确性,采用被动式时间反转镜(Passive Time Reversal Mirror, PTRM)后接判决反馈均衡器(Decision Feedback Equalization, DFE)的方法进行均衡,均衡结果如图 5.9 所示。

分别对使用两种算法估计得到的水声信道进行接收端信道均衡步骤,可有效消除码间干扰,均衡后 BER 均为 0。

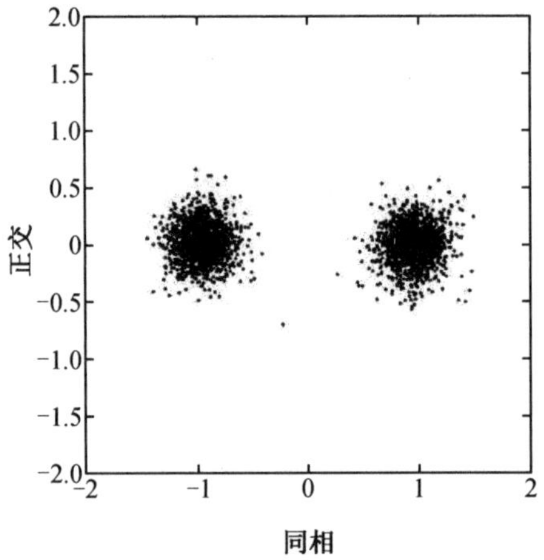

(a)使用 BPDN 算法估计信道,均衡后图像

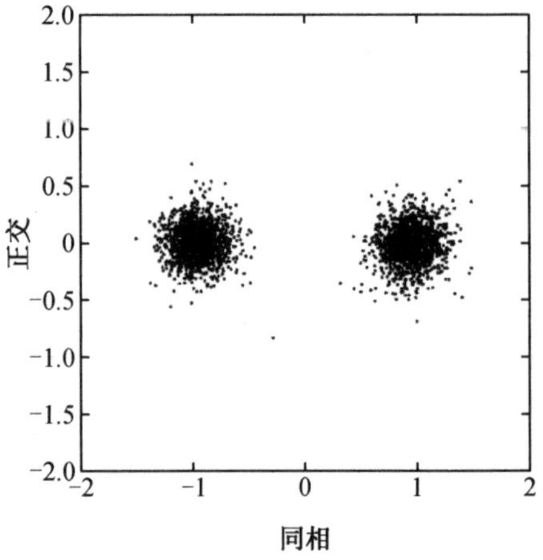

(b)使用 OMP 算法估计信道,均衡后图像

图 5.9 PTRM-DFE 均衡后图像

本章参考文献

[1] DONOHO D L. Compressed sensing[J]. IEEE Transactions on Information Theory,2006,52(4):1289-1306.

[2] CANDÈS E J, ROMBERG J K, TAO T. Stable signal recovery from incomplete and inaccurate measurements[J]. Communications on Pure and Applied Mathematics,2006,59(8):1207-1223.

[3] BARANIUK R G. Compressive sensing: lecture notes [J]. IEEE Signal Processing Magazine,2007,24(4):118-121.

[4] DAVIES R H, TWINING C J, TAYLOR C J. Consistent spherical parameterisation for statistical shape modelling [C]//3rd IEEE International Symposium on Biomedical Imaging:Macro to Nano,2006. Arlington,Virginia,USA. IEEE,2006:1388-1391.

[5] ZHANG G S, JIAO S H, XU X L, et al. Compressed sensing and reconstruction with bernoulli matrices [C]//The 2010 IEEE International Conference on Information and Automation. Harbin,China. IEEE,2010:455-460.

[6] SEBERT F, ZOU Y M, YING L. Toeplitz block matrices in compressed sensing and their applications in imaging[C]//2008 International Conference on Information Technology and Applications in Biomedicine. Shenzhen,China. IEEE,2008:47-50.

[7] CANDÈS E J, TAO T. Near-optimal signal recovery from random projections:universal encoding strategies? [J]. IEEE Transactions on Information Theory,2006,52(12):5406-5425.

[8] NING W. Strongly NP-hard discrete gate-sizing problems[J]. IEEE Transactions on Computer-Aided Design of Integrated Circuits and Systems,1994,13(8):1045-1051.

[9] TROPP J A, GILBERT A C. Signal recovery from random measurements via orthogonal matching pursuit [J]. IEEE Transactions on Information Theory, 2007, 53 (12): 4655-4666.

[10] LI Y S, WANG Y Y, SUN L J. A flexible sparse set-membership NLMS algorithm for multi-path and acoustic echo channel estimations [J]. Applied Acoustics, 2019, 148: 390-398.

[11] WANG Y Y, LI Y S, YANG R. Sparse adaptive channel estimation based on mixed controlled l_2 and l_p-norm error criterion [J]. Journal of the Franklin Institute, 2017, 354 (15): 7215-7239.

第 6 章　基于稀疏贝叶斯学习的水声信道估计方法

2001 年前后，M. E. Tipping 提出稀疏贝叶斯学习(Sparse Bayesian Learning，SBL)算法。该算法最初用于获取分类与回归任务中的稀疏表示，可利用贝叶斯准则将一个函数分解为多个函数的叠加，与支持向量机的核函数相似。随后该算法凭借优异的性能被引入 CS。与 CS 类算法相比，SBL 具有一些明显的性能优势：第一，在理想条件下(无噪声)，基于 l_1 范数的算法无法得到最稀疏的解。在一些应用场景中，采用 SBL 往往可以达到更好的效果。第二，当观测矩阵的列之间具有较强的相关性时，基于 l_1 范数的算法性能会变得很差，而且大多数的 CS 算法性能都会下降，如近似消息传递(Approximate Message Passing，AMP)算法，MP 算法等，而 SBL 在这种情况下仍然表现出良好的性能。第三，SBL 算法与一种迭代加权的 l_1 算法是等价的。E. J. Candès 等指出，采用这种算法更易获得真正的最稀疏解。第四，在实际应用中，稀疏解之间常有一定的关联，利用这些结构性信息可以使算法对结果的估计性能进一步提升。SBL 算法利用独立高斯同分布作为先验分布，在贝叶斯框架下可以灵活地对一些先验结构信息加以利用，通过迭代不断地学习和优化先验信息。

6.1　稀疏贝叶斯学习理论

下面对 SBL 进行简要地介绍。在监督学习(Supervised Learning)过程中，有一系列输入向量的样本 $\{\boldsymbol{x}_m\}_{m=1}^{M}$ 以及相应的目标 $\{t_m\}_{m=1}^{M}$，目标是根据训练集以及观测样本学习目标与输入之间的关系模型并对输入 $\boldsymbol{x}$ 进行准确预测。通常情况下，对输入的估计建立在以 $\boldsymbol{x}$ 为变量的函数基础之上，预测过程被转换为对该函数参数的估计。一种常见且灵活的函数形式如下：

$$y(\boldsymbol{x};\boldsymbol{\xi}) = \sum_{i=1}^{M} \xi_i \phi_i(\boldsymbol{x}) = \boldsymbol{\xi}^{\mathrm{T}} \boldsymbol{\Phi}(\boldsymbol{x}) \tag{6-1}$$

式中，$\boldsymbol{\Phi}(\boldsymbol{x}) = [f_1(\boldsymbol{x}), f_2(\boldsymbol{x}), \cdots, f_N(\boldsymbol{x})]^{\mathrm{T}}$，为一组基；$\boldsymbol{\xi} = (\xi_1, \xi_2, \cdots, \xi_N)^{\mathrm{T}}$，为对应的系数。输出是基函数的线性加权和，通过对系数 $\boldsymbol{\xi}$ 不断地学习更新最终得到一个较好的输出结果。

对于一组输入与输出：$\{\boldsymbol{x}_m\}_{m=1}^{M}$ 和 $\{t_m\}_{m=1}^{M}$，在标准概率模型以及噪声为加性高斯白噪声的前提下，有如下数学模型：

$$t_m = y(\boldsymbol{x}_m;\boldsymbol{\xi}) + w_m \tag{6-2}$$

式中，w_m 为 0 均值高斯分布的随机变量，方差为 σ^2。因此输出 t_m 的概率密度函数为 $p(t_m|\boldsymbol{x}) = N[t_m|y(\boldsymbol{x}_m), \sigma^2]$，含义是 t_m 服从高斯分布，均值为 $y(\boldsymbol{x}_m)$，方差为 σ^2。$y(\boldsymbol{x}_m)$ 在式(6-3)中给出。假设 t_m 是相互独立的，则输出数据集的似然函数为

$$p(\boldsymbol{t}|\boldsymbol{\xi}, \sigma^2) = (2\pi\sigma^2)^{-M/2} \exp\left\{-\frac{1}{2\sigma^2}\|\boldsymbol{t} - \boldsymbol{\Phi}\boldsymbol{\xi}\|^2\right\} \tag{6-3}$$

式中，$\boldsymbol{t}=(t_1,t_2\cdots t_M)^{\mathrm{T}}$；$\boldsymbol{\xi}=(\xi_1,\xi_2\cdots\xi_N)^{\mathrm{T}}$；$\boldsymbol{\Phi}$ 是 $M\times N$ 的已知矩阵，$\boldsymbol{\Phi}(x)=[f_1(x),f_2(x),\cdots,f_N(x)]$。在将许多未知参数作为训练集的情况下，$\boldsymbol{\xi}$ 和 $\boldsymbol{\sigma}^2$ 的最大似然估计会引起过度拟合。想要避免这种情况发生，常用的方法是在参数中加入一定的约束，这里采用一种贝叶斯的方式，即对 $\boldsymbol{\xi}$ 加入先验概率分布。为使模型不至于太过复杂，这里假设参数集 $\boldsymbol{\xi}$ 服从 0 均值高斯独立同分布：

$$p(\boldsymbol{\xi}\mid\boldsymbol{\alpha})=\prod_{i=1}^{N}N(\xi_i\mid 0,\alpha_i) \tag{6-4}$$

式中，$\boldsymbol{\alpha}$ 是一个 N 维向量，向量中每一个元素 α_i 为独立且与权重相关的超参数，这些超参数控制着先验信息的强弱。为了对完善分层先验信息的描述，需要定义超参数 $\boldsymbol{\alpha}$ 的先验并对模型中剩余的参数即噪声方差进行估计。较为合适的分布类型是伽马(Gamma)分布：

$$p(\boldsymbol{\alpha})=\prod_{i=1}^{N}\mathrm{Gamma}\left(\frac{1}{\alpha_i}\mid a,b\right)$$
$$p(\beta)=\mathrm{Gamma}(\beta\mid c,d) \tag{6-5}$$

式中，$\beta=\sigma^{-2}$，并且

$$\mathrm{Gamma}(\boldsymbol{\alpha}\mid a,b)=\Gamma(a)^{-1}b^a\boldsymbol{\alpha}^{a-1}\mathrm{e}^{-b/\alpha} \tag{6-6}$$

Gamma 函数的定义为：$\Gamma(a)=\int_0^\infty t^{a-1}\mathrm{e}^{-t}\mathrm{d}t$。为了使这些先验具有较少的信息，可以把这些参数设置为较小的值，如令 $a=b=c=d=0$。

定义过先验概率密度之后，利用贝叶斯准则可以给出已知数据的后验概率密度：

$$p(\boldsymbol{\xi},\boldsymbol{\alpha},\sigma^2\mid\boldsymbol{t})=\frac{p(\boldsymbol{t}\mid\boldsymbol{\xi},\boldsymbol{\alpha},\sigma^2)p(\boldsymbol{\xi},\boldsymbol{\alpha},\sigma^2)}{p(\boldsymbol{t})} \tag{6-7}$$

式(6-7)中的后验概率 $p(\boldsymbol{\xi},\boldsymbol{\alpha},\sigma^2\mid\boldsymbol{t})$ 无法直接计算，因为等式右边的 $p(\boldsymbol{t})$ 无法直接得到，$p(\boldsymbol{t})=\int p(\boldsymbol{t}\mid\boldsymbol{\xi},\boldsymbol{\alpha},\sigma^2)p(\boldsymbol{\xi},\boldsymbol{\alpha},\sigma^2)\mathrm{d}\boldsymbol{\xi}\mathrm{d}\boldsymbol{\alpha}\mathrm{d}\sigma^2$。因此，转换思路，将后验概率密度函数分解为式(6-8)，将未知参数分开求解，即

$$p(\boldsymbol{\xi},\boldsymbol{\alpha},\sigma^2\mid\boldsymbol{t})=p(\boldsymbol{\xi}\mid\boldsymbol{t},\boldsymbol{\alpha},\sigma^2)p(\boldsymbol{\alpha},\sigma^2\mid\boldsymbol{t}) \tag{6-8}$$

值得注意的是，式(6-8)中关于 $\boldsymbol{\xi}$ 的后验分布是能够计算的，$p(\boldsymbol{t}\mid\boldsymbol{\alpha},\sigma^2)$ 可以写成 $p(\boldsymbol{t}\mid\boldsymbol{\alpha},\sigma^2)=\int p(\boldsymbol{t}\mid\boldsymbol{\xi},\sigma^2)p(\boldsymbol{\xi}\mid\boldsymbol{\alpha})\mathrm{d}\boldsymbol{\xi}$，这是一个高斯卷积的形式。因此，关于 $\boldsymbol{\xi}$ 的后验概率密度函数为

$$p(\boldsymbol{\xi}\mid\boldsymbol{t},\boldsymbol{\alpha},\sigma^2)=\frac{p(\boldsymbol{t}\mid\boldsymbol{\xi},\sigma^2)p(\boldsymbol{\xi}\mid\boldsymbol{\alpha})}{p(\boldsymbol{t}\mid\boldsymbol{\alpha},\sigma^2)}=(2\pi)^{-N/2}\mid\Sigma\mid^{1/2}\exp\left\{-\frac{1}{2}(\boldsymbol{\xi}-\boldsymbol{\mu})^{\mathrm{H}}\Sigma^{-1}(\boldsymbol{\xi}-\boldsymbol{\mu})\right\} \tag{6-9}$$

式中，后验概率的方差和均值分别为

$$\boldsymbol{\Sigma}=(\sigma^{-2}\boldsymbol{\Phi}^{\mathrm{H}}\boldsymbol{\Phi}+\boldsymbol{A})^{-1}$$
$$\boldsymbol{\mu}=\sigma^{-2}\boldsymbol{\Sigma}\boldsymbol{\Phi}^{\mathrm{H}}\boldsymbol{t} \tag{6-10}$$

式中，$\boldsymbol{A}=\mathrm{diag}(1/\alpha_1,1/\alpha_2,\cdots,1/\alpha_N)$，diag 表示对角矩阵。由于 $p(\boldsymbol{\xi}\mid\boldsymbol{t},\boldsymbol{\alpha},\sigma^2)$ 是一个高斯函数的形式，因此均值即为最大后验估计。在式(6-9)中，超参数 $\boldsymbol{\alpha}$ 是未知的，为了估计超参数，可采用Ⅱ型最大似然估计方法，最大化边缘似然函数：

$$p(\boldsymbol{t}|\boldsymbol{\alpha},\sigma^2)=\int p(\boldsymbol{t}|\boldsymbol{\xi},\sigma^2)p(\boldsymbol{\xi}|\boldsymbol{\alpha})\mathrm{d}\boldsymbol{\xi}$$

$$\boldsymbol{\alpha}=\arg\max p(\boldsymbol{t}|\boldsymbol{\alpha},\sigma^2) \tag{6-11}$$

求解式(6-11)时可采用期望最大化(Expection Maximum,EM)算法。

EM 算法由 A. P. Dmepster 等在 1977 年前后提出。该算法主要用于含有无法观测的隐变量的概率模型中,可用于求解参数的最大似然估计。隐变量问题不容易求解,其类似于样本的类别,即对样本参数进行最大似然估计时需要明确样本所属类别。与之类似,只有明确了样本参数,才能判断其归属于哪个类别的概率更大。两方面都无法确定使得问题求解陷入了困难。EM 算法的求解思路是:首先为隐变量设置一个初始分布,根据概率分布估计参数;其次根据参数分布反过来再估计隐变量的分布;最后循环迭代直到收敛,得到一个最优的参数估计。下面简要地介绍 EM 算法。

1. 琴生(Jensen)不等式

如图 6.1 所示,设$f(x)$为定义域为 D 的函数,对于变量 x,若$f''(x)\geqslant 0$(不同的文献对凸函数的定义不同),那么$f(x)$是凸函数;若 $\boldsymbol{x}$ 为向量,则对应其墨塞(Hessian)矩阵为半正定矩阵时,$f(x)$是凸函数。若$f(x)$是凸函数,则

$$E[f(x)]\geqslant f[E(X)] \tag{6-12}$$

当且仅当随机变量 X 为常数时,等号成立。

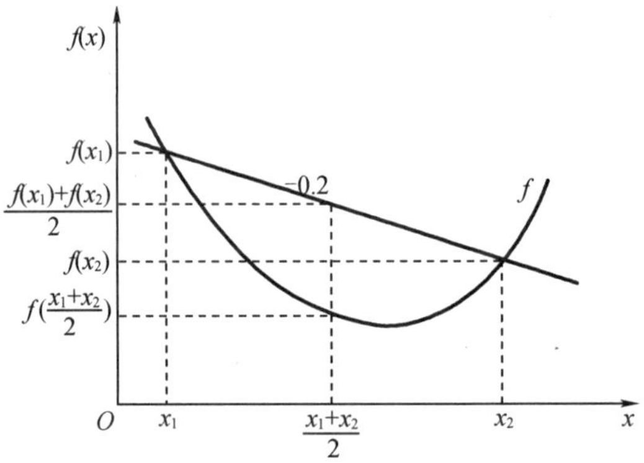

图 6.1 凸函数

2. EM 算法

假设有一个训练样本$\{x_1,x_2,\cdots,x_N\}$,样本间相互独立,参数为 θ,每个样本隐藏类别为 $z_j(j=1\cdots M)$,则 EM 算法的目标是求解不同样本参数的最大似然估计,具体步骤如下:

假设对数似然函数为

$$\begin{aligned}\ln L(\theta)&=\ln[p(x_1;\theta)p(x_2;\theta)\cdots p(x_n;\theta)]\\&=\sum_{i=1}^{N}\ln[p(x_i;\theta)]\\&=\sum_{i=1}^{N}\ln\sum_{j=1}^{M}[p(x_i,z_j;\theta)]\end{aligned} \tag{6-13}$$

最大似然估计的目的是求解式(6-13)的最大值。求极值的常用方法是对该式求导,由

于公式中含有求和的对数,求导后的形式将会非常复杂,难以求解,因此为了便于推导,将 x_i 对 z 的分布函数用 $Q_i(z)$ 表示,则 $Q_i(z)$ 一定满足概率之和为 1 的条件。

$$\sum_{j=1}^{M} Q_i(z_j) = 1, Q_i(z_j) \geqslant 0 \tag{6-14}$$

将式(6-13)变形为

$$\begin{aligned}
\ln L(\theta) &= \sum_{i=1}^{N} \ln \sum_{z} p(x_i, z_j; \theta) \\
&= \sum_{i=1}^{N} \ln \sum_{j=1}^{M} Q_i(z_j) \frac{p(x_i, z_j; \theta)}{Q_i(z_j)} \\
&\geqslant \sum_{i=1}^{N} \sum_{j=1}^{M} Q_i(z_j) \ln \frac{p(x_i, z_j; \theta)}{Q_i(z_j)}
\end{aligned} \tag{6-15}$$

式(6-15)的第三步放缩非常重要,是整个 EM 算法的核心,这一步运用了 Jensen 不等式。把不等号右侧的式子记为

$$J(z, Q) = \sum_{i=1}^{N} \sum_{j=1}^{M} Q_i(z_j) \ln \frac{p(x_i, z_j; \theta)}{Q_i(z_j)} \tag{6-16}$$

如果把$\frac{p(x_i, z_j; \theta)}{Q_i(z_j)}$看作随机变量,$Q_i(z_j)$即为随机变量对应的概率密度,根据期望公式 $E(X) = \sum xp(x)$,那么 $J(z,Q)$就是随机变量$\frac{p(x_i, z_j; \theta)}{Q_i(z_j)}$的期望。可以看到,通过 Jensen 不等式,似然函数由和的对数变为对数的和,求导过程大大简化了。但是利用 Jensen 不等式得到的是似然函数的下界,与似然函数之间存在一定的差异,不能直接用于最大似然估计。若存在取等条件 $\ln L(\theta) = J(z,Q)$,似然函数与其对应的下界相等,这时就可以用 $J(z,Q)$计算最大似然估计了。根据 Jensen 不等式等号成立条件:

$$\frac{p(x_i, z_j; \theta)}{Q_i(z_j)} = C \tag{6-17}$$

式中,C 为常数。因为 $\sum_{j=1}^{M} Q_i(z_j) = 1$,所以 $\sum_{j=1}^{M} p(x_i, z_j; \theta) = C$。所以

$$Q_i(z_j) = \frac{p(x_i, z_j; \theta)}{\sum_{j=1}^{M} p(x_i, z_j; \theta)} = \frac{p(x_i, z_j; \theta)}{p(x_i; \theta)} = p(z_j | x_i; \theta) \tag{6-18}$$

式中,$p(z_j | x_i; \theta)$为 z_j 的后验概率。根据取等条件有 $\ln L(\theta) = J(z,Q)$,下面对 $J(z,Q)$关于 θ 求导并令导数为 0,求解 θ 的最大似然估计。

$$\theta = \arg\max_{\theta} \sum_{i=1}^{N} \sum_{j=1}^{M} Q_i(z_j) \ln \frac{p(x_i, z_j; \theta)}{Q_i(z_j)} \tag{6-19}$$

不断地迭代重复式(6-18)与式(6-19),直到收敛,至此 EM 算法结束。

总的来说,EM 算法利用 Jensen 不等式寻找似然函数的下界。在取等条件下,其求解下界对应的最大似然估计,然后不断地迭代以提升下界,直到收敛为止,即可找到似然函数的最大值。

将 EM 算法总结如下:

E-step：根据前一次迭代的参数 θ 计算 $Q_i(z_j)=p(z_j|x_i;\theta)$。

M-step：最大化 $J(z,Q)=\sum_{i=1}^{N}\sum_{j=1}^{M}Q_i(z_j)\ln\frac{p(x_i,z_j;\theta)}{Q_i(z_j)}$ 得到新的参数 θ。

下面利用 EM 算法更新 SBL 算法中的超参数 $\boldsymbol{\alpha}$，将变量 $\boldsymbol{x}$ 看作隐变量引入。首先计算 E-step，即求解最大后验概率(Maximum a Posteriori Probability，MAP) $Q=p(\boldsymbol{\xi}|\boldsymbol{t},\boldsymbol{\alpha},\sigma^2)$，因为 $p(\boldsymbol{\xi}|\boldsymbol{t},\boldsymbol{\alpha},\sigma^2)$ 是一个高斯函数的形式，所以最大后验概率为式(6-10)中的均值 $\boldsymbol{\mu}$。然后计算 M-step。

$$\boldsymbol{\alpha}=\arg\max_{\alpha}E[\ln p(\boldsymbol{t},\boldsymbol{\xi}|\boldsymbol{\alpha},\sigma^2)] \tag{6-20}$$

在式(6-20)中，由于在此前步骤中已经求得后验概率密度 Q，因此在这一步骤中为了使公式简洁，省略了后验概率密度。在后面的步骤中，本节把主要的关注点放在了超参数估计上面，暂时将参数 σ^2 省略。因为 $p(\boldsymbol{t},\boldsymbol{\xi};\boldsymbol{\alpha})=p(\boldsymbol{t}|\boldsymbol{\xi})p(\boldsymbol{\xi}|\boldsymbol{\alpha})$ 且 $p(\boldsymbol{\xi}|\boldsymbol{\alpha})$ 中不含超参数 $\boldsymbol{\alpha}$，所以在求解 $\boldsymbol{\alpha}$ 的过程中也可以得到式(6-21)。

$$\boldsymbol{\alpha}=\arg\max_{\alpha}E[\ln p(\xi|\boldsymbol{\alpha})]=\arg\min_{\alpha}E[-\ln p(\boldsymbol{\xi}|\boldsymbol{\alpha})] \tag{6-21}$$

将式(6-4)代入得

$$\begin{aligned}\boldsymbol{\alpha}&=\arg\min_{\alpha}E\left[-\ln\prod_{i=1}^{N}\frac{1}{(2\pi\alpha_i)^{1/2}}\exp\left(-\frac{\xi_i^2}{2\alpha_i}\right)\right]\\&=\arg\min_{\alpha}E\left\{-\sum_{i=1}^{N}\left[-\frac{1}{2}\ln(2\pi\alpha_i)-\frac{\xi_i^2}{2\alpha_i}\right]\right\}\\&=\arg\min_{\alpha}E\left\{\sum_{i=1}^{N}\left[\frac{1}{2}\ln(2\pi\alpha_i)+\frac{\xi_i^2}{2\alpha_i}\right]\right\}\end{aligned} \tag{6-22}$$

值得注意的是，在整个推导过程中，$\boldsymbol{\xi}$ 是随机变量，因此在计算数字特征时可将 $\boldsymbol{\alpha}$ 看作常数。

$$\boldsymbol{\alpha}=\arg\min_{\alpha}\sum_{i=1}^{N}\left\{\frac{1}{2}\ln(2\pi\alpha_i)+\frac{1}{2\alpha_i}E[\xi_i^2]\right\} \tag{6-23}$$

式(6-23)已经将矢量问题转化为了标量问题，对于每一个 α_i 有

$$\alpha_i=\arg\min_{\alpha_i}\left\{\frac{1}{2}\ln(2\pi\alpha_i)+\frac{1}{2\alpha_i}E[\xi_i^2]\right\} \tag{6-24}$$

又因为 $E[\xi_i^2]=E[\xi_i]^2+D(\xi_i)$，均值与方差在式(6-10)中均已给出，所以对(6-24)等号右侧求导并令导数为 0，得

$$\alpha_i=\mu_i^2+\Sigma_{ii} \tag{6-25}$$

式中，Σ_{ii} 表示协方差矩阵中的第 i 个对角元素。

对于参数 σ^2 的更新，同样可以通过 EM 算法求出，此处不再赘述，这里给出一个较为合理的 σ^2 更新公式：

$$\sigma^2=\frac{\|\boldsymbol{t}-\boldsymbol{\Phi\xi}\|_2^2+\sigma^2[N-Tr(\boldsymbol{\Sigma A})]}{M} \tag{6-26}$$

利用以上公式循环迭代直到收敛就可以对稀疏信号进行有效的重构，至此，利用 EM 算法更新参数的 SBL 算法介绍结束。

6.2　基于稀疏贝叶斯学习的水声信道估计

6.2.1　发射信号模型

信号模型采用 CP-OFDM,即对每个 OFDM 符号插入循环前缀。一个 OFDM 符号中含有 N 个子载波,符号周期为 T,循环前缀长度为 T_g,总长度为 $T+T_g$。一个 OFDM 符号中的第 k 个子载波频率为

$$f_k=f_c+k/T,k=-N/2,\cdots,N/2-1 \tag{6-27}$$

式中,f_c 为中心频率。在 N 个子载波中,有 N_d 个数据子载波,N_p 个导频子载波,其余为空子载波,第 k 个子载波上的传输数据记作 X_k,一个通带 OFDM 符号表示为

$$x(t)=2\mathrm{Re}\left\{\left[\sum_{k=-N/2}^{N/2-1}X_k\mathrm{e}^{\mathrm{j}2\pi\frac{k}{T}t}q(t)\right]\mathrm{e}^{\mathrm{j}2\pi f_c t}\right\},t\in[0,T+T_g] \tag{6-28}$$

式中,$q(t)$是成型滤波器:

$$q(t)=\begin{cases}1,t\in[0,T+T_{cp}]\\0,其他\end{cases} \tag{6-29}$$

6.2.2　信道模型

水声信道具有传播损失大、多途干扰严重、多普勒频移现象明显等特点,本节将研究重点放在对多途信道的估计上,因此将信道建模为

$$h(\tau,t)=\sum_{l=1}^{L}A_l(t)\delta(\tau-\tau_l) \tag{6-30}$$

式中,A_l 为第 l 条路径的增益;τ_l 为第 l 条路径的时延;L 为信道长度。不考虑多普勒频移,在一个 OFDM 符号周期内认为信道保持不变。

6.2.3　接收信号模型

水声信道具有稀疏性,因此可以将基于稀疏理论的 SBL 算法较好地应用于水声信道估计。此部分主要介绍将 SBL 算法应用于水声信道估计的算法流程和仿真结果,接收机接收的通带信号为 OFDM 信号与信道冲激响应函数的卷积与加性噪声之和:

$$y(t)=x(t)*h(t,\tau)+w(t) \tag{6-31}$$

在经过 A/D 转换、降采样以及 FFT 之后得到的频域基带接收信号为

$$\boldsymbol{Y}=\boldsymbol{XH}+\boldsymbol{W}=\boldsymbol{XFh}+\boldsymbol{W}=\boldsymbol{\Phi h}+\boldsymbol{W} \tag{6-32}$$

式中,$\boldsymbol{Y}$ 为 $N\times1$ 的频域接收信号;$\boldsymbol{X}$ 为 $N\times N$ 的对角阵,对角线上的元素包含频域发射数据、导频以及空子载波对应的 0;$\boldsymbol{W}$ 为 $N\times1$ 的加性高斯白噪声,概率密度函数记作 $CN(0,\sigma^2)$,σ^2 是噪声方差;$\boldsymbol{F}$ 为 $N\times N$ DFT 矩阵的前 L 列;$\boldsymbol{h}$ 为时域信道冲激响应。若把 $\boldsymbol{XF}$ 看作一个矩阵,则该矩阵等效为 CS 中的字典矩阵 $\boldsymbol{\Phi}$。若一个 OFDM 符号中含有 N_d 个数据子载波、N_p 个导频子载波,则导频子载波对应的接收信号可以写为

$$\boldsymbol{Y}_{\mathrm{p}}=\boldsymbol{X}_{\mathrm{p}}\boldsymbol{F}_{\mathrm{p}}\boldsymbol{h}+\boldsymbol{W}_{\mathrm{p}}=\boldsymbol{\Phi}_{\mathrm{p}}\boldsymbol{h}+\boldsymbol{W}_{\mathrm{p}} \tag{6-33}$$

式中，$\boldsymbol{Y}_{\mathrm{p}}$ 是一个 $N_{\mathrm{p}}\times1$ 的向量，包含了在导频位置处的接收信号；$\boldsymbol{X}_{\mathrm{p}}$ 是一个 $N_{\mathrm{p}}\times N_{\mathrm{p}}$ 的对角阵，对角线上的元素为已知的导频；$\boldsymbol{F}_{\mathrm{p}}$ 是 $\boldsymbol{F}$ 的子矩阵，大小为 $N_{\mathrm{p}}\times L$，包含了矩阵 $\boldsymbol{F}$ 中导频位置对应的行；$\boldsymbol{W}_{\mathrm{p}}$ 是一个 $N_{\mathrm{p}}\times1$ 的向量，包含了向量 $\boldsymbol{W}$ 在导频位置的元素；$\boldsymbol{\Phi}_{\mathrm{p}}$ 为 $\boldsymbol{X}_{\mathrm{p}}$ 和 $\boldsymbol{F}_{\mathrm{p}}$ 的乘积。

将 SBL 信道估计算法步骤整理如下：

(1)参数输入

导频位置处接收信号 $\boldsymbol{Y}_{\mathrm{p}}$，字典矩阵 $\boldsymbol{\Phi}_{\mathrm{p}}$，迭代终止门限 $\varepsilon_{\mathrm{sbl}}$，最大迭代次数 $K_{\max}$，初始化 $\boldsymbol{\Gamma}=\mathrm{diag}(\boldsymbol{\gamma})=\boldsymbol{I}_L$，$\boldsymbol{\gamma}=[\gamma_1,\gamma_2,\cdots,\gamma_L]^{\mathrm{T}}$，迭代次数 $k>0$ 且 $k=1$，$(\sigma^2)^k$，$\boldsymbol{\mu}^k>0$。

(2)E-step

$$\boldsymbol{\Sigma}=(\sigma^{-2}\boldsymbol{\Phi}+\boldsymbol{\Gamma}^{-1})-1$$

$$\boldsymbol{\mu}^{k+1}=\sigma^{-2}\boldsymbol{\Sigma}\boldsymbol{\Phi}_{\mathrm{p}}^{\mathrm{H}}\boldsymbol{Y}_{\mathrm{p}} \tag{6-34}$$

(3)M-step

$$\gamma_i^{k+1}=\Sigma_{ii}+|\mu_i^{k+1}|^2,i=1,2\cdots L \tag{6-35}$$

$$(\sigma^2)^{k+1}=\frac{\|\boldsymbol{Y}_{\mathrm{p}}-\boldsymbol{\Phi}_{\mathrm{p}}\boldsymbol{\mu}^{k+1}\|_2^2+(\sigma^2)^k[L-Tr(\boldsymbol{\Sigma}\boldsymbol{\Gamma}^{-1})]}{N_{\mathrm{p}}} \tag{6-36}$$

(4)终止条件判决

$\|\boldsymbol{\mu}^{k+1}-\boldsymbol{\mu}^k\|_2^2\leqslant\varepsilon_{\mathrm{sbl}}$ 或者 $k=K_{\max}$ 迭代终止，否则返回(2)。

(5)输出信道冲激响应

$$\hat{\boldsymbol{h}}=\boldsymbol{\mu}^{k+1}$$

6.3 广义近似消息传递–稀疏贝叶斯学习水声信道估计

6.3.1 广义近似消息传递

基于贝叶斯准则的最大后验估计(Maximum A Posteriori，MAP)和最小均方误差估计的参数估计性能都非常优异，但是它们的缺点是计算复杂度较高，使得其在各方面都受到了较大的限制，因此在实际应用中往往采用一些其他的近似方法进行参数估计以降低计算的复杂度。D. L. Donoho 等提出了基于置信传递的 AMP 算法。此后，M. Bayati 和 A. Montanari 等阐述了该算法的状态演化过程。S. Rangan 把 AMP 算法推广了，提出了广义近似消息传递(Generalized Approximate Message Passing，GAMP)算法并在状态演化方程及收敛性方面进行了证明。GAMP 算法是一种贝叶斯方法，具备经典贝叶斯方法的优势，同时与经典贝叶斯方法相比，GAMP 算法的复杂度更低。GAMP 具备的优点有：

(1)复杂度低

近似消息传递类的算法以元素而不是向量为计算的基本单位。运算复杂度与问题的复杂度基本呈线性关系，并且达到收敛所需要的迭代次数较少且较为稳定，适用于求解高维问题。

(2)适应性强

GAMP 算法几乎适用于任何先验分布以及信道的概率分布。该算法能够涵盖任意非高斯输入以及非线性输出,而且能够实现基于最大后验估计的 Max-Sum 环路置信传递(Loopy Belief Propagation,LBP)和基于最小均方误差估计的 Sum-Product 环路置信传递,以及边缘后验概率的近似。

(3)便于分析

在 GAMP 算法中,每个元素的近似过程可被看作一个标量等效模型,模型中的参数通过一组标量状态方程来计算。利用这样的标量等效模型,可以较容易地预测算法性能,如均方误差或者检测精度。

GAMP 算法为一大类被广泛应用却又难以计算的估计问题提供了一个广义性且系统的方法,在降低计算复杂度方面具有优异的性能。

AMP 算法为解决 CS 中 BP 以及 BPDN 复杂度较高的问题提供了有效的解决方式,S. Rangan 在 2012 年证明了对 AMP 的框架可以进一步推广,用于处理任意先验分布以及任意噪声分布,提出了 GAMP 算法。该算法唯一需要的条件是先验分布与噪声分布可分解。在应用 GAMP 算法时可以使用稀疏促进先验分布,如 Spike 和 Slab 先验分布。鉴于其对任意的噪声分布也是有效的,利用服从二项分布的噪声,该框架可以用于分类。GAMP 算法的灵活性使其近年来得到了广泛的关注,接下来结合图 6.2 简要地介绍 GAMP 算法。

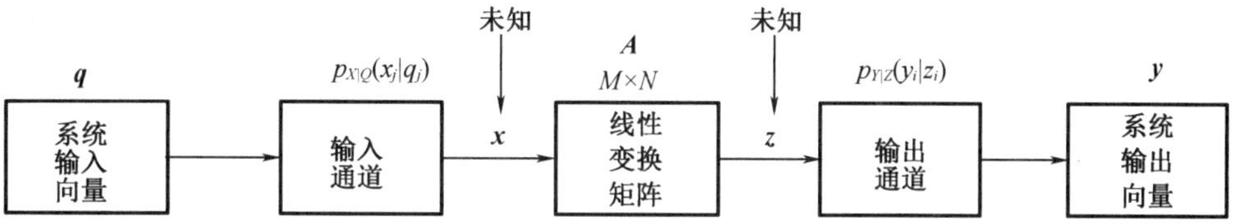

图 6.2 模型框图

问题描述如图 6.2 所示,系统输入向量 $\boldsymbol{q}=[q_1,q_2,\cdots,q_N]^{\mathrm{T}}\in Q^N$,$q_j\in Qj=1,2,\cdots,N$,逐个元素通过条件概率密度为 $p_{X|Q}(x_j|q_j)(j=1,2,\cdots,N)$ 的输入通道,产生了未知的随机向量 $\boldsymbol{x}=[x_1,x_2,\cdots,x_N]^{\mathrm{T}}$。向量 $\boldsymbol{x}$ 随后经过了一个线性变换:

$$\boldsymbol{z}=\boldsymbol{A}\boldsymbol{x} \tag{6-37}$$

式中,$\boldsymbol{A}$ 是一个已知的线性变换矩阵,维度为 $M\times N$。随后向量 $\boldsymbol{z}$ 的每一个元素经过条件概率密度为 $p_{Y|Z}(y_i|z_i)(i=1,2,\cdots,M)$ 的输出通道得到一组输出向量 $\boldsymbol{y}=[y_1,y_2,\cdots,y_M]^{\mathrm{T}}$。若有一个一般的矩阵 $\boldsymbol{A}$(非单位阵),向量 $\boldsymbol{x}$ 经过线性变换后,其中的元素被混合进了向量 $\boldsymbol{z}$ 之中。在这种情况下,任何后验分布都将面对一个高维的积分,这是非常难以求解的。GAMP 算法是一个广义的线性解混方法,可以把一个向量估计问题转化成一系列标量问题和线性变换问题,通过可分解的先验分布与似然函数有效地估计参数的后验分布。

假设向量 $\boldsymbol{x}$ 中的每一个元素都是独立同分布的,且每一个元素的条件概率密度为 $p(x_i|q_i)$。其中,q_i 是一个已知的超参数。与向量 $\boldsymbol{x}$ 类似,假设观测向量也是独立同分布的,其似然函数为 $p(y_a|\boldsymbol{x})$。通过贝叶斯准则可以得到向量 $\boldsymbol{x}$ 的后验概率密度函数:

$$p(\boldsymbol{x}|\boldsymbol{y}) \propto p(\boldsymbol{y}|\boldsymbol{x})p(\boldsymbol{x}) = \prod_i p(y_i|\boldsymbol{x}) \prod_j p(x_j) \tag{6-38}$$

式中,∝表示正比关系。根据概率分布可以画出问题模型对应的因子图,如图 6.3 所示,图中 f_{in} 和 f_{out} 分别表示因子图的输入节点和输出节点。

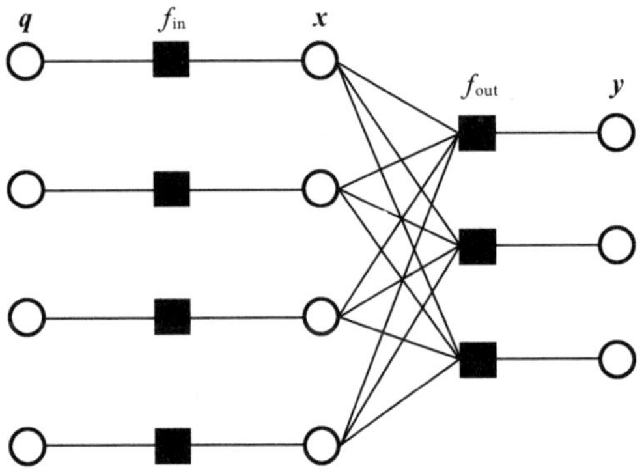

图 6.3 GAMP 算法因子图

GAMP 算法的核心是两个标量估计函数:g_{in} 和 g_{out}。这两个函数取决于先验分布和噪声分布的形式,以及估计器是选择 MAP 估计还是选择 MMSE 估计。在选择了合适的标量估计函数的条件下,GAMP 算法能够给出 Sum-Product LBP 算法或者 Max-Sum LBP 算法的高斯以及二次逼近。因此,这两个函数对整个算法的性能有重大的影响。关于两个标量估计函数的推导将在后面的论述中给出。值得注意的是,GAMP 算法中的标量估计函数必须具有闭式表达式,这在一定程度上限制了对 GAMP 算法的应用。GAMP 算法的步骤如下所示,将矩阵 $\boldsymbol{A}$ 的每一个元素设为 a_{ij}。

(1)输入参数

已知线性变换矩阵 $\boldsymbol{A}$,系统输入 $\boldsymbol{q}$,系统输出 $\boldsymbol{y}$,标量估计函数 g_{in} 和 g_{out},迭代次数 t,最大迭代次数 t_{max}。

(2)初始化

令迭代次数 $t=0$,并且为 $\hat{x}_j(t)$ 和 $\tau_j^x(t)$ 初始赋值。

(3)线性输出

对于每一个 i 有

$$\tau_i^p(t) = \sum_j |a_{ij}|^2 \tau_j^x(t)$$
$$\hat{p}_i(t) = \sum_j a_{ij}\hat{x}_j(t) - \tau_i^p(t)\hat{s}_i(t-1)$$
$$\hat{z}_i(t) = \sum_j a_{ij}\hat{x}_j(t) \tag{6-39}$$

并且令 $\hat{s}(-1)=0$。

(4)非线性输出

对于每一个 i 有

$$\hat{s}_i(t)=g_{out}[t,\hat{p}_i(t),y_i,\tau_i^p(t)]$$

$$\tau_i^s(t)=-\frac{\partial}{\partial\hat{p}}g_{\text{out}}[t,\hat{p}_i(t),y_i,\tau_i^p(t)] \tag{6-40}$$

(5)线性输入

对于每一个 j 有

$$\tau_j^r(t)=\left[\sum_i |a_{ij}|^2\tau_i^s(t)\right]^{-1}$$
$$\hat{r}_j(t)=\hat{x}_j(t)+\tau_j^r(t)\sum_i a_{ij}\hat{s}_i(t) \tag{6-41}$$

(6)非线性输出

对于每一个 j 有

$$\hat{x}_j(t+1)=g_{\text{in}}[t,\hat{r}_j(t),q_j,\tau_j^r(t)]$$
$$\tau_j^x(t+1)=\tau_j^r(t)\frac{\partial}{\partial\hat{r}}g_{\text{in}}[t,\hat{r}_j(t),q_j,\tau_j^r(t)] \tag{6-42}$$

令 $t=t+1$ 并返回步骤(3),直到达到最大迭代次数,算法终止。

接下来简要描述 GAMP 算法是如何减少计算复杂度的。每一次迭代分为 4 个步骤,即(3)~(6)。在步骤(3)中,以 $\boldsymbol{A}$ 中每个元素为单位进行平方,计算了 $|\boldsymbol{A}|^2$,这一步骤的复杂度为 $O(MN)$。步骤(4)将输出向量$\hat{\boldsymbol{p}}$ 的每一个元素输入到标量估计函数 g_{out} 中,而函数 g_{out} 将不会随着问题维度的变化而变化,所以这一步骤的总的复杂度为 $O(M)$。与以上输出步骤类似,后面两个输入步骤的复杂度分别为 $O(MN)$ 和 $O(M)$。

根据上述讨论可以看出,GAMP 算法把以向量为基本单位的运算变为一系列线性转换和标量估计函数的运算。其中,最大的复杂度为 $O(MN)$,小于一些结构性变换的复杂度,如傅里叶变换。并且通过状态演化分析发现,每一个元素达到相同的输出状态所需要的迭代次数是不随问题维度变化而变化的。综上可以得出,GAMP 算法有效降低了算法计算的复杂度。

关于标量估计函数,之前已提到过输入与输出标量估计函数是 GAMP 算法的核心内容,故选择恰当的标量估计函数能够给出 Max-Sum LBP 算法或者 Sum-Product LBP 算法的逼近。下面首先简要地阐述用于计算最大后验估计的 Max-Sum GAMP 算法的标量估计函数推导过程。

在已知系统输入 $\boldsymbol{q}$ 和输出 $\boldsymbol{y}$ 的条件下,向量 $\boldsymbol{x}$ 的后验概率密度函数为

$$p(\boldsymbol{x}|\boldsymbol{q},\boldsymbol{y})=\frac{1}{Z(\boldsymbol{q},\boldsymbol{y})}\exp[F(\boldsymbol{x},\boldsymbol{z},\boldsymbol{q},\boldsymbol{y})],\boldsymbol{z}=\boldsymbol{A}\boldsymbol{x} \tag{6-43}$$

式中

$$F(\boldsymbol{x},\boldsymbol{z},\boldsymbol{q},\boldsymbol{y})=\sum_{j=1}^{N}f_{\text{in}}(x_j,q_j)+\sum_{i=1}^{M}f_{\text{out}}(z_i,y_i) \tag{6-44}$$

并且

$$\begin{cases}f_{\text{out}}(\boldsymbol{z},\boldsymbol{y})=\log p_{Y|Z}(\boldsymbol{y}|\boldsymbol{z})\\ f_{\text{in}}(\boldsymbol{x},\boldsymbol{q})=\log p_{X|Q}(\boldsymbol{x}|\boldsymbol{q})\end{cases} \tag{6-45}$$

式(6-43)中,$Z(\boldsymbol{q},\boldsymbol{y})$是一个正则化常数。因此 $\boldsymbol{x}$ 的最大后验估计为

$$\hat{\boldsymbol{x}}_{\text{map}}=\arg\max F(\boldsymbol{x},\boldsymbol{z},\boldsymbol{q},\boldsymbol{y}),\hat{\boldsymbol{z}}=\boldsymbol{A}\hat{\boldsymbol{x}} \tag{6-46}$$

但是,上述公式中的$f_{\text{in}}(\boldsymbol{x},\boldsymbol{q})$和$f_{\text{out}}(\boldsymbol{z},\boldsymbol{y})$是未知的,故利用上述公式并不能得出$\boldsymbol{x}$的最大后验估计。根据文献[10]的推导,得出一种针对最大后验估计问题的 Max-Sum LBP 近似实现方法,输入函数为

$$g_{\text{in}}(\hat{r},q,\tau^r)=\arg\max_x F_{\text{in}}(x,\hat{r},q,\tau^r) \tag{6-47}$$

式中

$$F_{\text{in}}(x,\hat{r},q,\tau^r)=f_{\text{in}}(x,q)-\frac{1}{2\tau^r}(\hat{r}-x)^2 \tag{6-48}$$

并且关于g_{in},式(6-47)满足

$$\tau^r\frac{\partial}{\partial\hat{r}}g_{\text{in}}(\hat{r},q,\tau^r)=\frac{\tau^r}{1-\tau^r f''_{\text{in}}(\hat{x},q)} \tag{6-49}$$

式中,二阶导数$f''_{\text{in}}(\hat{x},q)$是关于$\hat{x}$的,并且$\hat{x}=g_{\text{in}}(r,q,\tau^r)$;$r$为随机变量;$\tau^r$为$r$的方差。

当f_{in}的形式如式(6-48)所示的时候,$g_{\text{in}}(r,q,\tau^r)$是随机变量$X$的准确标量最大后验估计。式中,$Q=q$,$\hat{R}=\hat{r}$,也是随机变量。

$$\hat{R}=X+V,V\sim N(0,\tau^r) \tag{6-50}$$

式中,$X\sim p_{X|Q}(x|q)$,$Q\sim p_Q(q)$,变量V独立于X和Q。在这种定义之下,$\hat{R}$可以看作X经过均值为0、方差为τ^r的高斯噪声信道的输出。

对于最大后验估计问题的 Max-Sum LBP 近似实现方法的输出函数为

$$g_{\text{out}}(\hat{p},y,\tau^p)=\frac{1}{\tau^p}(\hat{z}^0-p) \tag{6-51}$$

式中

$$\hat{z}^0=\arg\max_z F_{\text{out}}(z,\hat{p},y,\tau^p) \tag{6-52}$$

并且

$$F_{\text{out}}(z,\hat{p},y,\tau^p)=f_{\text{out}}(z,y)-\frac{1}{2\tau^p}(z-\hat{p})^2 \tag{6-53}$$

式(6-51)中,g_{out}满足如下负导数关系:

$$-\frac{\partial}{\partial\hat{p}}g_{\text{out}}(\hat{p},y,\tau^p)=\frac{-f''_{\text{out}}(\hat{z}^0,y)}{1-\tau^p f''_{\text{out}}(\hat{z}^0,y)} \tag{6-54}$$

式中,二阶导数f''_{out}是关于z的;$\hat{z}^0$是变量Z的最大后验估计。

当$f_{\text{out}}(z,y)$的形式如(6-45)所示的时候,$F_{\text{out}}(z,\hat{p},y,\tau^p)$可以看作随机变量$Z$的对数后验概率密度。其中,$Y=j$,

$$Z\sim N(\hat{p},\tau^p),Y\sim p_{Y|Z}(y|z) \tag{6-55}$$

从上述推导中可以看出,Max-Sum GAMP 算法利用输入与输出标量估计函数把向量的最大后验估计问题转化成了标量最大后验估计问题。

接下来简要地介绍另一种标量估计函数的推导——用于计算最小均方误差估计的 Sum-Product GAMP。最小均方误差估计实际上是关于条件概率密度的条件期望:

$$\hat{\boldsymbol{x}}^{\text{MMSE}}=E[\boldsymbol{x}|\boldsymbol{y},\boldsymbol{q}] \tag{6-56}$$

关于最小均方误差估计问题的 Sum-Product LBP 近似实现的输入函数为

$$g_{\text{in}}(\hat{r},q,\tau^{r})=E[X|\hat{R}=\hat{r},Q=q] \tag{6-57}$$

式中,各变量的含义与前文一致。并且该输入函数的导数满足

$$\tau^{r}\frac{\partial}{\partial\hat{r}}g_{\text{in}}(\hat{r},q,\tau^{r})=\text{var}[X|\hat{R}=\hat{r},Q=q] \tag{6-58}$$

根据式中 $F_{\text{in}}(\cdot)$ 的定义,近似的边缘后验概率如下所示:

$$p(x_j|\boldsymbol{q},\boldsymbol{y})\approx\frac{1}{Z}p_{X|Q}(x_j|q_j)\exp\left[-\frac{1}{2\tau_{\text{r}}}(\hat{r}_j-x_j)^2\right] \tag{6-59}$$

式中,Z 是一个正则化常数。

对于 Sum-Product GAMP,其输出标量估计函数为

$$g_{\text{out}}(\hat{p},y,\tau^{p})=\frac{1}{\tau_{\text{p}}}(\hat{z}^{0}-\hat{p}),\hat{z}^{0}=E[z|\hat{p}|,y,\tau^{p}] \tag{6-60}$$

式中,期望是关于 z 的后验概率密度的,而 z 的后验概率密度满足:

$$p(z|\hat{p},y,\tau^{p})\propto\exp F_{\text{out}}(z,\hat{p},y,\tau^{p}) \tag{6-61}$$

式中导数满足:

$$-\frac{\partial}{\partial\hat{p}}g_{\text{out}}(\hat{p},y,\tau^{p})=\frac{1}{\tau_{\text{p}}}\left[1-\frac{\text{var}(z|\hat{p},y,\tau^{p})}{\tau_{\text{p}}}\right] \tag{6-62}$$

与 MAP 估计问题类似,Sum-Product GAMP 把向量 MMSE 估计问题转化为了标量估计问题,降低了计算的复杂度。

高斯信道是最常见的输出信道。在高斯信道下,Max-Sum GAMP 算法与 Sum-Product GAMP 算法中的标量估计函数具有统一的形式。假设噪声为 0 均值、方差为 τ^{w} 的高斯白噪声,则 z 的后验概率分布为

$$p(z|\hat{p},y,\tau^{p})\sim N(\hat{z}^{0},\tau^{z}) \tag{6-63}$$

式中,$\hat{z}^{0}=\hat{p}+\frac{\tau^{p}}{\tau^{w}+\tau^{p}}(y-\hat{p})$;$\tau^{z}=\frac{\tau^{w}\tau^{p}}{\tau^{w}+\tau^{p}}$。在高斯输出信道下,输出标量估计函数为

$$g_{\text{out}}(\hat{p},y,\tau^{p})=\frac{y-\hat{p}}{\tau^{w}+\tau^{p}} \tag{6-64}$$

对应的负导数为

$$-\frac{\partial}{\partial\hat{p}}g_{\text{out}}(\hat{p},y,\tau^{p})=\frac{1}{\tau^{p}+\tau^{w}} \tag{6-65}$$

在高斯输入信道下,Max-Sum GAMP 算法与 Sum-Product 算法具有相同形式的标量估计函数。假设输入概率密度函数为

$$p_{X|Q}(x|q)=N(q,\tau^{x_0}) \tag{6-66}$$

那么输入标量估计函数和其导数分别为

$$g_{\text{in}}(\hat{r},q,\tau^{r})=\frac{\tau^{x_0}}{\tau^{x_0}+\tau^{r}}(\hat{r}-q)+q \tag{6-67}$$

$$\tau^{r}g'_{\text{in}}(\hat{r},q,\tau^{r})=\frac{\tau^{x_0}\tau^{r}}{\tau^{x_0}+\tau^{r}} \tag{6-68}$$

6.3.2 基于 GAMP-SBL 的水声 OFDM 信道估计

前文主要阐述了基于 SBL 的水声 OFDM 系统稀疏信道估计算法。SBL 算法利用均值为 0、方差为超参数的高斯独立同分布作为先验分布。在贝叶斯框架中,这样的先验分布设置拥有巨大的灵活性。随后其通过不断地迭代学习并更新超参数来优化先验分布的模型,根据最大后验估计恢复出稀疏信号。该算法通过自动学习利用了一些结构性信息,相比于传统的 CS 算法具有一定的优势。同时,该算法并不需要输入先验信息,在实际应用中便于使用,具有较为稳定的性能。SBL 算法常结合 EM 算法来计算稀疏信号的最大后验估计以及超参数的更新。在 EM 算法的 E-step 中,对期望的求解需要矩阵的逆运算。随着问题维度的升高,在矩阵求逆中的计算花销将是巨大的,这也限制了 SBL 算法在大规模问题中的应用。本章引入的 GAMP 算法根据因子图建立贝叶斯网络,将概率密度函数看作在节点中传递的消息,利用 Sum-Product 算法或 Max-Sum 算法得出稀疏信号的最小均方误差估计或最大后验估计。GAMP 算法中引入了输出标量估计函数与输入标量估计函数,这两个函数是整个 GAMP 算法的核心内容。GAMP 算法通过两个标量估计函数将向量估计问题转化为一系列标量估计问题,有效地降低了计算的复杂度。但是 GAMP 算法在稳定性上有所欠缺,可能会出现不收敛的情况。因此,综合考虑 SBL 算法与 GAMP 算法的优势与劣势,本节引入 GAMP-SBL 算法,将两种算法结合,利用 GAMP 算法取代 EM 算法中 E-step 的矩阵求逆过程,降低 SBL 算法的计算复杂度,同时与 SBL 算法的结合也提高了 GAMP 算法的稳定性。两种算法的结合弥补了二者的不足之处。

下面重点介绍 GAMP-SBL 稀疏水声信道估计算法。GAMP-SBL 算法在 SBL 的框架下运行,因此首先设置信道服从均值为 0、方差为超参数的高斯独立同分布的先验分布 $\boldsymbol{h} \sim CN(0,\boldsymbol{\Gamma})$,式中,$\boldsymbol{\Gamma}=\mathrm{diag}[\gamma(1),\cdots,\gamma(L)]$,为控制 $\boldsymbol{h}$ 的超参数所构成的对角阵。

$$p_{\mathrm{pc}}(r,z;\omega)=\sum_{j=1}^{J}G_{\omega}(r;z,z_j)G_{\omega}^{*}(R;z_j,z_{\mathrm{ps}}) \tag{6-69}$$

接下来采用 EM 算法更新超参数并计算稀疏信号的最大后验估计,其中 E-step 用 GAMP 算法计算,而 M-step 不变。根据 E-step 中得到的信道冲激响应 $\boldsymbol{h}$ 的后验概率密度函数,不断提升对应的似然函数下界并更新超参数。

综上,GAMP-SBL 算法步骤如下:

(1)参数输入

导频位置处接收信号 $\boldsymbol{Y}_{\mathrm{p}}$,字典矩阵 $\boldsymbol{\Phi}_{\mathrm{p}}$,令 $\boldsymbol{S}=|\boldsymbol{\Phi}_{\mathrm{p}}|^2$,GAMP 中 $|\cdot|^2$ 指以元素为单位进行平方;对 $\hat{\boldsymbol{\tau}}_{\mathrm{h}}^{0}$、$\boldsymbol{\gamma}^{0}$ 赋值,一般为大于 0 的向量;令 $(\sigma^2)^0$ 为大于 0 的常数;$\boldsymbol{s}^0$、$\hat{\boldsymbol{s}}^0$、$\boldsymbol{h}^0$ 为零向量;SBL 最大循环次数为 $K_{\max}$,GAMP 算法最大循环次数为 $M_{\max}$;GAMP 算法停止条件为 $\varepsilon_{\mathrm{GAMP}}$,SBL 停止条件 $\varepsilon_{\mathrm{SBL}}$;$k=1$,$m=1$,$\boldsymbol{\Gamma}=\mathrm{diag}(\boldsymbol{\gamma})=\boldsymbol{I}_L$,$\boldsymbol{\gamma}=[\gamma_1,\gamma_2,\cdots,\gamma_L]^{\mathrm{t}}$。

(2)GAMP 算法(E-step)

令 $\boldsymbol{\tau}_{\mathrm{h}}^{m-1}=\hat{\boldsymbol{\tau}}_{\mathrm{h}}^{k-1}$,$\boldsymbol{\mu}^{m=1}=\boldsymbol{h}^{k-1}$,$\boldsymbol{s}^{m=1}=\hat{\boldsymbol{s}}^{k-1}$

$$1/\hat{\boldsymbol{\tau}}_{\mathrm{p}}^{m}=\boldsymbol{S}\boldsymbol{\tau}_{\mathrm{h}}^{m} \tag{6-70}$$

$$\boldsymbol{p}^{m}=\boldsymbol{s}^{m-1}+\hat{\boldsymbol{\tau}}_{\mathrm{p}}^{m}\boldsymbol{\Phi}_{\mathrm{p}}\boldsymbol{h}^{m} \tag{6-71}$$

$$\boldsymbol{\tau}_{\mathrm{s}}^{m}=\boldsymbol{\tau}_{\mathrm{p}}^{m}g_{\mathrm{s}}'(\boldsymbol{p}^{m},\boldsymbol{\tau}_{\mathrm{p}}^{m}) \tag{6-72}$$

$$\boldsymbol{s}^{m}=(1-\theta_{\mathrm{s}})\boldsymbol{s}^{m-1}+\theta_{\mathrm{s}}g_{\mathrm{s}}(\boldsymbol{p}^{m},\boldsymbol{\tau}_{\mathrm{p}}^{m}) \tag{6-73}$$

$$1/\boldsymbol{\tau}_{\mathrm{r}}^{m}=\boldsymbol{S}^{\mathrm{T}}\boldsymbol{\tau}_{\mathrm{s}}^{m} \tag{6-74}$$

$$\boldsymbol{r}^{m}=\boldsymbol{h}^{m}-\boldsymbol{\tau}_{\mathrm{r}}^{m}\boldsymbol{\Phi}_{\mathrm{p}}^{H}\boldsymbol{s}^{m} \tag{6-75}$$

$$\boldsymbol{\tau}_{\mathrm{h}}^{m+1}=\boldsymbol{\tau}_{\mathrm{r}}^{m}g_{\mathrm{h}}'(\boldsymbol{r}^{m},\boldsymbol{\tau}_{\mathrm{r}}^{m}) \tag{6-76}$$

$$\boldsymbol{\mu}^{m+1}=(1-\theta_{\mathrm{h}})\boldsymbol{\mu}^{m}+\theta_{\mathrm{h}}g_{\mathrm{h}}(\boldsymbol{r}^{m},\boldsymbol{\tau}_{\mathrm{r}}^{m}) \tag{6-77}$$

如果$\|\boldsymbol{\mu}^{m+1}-\boldsymbol{\mu}^{m}\|^2<\varepsilon_{\mathrm{GAMP}}$或$m=M_{\max}$则停止 GAMP 算法，令$\hat{\boldsymbol{s}}^{k}=\boldsymbol{s}^{m}$、$\boldsymbol{h}^{k}=\boldsymbol{\mu}^{m+1}$、$\hat{\boldsymbol{\tau}}_{\mathrm{h}}^{k}=\boldsymbol{\tau}_{\mathrm{h}}^{m+1}$，进入 SBL 算法。

(3) M-step

$$\boldsymbol{\gamma}^{k+1}=|\boldsymbol{h}^{k}|^2+\hat{\boldsymbol{\tau}}_{\mathrm{h}}^{k} \tag{6-78}$$

$$(\sigma^2)^{k+1}=\frac{\|\boldsymbol{Y}_{\mathrm{p}}-\boldsymbol{\Phi}_{\mathrm{p}}\boldsymbol{h}^{k}\|^2+(\sigma^2)^{k}\sum_{i=1}^{L}[1-(\hat{\tau}_{x}^{k})_{i}/\gamma_{i}^{k+1}]}{N_{\mathrm{p}}} \tag{6-79}$$

如果$\|\boldsymbol{h}^{k}-\boldsymbol{h}^{k-1}\|_2^2<\varepsilon_{\mathrm{SBL}}$，则终止 GAMP-SBL 算法的迭代，输出信道冲激响应$\hat{\boldsymbol{h}}=\boldsymbol{h}^{k}$。

两个标量估计函数的具体形式为

$$\begin{aligned}
g_{\mathrm{h}}(r,\tau_{\mathrm{r}})&=\frac{\gamma}{\gamma+\tau_{\mathrm{r}}}r\\
g_{\mathrm{h}}'(r,\tau_{\mathrm{r}})&=\frac{\gamma}{\gamma+\tau_{\mathrm{r}}}\\
g_{\mathrm{s}}(p,\tau_{\mathrm{p}})&=\frac{p/\tau_{\mathrm{p}}-Y_{\mathrm{p}}}{\sigma^2+1/\tau_{\mathrm{p}}}\\
g_{\mathrm{s}}'(r,\tau_{\mathrm{p}})&=\frac{\sigma^{-2}}{\sigma^{-2}+\tau_{\mathrm{p}}}
\end{aligned} \tag{6-80}$$

6.4　仿真分析

本节介绍基于 OFDM 的水声信道估计仿真结果，所用算法为 LS、SBL，利用 LS 算法插值方法选择 3 次样条插值。所用的仿真参数如表 6.1 所示。

表 6.1　仿真参数

子载波数/个	导频数量/个	数据子载波/个	升采样点数/个	符号数/个
1 024	256	768	12	20
采样频率/kHz	中心频率/kHz	频带宽度/kHz	映射方式	信道长度
48	12	4	QPSK	203
多途数量/个	信噪比范围/dB	SBL 算法最大迭代次数/次	SBL 迭代终止门限	
4	0~20	200	1×10^{-7}	

由图 6.4 可以看出,在信噪比为 5 dB 时,SBL 算法所估计的信道与仿真预设的稀疏信道更加近似。

对算法 LS 和 SBL 在不同信噪比下的信道估计性能进行对比分析,对仿真性能可用信道估计后的 BER 来衡量,图 6.5、图 6.6 是两算法信道均衡后星座图,以及 BER 随信噪比的变化曲线图,可以看出在不同信噪比下,SBL 算法所对应的 BER 均要低于 LS 算法。可以分析出:由于 SBL 算法将信道稀疏性这一特点作为先验信息进行了利用,因此其算法性能相对更好。

而后,通过仿真分析 GAMP-SBL 算法在运算量上的优势。在相同仿真条件下运行 SBL 算法和 GAMP-SBL 算法,分别得到两算法估计 20 个 OFDM 符号所用的时间。由图 6.7 可以看出,GAMP-SBL 算法在保持 SBL 算法性能的前提下,能够明显减少运算量。

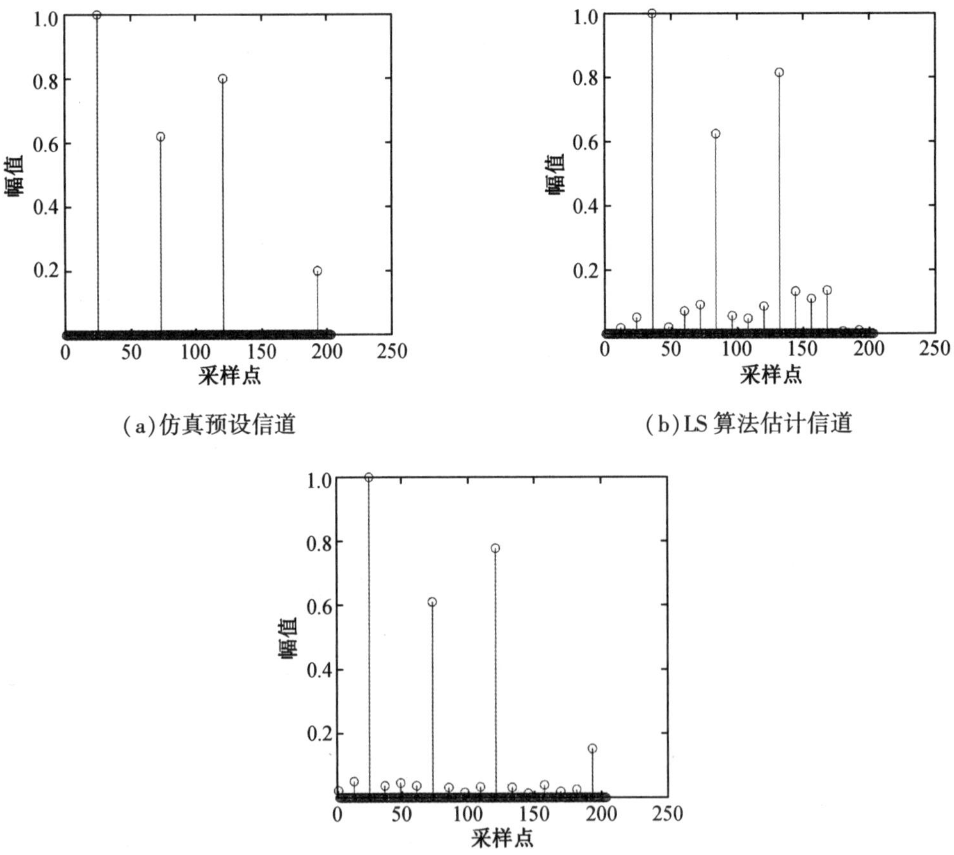

(a)仿真预设信道　(b)LS 算法估计信道

(c)SBL 算法估计信道

图 6.4　水声信道估计结果

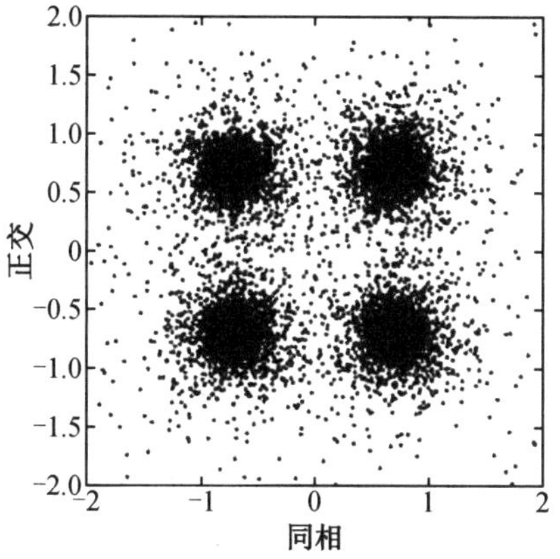

(a)LS 算法星座图

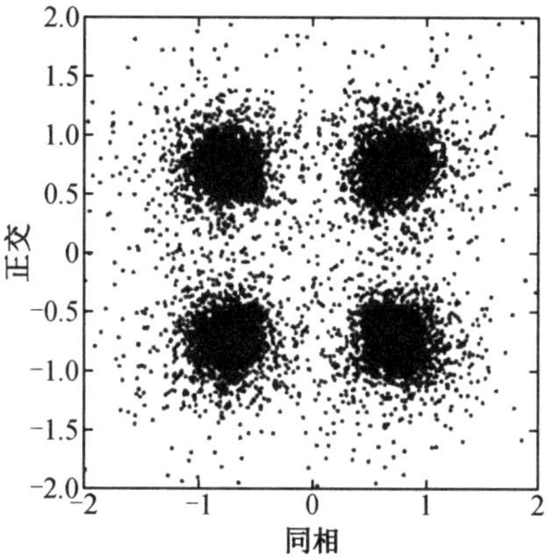

(b)SBL 算法星座图

图 6.5　算法 LS、SBL 信道均衡后星座图

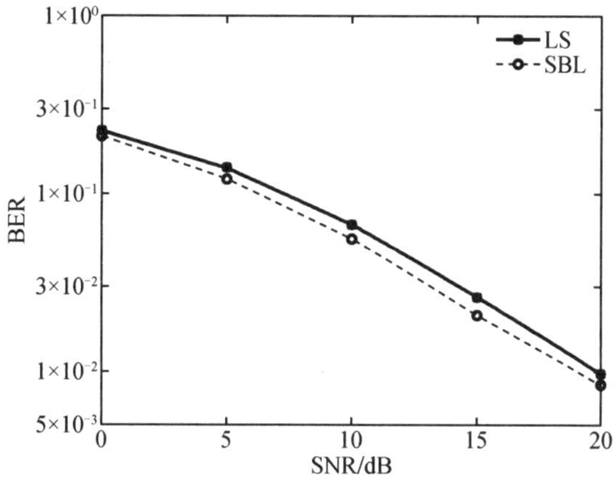

图 6.6　算法 LS、SBL 信道估计 BER 曲线图

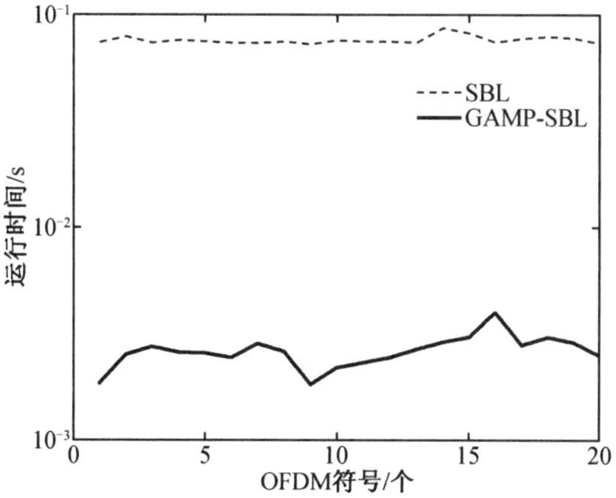

图 6.7　算法 SBL、GAMP-SBL 运行时间曲线图

本章参考文献

[1] PARKER J T, SCHNITER P, CEVHER V. Bilinear generalized approximate message passing: part Ⅰ: derivation[J]. IEEE Transactions on Signal Processing, 2014, 62(22): 5839-5853.

[2] CANDÈS E J, WAKIN M B. An introduction to compressive sampling[J]. IEEE Signal Processing Magazine, 2008, 25(2): 21-30.

[3] TIPPING M E. Sparse Bayesian learning and the relevance vector machine[J]. Journal of Machine Learning Research, 2001, 1(3): 211-244.

[4] DEMPSTER A P, LAIRD N M, RUBIN D B. Maximum likelihood from incomplete data via the EM algorithm[J]. Journal of the Royal Statistical Society: Series B (Methodological), 1977, 39(1): 1-22.

[5] ZHANG Z L, RAO B D. Sparse signal recovery with temporally correlated source vectors using sparse Bayesian learning[J]. IEEE Journal of Selected Topics in Signal Processing, 2011, 5(5): 912-926.

[6] 惠俊英,生雪莉. 水下声信道[M]. 2 版. 北京:国防工业出版社,2007.

[7] PRASAD R, MURTHY C R, RAO B D. Joint approximately sparse channel estimation and data detection in OFDM systems using sparse Bayesian learning[J]. IEEE Transactions on Signal Processing, 2014, 62(14): 3591-3603.

[8] DONOHO D L, MALEKI A, MONTANARI A. Message-passing algorithms for compressed sensing[J]. Proceedings of the National Academy of Sciences of the United States of America, 2009, 106(45): 18914-18919.

[9] BAYATI M, MONTANARI A. The dynamics of message passing on dense graphs, with applications to compressed sensing[J]. IEEE Transactions on Information Theory, 2011, 57(2): 764-785.

[10] RANGAN S. Generalized approximate message passing for estimation with random linear mixing[C]//2011 IEEE International Symposium on Information Theory Proceedings. St. Petersburg, Russia. IEEE, 2011: 2168-2172.

[11] YONG SOO CHO. MIMO-OFDM 无线通信技术及 MATLAB 实现[M]. 孙锴,黄威,译. 北京:电子工业出版社,2013.

[12] PARKER J T, SCHNITER P, CEVHER V. Bilinear generalized approximate message passing: part Ⅱ: applications[J]. IEEE Transactions on Signal Processing, 2014, 62(22): 5854-5867.

[13] RANGAN S, SCHNITER P, FLETCHER A K, et al. On the convergence of approximate message passing with arbitrary matrices[J]. IEEE Transactions on Information Theory, 2014, 65(9): 5339-5351.

第 7 章　时间反转镜水声信道均衡技术

因为声场具有互易特性，所以如果接收端将发射信号反转之后再发回发射端，则信号能够在原始的发射端产生聚焦效应。声场的这一特性在时间域上被称为时间反转镜（Time Reversal Mirror，TRM）技术，在频域上被称为相位共轭技术。时间反转镜技术时间压缩特性使其能够应对信道的多途扩展，而其空间聚焦特性又使其能够提高接收端的信噪比，从而抑制信道的衰落效应。

时间反转镜技术是近几年来在水声信号处理方面出现的一项新技术，其最大的优点是在没有任何环境先验知识的情况下可自适应匹配声信道，引导了空间聚焦和时间压缩。信道多途扩展产生的码间干扰是水声通信的主要阻碍之一。时间反转镜技术具有时间压缩性能，可以重组多途信号而抑制码间干扰；且具有空间聚焦性能，可以减弱信道衰落的影响。这两个特性使 TRM 技术在水声通信中有了应用空间。本章针对时间反转镜的原理、处理增益、分类等进行了详细的分析，针对其性能进行了仿真验证，并给出了相应的试验数据处理结果。

7.1　声学时间反转镜的发展历史

美国斯克里普斯海洋研究所的 W. A. Kuperman 科研团队首先对时间反转镜技术开展了试验研究。1996 年 4 月，W. A. Kuperman 等在地中海开展了时间反转镜技术的验证试验，在 7.3 km 的距离上成功地将入射声波重新聚焦到声源位置。针对此次试验的结果，H. C. Song 提出了时间反转镜技术多空间位置聚焦的方法，仿真和试验数据均验证了该方法的可行性。W. S. Hodgkiss 在 1998 年发表的文章中对地中海的第二次时间反转镜技术的验证试验的相关结果进行了报道：将聚焦距离从第一次试验的 7.3 km 增大到 30 km；进一步验证了时间反转镜可以在多空间位置处聚焦；将采集到的信号在一周后重新发送仍然可以在声源位置处聚焦。1999 年 7 月，在相同海区他们进行了第三次海试，并基于 BPSK 通信体制进行了水声通信研究。

第一次海试（1996 年 4 月）首次验证了时间反转镜技术的空间、时间聚焦特性（聚焦距离为 7.3 km）。第二次海试（1997 年 5 月）将第一次海试的结果进行了扩展：

（1）聚焦距离从第一次的 6 km 扩展到 30 km。

（2）提出一种新的技术，使时间反转信号聚焦于非原探测声源处，即可通过对载波加一频偏来实现聚焦点的改变。

（3）揭示出探测信号可以与相隔一周后的海洋环境成功实现聚焦，即证明了时间反转镜聚焦性能的稳健性。

1999 年 7 月的第三次海试(图 7.1)是建立在前两次海试的基础上的。图 7.1(a)为试验设置示意图,图 7.1(b)为海洋声速分布图。

第三次海试的时间反转镜基阵由长 78 m、29 个频率响应一致的收发合置传感器组成的垂直阵(Source-Receive Array,SRA)构成。另有一由 32 个基元组成的,长 93 m 的水听器垂直接收阵(Vertical Receive Array,VRA)置于距 SRA 之外 11 km 处。一点声源(Point Source,PS),也可视为探测信号(Probe Signal),位于由 SRA、VRA 组成的垂直平面内,且紧靠近 VRA。海洋深度在 110~130 m 之间。本次试验将时间反转镜技术应用于水声通信,信息调制方式为 BPSK(3.5 kHz 单频脉冲,脉宽 2 ms),采用的是主动式时间反转镜(Active TRM,ATRM)技术,即需要往返发射。

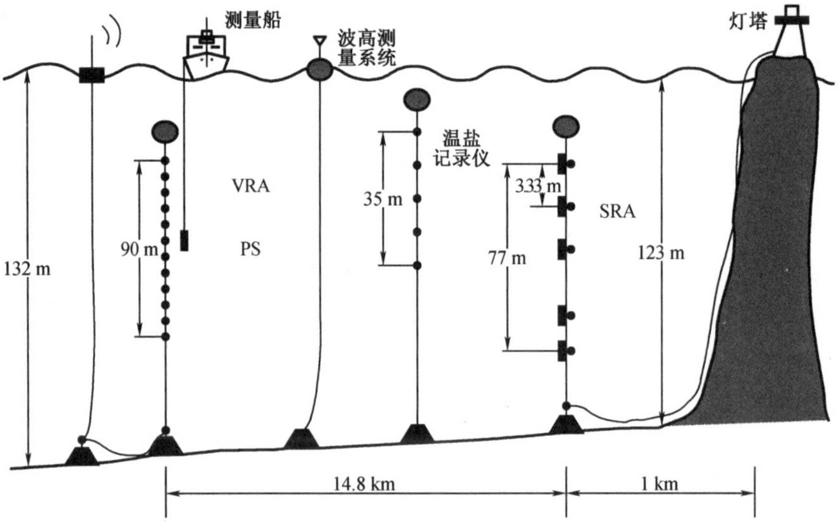

(a)试验设置示意图

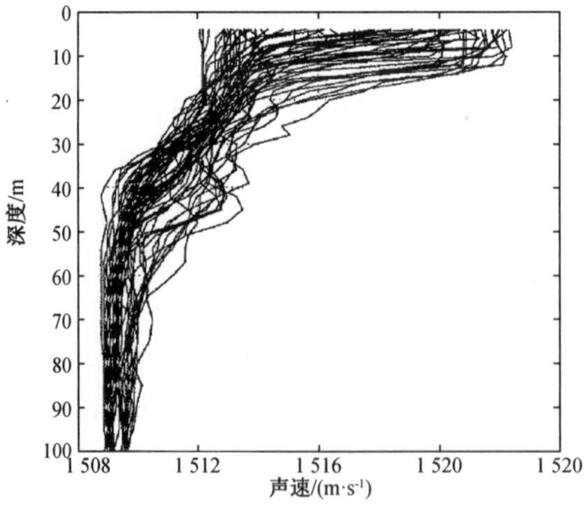

(b)海洋声速分布图

图 7.1　1999 年 7 月进行的声学时间反转镜技术的验证试验

第三次试验结果表明,VRA 在声源 PS 附近的阵元接收到的相位共轭信号的能量最强;

并且在应用时间反转镜技术于水声通信中,可以使星座图各相位分开得更为清晰,减小误码率。但是由于试验只发射了 50 bit 的信息,所以在本次海试中并没有统计误码率,只是论述了时间反转镜在水声通信中应用的潜力。

21 世纪初,G. F. Edelmann 开始研究主动时间反转镜技术在水声通信领域的应用,并在 3 种不同的海底底质的情况下采集了通信数据,初步验证了 TRM 技术是一种可有效抑制码间干扰的手段,其通信流程如图 7.2 所示(图中 AUV 为自治式潜水器,Autonomous Underwater Vehicle)。首先,声源向反射体所在的介质中发射宽带脉冲。其次,由多个阵元组成的垂直阵列采集并存储声源发来的声压信号。最后,将各阵元存储的信号时间翻转后重新发射,在声源出即可得到能量聚焦的宽带脉冲信号。

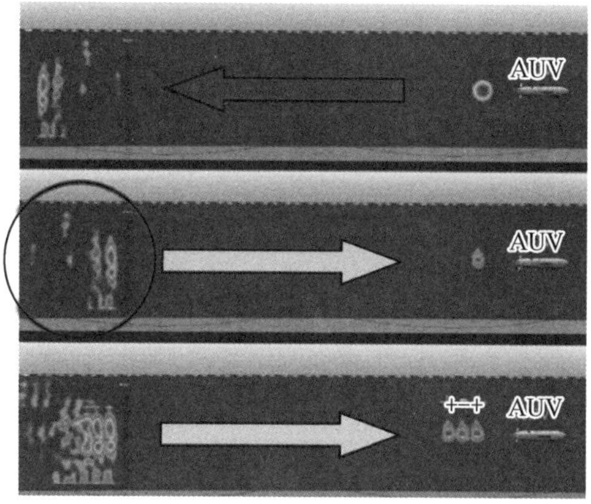

图 7.2　主动时间反转镜技术在单载波水声通信中的应用

随后,G. F. Edelmann 等又继续研究了浅海环境下的 ATRM 水声通信技术,试验中的载波频率为 3.5 kHz,带宽为 500 Hz,采用 BPSK 和 QPSK 调制信息,通信速率分别为 500 bit/s 和 1 000 bit/s,通信距离为 10 km,此时,实现了低误码率的数据传输。

主动时间反转镜技术需要信号的双向传输,要求时间反转镜阵列为收发合置的,而且系统不仅要具有数据采集设备还要具有功率放大器等信号发射设备,这使得系统的复杂度较高。此外,在快速时变水声信道环境下,时间反转的信号经过的信道与声源到时间反转镜阵列的信道会存在较大的差异,直接影响主动时间反转镜的性能。在主动时间反转镜技术的基础上,H. C. Song 又进一步研究了被动时间反转镜技术,其不需要信息的双向传输,大大简化了设备的复杂度。

7.2　时间反转镜的原理

声学中时间反转不变性是指若声源发射的声脉冲在接收端被接收,包括通过传输介质到达的反射声、折射声或散射声,则存在一组波可以经由这些复杂的信道精确地折回并会聚于声源原点,就像时间倒退了回去。一般来说,时间反转镜在接收端是由垂直阵组成的,本节主要针对时间反转镜的原理进行分析,并得出时间反转镜技术的一些特性,为后续时间反转镜技术的应用奠定理论基础。

在图 7.3 所示的时间反转镜基阵处理几何位置示意图中,设 z 为垂直方向坐标轴,时间反转镜基阵由 J 个阵元构成,海深为 H(m),声源与时间反转镜的水平距离为 R(km)。为简化讨论,假设海面为自由界面,海底为刚性底质。

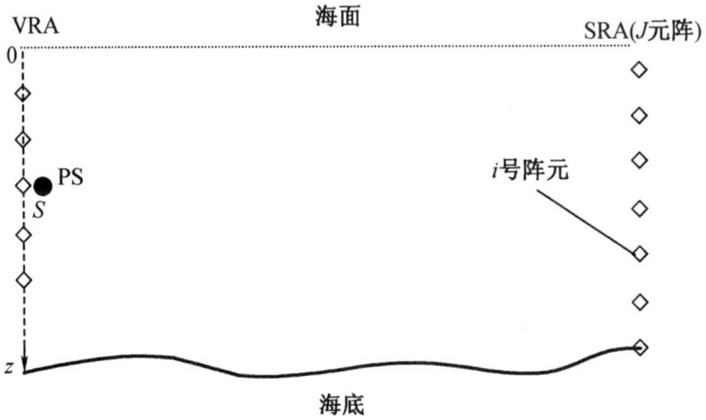

图 7.3　时间反转镜基阵处理几何位置示意图

时间反转镜试验分 3 个步骤完成:

第一,声源向反射体所在的介质中发射宽带脉冲,称为前向传输。

第二,时间反转镜各阵元采集并存储目标反射回来的声压。

第三,时间反转镜各阵元将存储的信号时间反转后重新发射,称为反向传输。

时间反转镜技术自动匹配于水声信道,是最佳空间和时间滤波器的实现。该匹配滤波不是对发射信号进行匹配,而是对声波传输的声信道进行匹配,这一匹配过程称为空间或信道的匹配,这是由互易定理(Reciprocity Theorem)导出的。

互易定理是时间反转镜技术的重要理论基础,它表示声源 PS 与 SRA 的 j 号阵元间的声场及 SRA 的 j 号阵元与声源 PS 间的声场是互易的。其简单含义是:在同样的传播条件下,声源 PS 发射后 j 号阵元得到的声压,和以同样的声源强度在 j 号阵元发射而在 S 点得到的声压是相等的。时间反转镜技术是指 SRA 各阵元将接收到的信号时间反转后令其再次经过信道并到达声源 PS 处。源信号两次经过的信道是互易的。

下面从频域相位共轭和时域时间反转两个角度分别分析时间反转镜的聚焦原理。

7.2.1　频域相位共轭原理

声源 PS 向时间反转镜基阵发射探测信号 $p(t)$。声源 PS 与 j 号阵元之间的声场可用冲激响应函数(时域:$h_j(t)$)或与其等价的格林函数(频域:$G_\omega(R;z_j,z_{ps})$)来表示,声场互易性意味着

$$G_\omega(R;z_j,z_{ps})=G_\omega(R;z_{ps},z_j) \tag{7-1}$$

式中,$|R|$为声源 PS 与 SRA 的水平距离;z_{ps} 为声源 PS 的深度;z_j 为 SRA 中阵元 j 的深度;ω 为声源的角频率。

当声源 PS 处发射的信号为简谐波,即时间仅和因子 $e^{-i\omega t}$ 有关,且海深不随距离变化时,格林函数 $G_\omega(R;z_j,z_{ps})$ 满足亥姆霍兹方程(Helmholtz Equation):

$$[\nabla^2+k^2(z_j)]G_\omega(R;z_j,z_{ps})=-\delta(R-r_{ps})\delta(z_j-z_{ps}) \tag{7-2}$$

式中,z 取正半轴,波数 $k(z)=\omega/c(z)$。

在远场条件下,可给出式(7-2)的声压简正波解:

$$G_\omega(R;z_j,z_{ps})=\frac{i}{\rho(z_{ps})(8\pi R)^{1/2}}\exp(-i\pi/4)\cdot\sum_n\frac{u_n(z_{ps})u_n(z_j)}{k_n^{1/2}}\exp(ik_nR) \tag{7-3}$$

式中,$u_n(z)$ 是本征函数,它是特征方程的解;k_n 为第 n 号简正波的波数。二者可通过边界条件解算:

$$\frac{d^2u_n}{dz^2}+[k^2(z)-k_n^2]u_n(z)=0 \tag{7-4}$$

本征函数满足完备性和标准正交性条件,即

$$\sum_{\text{all mod es}}\frac{u_n(z)u_n(z_s)}{\rho(z_s)}=\delta(z-z_s) \tag{7-5}$$

$$\int_0^\infty\frac{u_m(z)u_n(z)}{\rho(z)}dz=\delta_{nm} \tag{7-6}$$

式中,δ_{nm} 为狄拉克(Dirac)函数。

接收到的探测信号 $p_r(t)$ 在频域可表示为

$$p_r(\omega)=G_\omega(R;z_{ps},z_j)\cdot P(\omega) \tag{7-7}$$

式中,$P(\omega)$ 为探测信号 $p(t)$ 的频谱。

SRA 各阵元将接收到的探测信号进行时间反转,即在频域上进行相位共轭处理。设 $p_r(t)$ 长度为 τ,为保证系统的因果性,将其补零至长度 T 后进行时间反转,则时间反转后信号可表示为

$$G_\omega^*(R;z_{ps},z_j)\cdot e^{-i\omega T}\cdot P^*(\omega) \tag{7-8}$$

式中,符号“$(\cdot)^*$”表示相位共轭。

SRA 将时间反转信号再次发射回声场,该过程相当于以 $G_\omega^*(R;z_{ps},z_j)$ 为声场激励 SRA 各阵元,声场中任意观测点 (r,z) 处的声场 $P_{pc}(r,z)$ 满足以下波动方程:

$$\nabla^2P_{pc}(r,z)+k^2(z)P_{pc}(r,z)=\sum_{j=1}^J\delta(z-z_j)G_\omega^*(R;z_j,z_{ps}) \tag{7-9}$$

式中,r 为 SRA 到观测点的水平距离;z 为观测点的垂直位置。

由格林函数理论可知,式(7-9)是式(7-1)的空间积分。

对离散垂直线列阵,PS 处的声场可表示为

$$P_{pc}(r,z;\omega)=\sum_{j=1}^J G_\omega(r;z,z_j)G_\omega^*(R;z_j,z_{ps}) \tag{7-10}$$

式中,右边项幅值的平方是巴特利特(Bartlett)匹配场处理器的模糊度函数,数值由 $G_\omega(R;z_j,z_{ps})$ 决定,参考场由 $G_\omega(r;z,z_j)$ 决定。事实上,相位共轭处理的过程是匹配声场的过程,它是将海洋声信道自身作为参考场的。

为了证明 $P_{pc}(r,z)$ 在 PS 处——(R,z_{ps}) 形成聚焦,将式(7-3)式代入式(7-10)中,有

$$P_{\mathrm{pc}}(r,z;\omega) \approx \sum_m\sum_n\sum_j \frac{u_m(z)u_m(z_j)u_n(z_j)u_n(z_{\mathrm{ps}})}{\rho(z_j)\rho(z_{\mathrm{ps}})\sqrt{k_m k_n rR}} \exp \mathrm{i}(k_m r - k_n R) \tag{7-11}$$

利用式(7-6)所示的简正波的正交性,可简化式(7-11),得

$$P_{\mathrm{pc}}(r,z;\omega) \approx \sum_m \frac{u_m(z)u_m(z_{\mathrm{ps}})}{\rho(z_{\mathrm{ps}})k_m\sqrt{rR}} \exp \mathrm{i}k_m(r-R) \tag{7-12}$$

式(7-12)表示相位共轭场中某点的声压。当 $r \neq R$ 时,$P_{\mathrm{pc}}(r,z;\omega)$ 随简正波阶数的变化而显著变化;当 $r=R$ 时,式(7-12)可写为

$$P_{\mathrm{pc}}(r,z;\omega) = \sum_m \frac{u_m(z)u_m(z_{\mathrm{ps}})}{\rho(z_{\mathrm{ps}})k_m R} \tag{7-13}$$

式中,R 为一常数;k_m 为相对于第 m 号简阵波的波数,亦可近似为一常数。所以可将式(7-13)近似为式(7-5),即

$$P_{\mathrm{pc}}(r,z;\omega) \approx \delta(r-R) \cdot \delta(z-z_{\mathrm{ps}}) \tag{7-14}$$

式(7-14)说明,当 $r=R$、$z=z_{\mathrm{ps}}$ 时,相位共轭场中的原声源 PS 处的声压 $P_{\mathrm{pc}}(r,z;\omega)$ 可近似为 δ 函数,而在其他观测点处,声压较声源声压会随简正波阶数的变化而显著下降。

在波导中,简正波分解(Mode Stripping)造成了时间反转镜的空间聚焦性随着距离的增加而变宽,这是由于高阶简正波随着传输距离的增加而被衰减掉了,只由保留下来的低阶简正波形成聚焦区域。可见,波导的衰减增加了聚焦的尺寸,减少了有效简正波的数目。

事实上,相位共轭处理的过程是匹配声场的过程,它是将海洋声信道自身作为参考场。当 $r=R$、$z=z_{\mathrm{ps}}$ 时,时间反转声场 $P_{\mathrm{pc}}(R,z_{\mathrm{ps}};\omega)$ 为声场格林函数的频域相位共轭相乘,即时域自相关输出,具有相关峰(为 T 时刻)和旁瓣。时间反转阵处理情况下,声源与各传感器间声场结构不同。随阵元传感器数目增加,各时间反转声场相干叠加。文献[1]通过理论证明,如果时间反转阵处理在整个海深范围内采样,则时间反转声场将近似于理想信道,即 $P_{\mathrm{pc}}(R,z_s;\omega)$ 近似于一常数。以上结论证明了相位共轭法的聚焦效应。

7.2.2 时域时间反转原理

下面从信道冲激响应函数出发来考察时域中时间反转镜的聚焦特性。

信道具有多途时延扩展的特性,声信号沿不同途径的声线在不同时刻到达接收点,总的接收信号是通过接收点的所有声线所传送的信号的干涉叠加,产生复杂的空间滤波特性。多途信道的冲激响应函数 $h_j(t)$ 为

$$h_j(t) = \sum_{i=1}^{N_j} A_{ji}\delta(t-\tau_{ji}) \tag{7-15}$$

式中,N_j 为通过 j 号阵元接收点的本征声线的数目;A_{ji}、τ_{ji} 分别为第 i 途径到达接收点的信号幅值及信号时延。

j 号阵元接收到的信号 $p_{rj}(t)$ 为

$$p_{rj}(t) = p(t) \otimes h_j(t) = \sum_{i=1}^{N_j} A_{ji}p(t-\tau_{ji}) \tag{7-16}$$

式中,符号"⊗"表示卷积运算。

由互易定理可知,声源 S 到 j 号阵元间的声信道冲激响应与 j 号阵元到声源 S 间的声信

道冲激响应是相同的。将时间反转镜各阵元接收到的信号时间反转后同时发回声源 S,j 号阵元的信号在时间反转后到达 S 处为

$$r_j(t)=p_{rj}(-t)\otimes h_j(t)=p(-t)\otimes h_j(-t)\otimes h_j(t) \tag{7-17}$$

式中,$r_j(t)$ 为 j 号阵元时间反转信号到达声源 S 处的信号,则在原声源处总的接收信号为

$$r(t)=\sum_{j=1}^{J} r_j(t)=p(-t)\otimes\sum_{j=1}^{J} h_j(-t)\otimes h_j(t) \tag{7-18}$$

记

$$p_{\mathrm{TRM}}(t)=\sum_{j=1}^{J} h_j(-t)\otimes h_j(t) \tag{7-19}$$

$p_{\mathrm{TRM}}(t)$ 称为时间反转信道(Time Reversed Acoustic Field),表示声源 S 到各阵元之间信道冲激响应函数的自相关函数之和,可近似为 δ 函数,具有相关峰($t=T$ 时刻)和较低的旁瓣。时间反转镜各阵元相应的时间反转信道的旁瓣出现在不同的位置,这取决于声源与各传感器间不同的多途结构。当大量增加阵元传感器数目时,旁瓣非相干叠加,而所有阵元的最大值在同一时刻($t=T$)到达且相干叠加被增强。因此,如果时间反转镜在整个海深范围内采样,则时间反转声场可用 δ 函数近似,这说明时间反转信道 p_{TRM} 可近似为 δ 函数,即信号通过的最终信道是近似为单途径的,消除了声信道多途干扰。由此,式(7-18)可表示为

$$r(t)\approx p(-t) \tag{7-20}$$

式(7-20)表示声源 S 处最终接收到的信号近似为原发射信号的时间反转,消除了声信道多途扩展产生的码间干扰。

7.2.3　时间反转镜阵处理增益分析

若考虑声源强度及噪声干扰,式(7-10)表示的时间反转镜声场可表示为

$$P_{\mathrm{pc}}(r,z;\omega)=\sum_{j=1}^{J}\{[A_{\mathrm{s}}G_\omega(R;z_j,z_{\mathrm{ps}})+n_{\mathrm{t}}]^*\times\alpha G_\omega(R;z,z_j)\}+n_{\mathrm{s}} \tag{7-21}$$

式中,n_{t} 为前向传输中时间反转镜接收到的噪声,其将与有用信号一同被时间反转后再被发送回信道;n_{s} 为声源处接收到的噪声声强;A_{s} 为声源信号强度;α 为各阵元发射时间反转信号的平均强度。

SRA 各阵元接收到的信号为 $A_{\mathrm{s}}G_\omega(R;z_j,z_{\mathrm{ps}})+n_{\mathrm{t}}$,其信噪比为

$$\mathrm{SNR}_1=\frac{\sum_{j=1}^{J}|A_{\mathrm{s}}G_\omega(R;z_j,z_{\mathrm{ps}})|^2}{\sum_{j=1}^{J}\langle n_t\cdot n_t^*\rangle} \tag{7-22}$$

式中,符号< · >表示时间平均。

声源处时间反转镜输出信号的信噪比应为接收到的总信号功率与噪声功率的比值,即

$$\mathrm{SNR}_2=\frac{\sum_{j=1}^{J}|\alpha A_{\mathrm{s}}G_\omega(R;z_j,z_{\mathrm{ps}})^*G_\omega(R;z,z_j)|^2}{\langle n_{\mathrm{s}}\cdot n_{\mathrm{s}}^*\rangle+\sum_{i=1}^{J}\sum_{j=1}^{J}\langle\alpha^2 n_{\mathrm{t},i}\cdot n_{\mathrm{t},j}^*\rangle G_\omega(R;z,z_i)G_\omega(R;z,z_j)^*} \tag{7-23}$$

式中,分母噪声干扰由两部分构成:一是本地噪声 n_{s};二是时间反转镜发射的噪声 $n_{\mathrm{t},i}$ 经过

信道到达接收点的噪声 $\alpha n_{t,i}\cdot G_\omega(R;z,z_j)$。这两部分噪声是不相关的，所以只有当二者均较小时才可得到较高的SNR_2。

为简化模型，考虑在各向同性噪声场中，则

$$<n_{t,i}\cdot n_{t,j}^*>=\sigma_n^2\frac{\sin(k|\boldsymbol{r}_i-\boldsymbol{r}_j|)}{k|\boldsymbol{r}_i-\boldsymbol{r}_j|} \tag{7-24}$$

式中，$\boldsymbol{r}_i$ 为 i 号阵元位置；σ_n^2 为噪声方差。

若 SRA 各阵元间距为半波长及其整数倍或当阵元间距足够大时，则

$$<n_{t,i}\cdot n_{t,j}^*>\approx 0, i\neq j \tag{7-25}$$

此时，考察声源聚焦点处($z=z_{ps}$)，可简化式(7-23)为

$$\begin{aligned}\mathrm{SNR}_2&=\frac{\alpha^2A_s^2\left\{\sum\limits_{j=1}^{J}|G_\omega(R;z_j,z_{ps})|^2\right\}^2}{\sigma_n^2+\alpha^2\sigma_n^2\sum\limits_{i=1}^{J}|G_\omega(R;z_j,z_{ps})|^2}\\&=\frac{\sum\limits_{j=1}^{J}|A_sG_\omega(R;z_j,z_{ps})|^2}{J\sigma_n^2}\cdot\frac{\sum\limits_{j=1}^{J}|\alpha G_\omega(R;z_j,z_{ps})|^2}{1+\alpha^2\sum\limits_{i=1}^{J}|G_\omega(R;z_j,z_{ps})|^2}\cdot J\end{aligned} \tag{7-26}$$

若声源级较大或声源与 SRA 距离不太远，则信号强度较大，可满足：

$$|\alpha G_\omega(R;z_j,z_{ps})|\gg 1 \tag{7-27}$$

此时，式(7-26)可表示为

$$\mathrm{SNR}_2=J\cdot\mathrm{SNR}_1 \tag{7-28}$$

其以分贝为单位的形式为

$$\mathrm{SNR}_2=\mathrm{SNR}_1+10\lg J \tag{7-29}$$

从式(7-29)可以看出，在理想情况下，时间反转镜阵增益只取决于阵元个数 J。

7.2.4 单阵元时间反转镜及聚焦增益分析

目前大量文献中介绍的时间反转镜均为阵处理，这对将其应用于追求节点简单、低功耗的水声通信来说过于复杂且难以应用于实际。

单阵元时间反转镜是指时间反转镜是由单阵元构成的，而不是由基阵构成的。其最大的优点是简化了时间反转镜设备的复杂性，使时间反转镜技术应用于水下通信尤其是应用于水下信息网通信变得更加可行。

单阵元时间反转镜只能利用两节点间的多途信号，与基阵处理相比，这也牺牲了基阵的空间聚焦增益，导致旁瓣变高。

下面分析单阵元时间反转镜聚焦多途信号得到的聚焦增益。设各途径噪声分量相互独立且各途径信号的信噪比相同，则经信道传播后接收到的探测信号 $p_r(t)$ 可以表示为

$$p_r(t)=p(t)\otimes h(t)+n(t)=\sum_{i=1}^{N}[A_ip(t-\tau_i)+n_i(t)] \tag{7-30}$$

其中，各途径的噪声分量满足：

$$E[n_i(t)n_j(t)]=0, i\neq j \tag{7-31}$$

各途径信号信噪比满足：

$$\mathrm{SNR}_1=\frac{A_1^2}{\sigma_1^2}=\frac{A_2^2}{\sigma_2^2}=\cdots=\frac{A_i^2}{\sigma_i^2}=\frac{A_{i+1}^2}{\sigma_{i+1}^2}=\cdots=\frac{A_N^2}{\sigma_N^2} \tag{7-32}$$

式中，σ_i^2 为第 i 途径噪声分量 $n_i(t)$ 的方差。

通过时间反转处理后，各多途信号同时同相位叠加。为简化模型，这里只考虑单向传播形式，则时间反转镜处理后信号输出可表示为

$$r(t)=\sum_{i=1}^{N}A_i p(t)+\sum_{i=1}^{N}n_i(t) \tag{7-33}$$

其信噪比为

$$\mathrm{SNR}_2=\frac{\left(\sum_{i=1}^{N}A_i\right)^2}{\sum_{i=1}^{N}\sigma_i^2} \tag{7-34}$$

由式(7-32)可得

$$\sum_{i=1}^{N}\sigma_i^2=\sum_{i=1}^{N}\frac{A_i^2}{A_1^2}\sigma_1^2=\frac{\sigma_1^2}{A_1^2}\sum_{i=1}^{N}A_i^2 \tag{7-35}$$

式(7-34)可表示为

$$\mathrm{SNR}_2=\frac{A_1^2}{\sigma_1^2}\frac{\left(\sum_{i=1}^{N}A_i\right)^2}{\sum_{i=1}^{N}A_i^2}=\frac{A_1^2}{\sigma_1^2}\frac{\sum_{i=1}^{N}A_i^2+\sum_{i=1}^{N}\sum_{\substack{j=1\\ j\neq i}}^{N}A_iA_j}{\sum_{i=1}^{N}A_i^2}=\frac{A_1^2}{\sigma_1^2}\left(1+\frac{\sum_{i=1}^{N}\sum_{\substack{j=1\\ j\neq i}}^{N}A_iA_j}{\sum_{i=1}^{N}A_i^2}\right) \tag{7-36}$$

其以分贝为单位形式为

$$\mathrm{SNR}_2=\mathrm{SNR}_1+10\lg\left(1+\frac{\sum_{i=1}^{N}\sum_{\substack{j=1\\ j\neq i}}^{N}A_iA_j}{\sum_{i=1}^{N}A_i^2}\right) \tag{7-37}$$

从上述分析中可以看到，单阵元时间反转镜处理实现了多途分集，信噪比$\mathrm{SNR}_2\geqslant\mathrm{SNR}_1$（无多途信号时，“=”成立）。式(7-37)等号右边第二项为聚焦增益，其值与多途信号的数量及幅度有关，即在聚焦过程中，波导边界产生的多途效应增强了时间反转镜聚焦信号的能量，较自由场（Free-Space）环境更具聚焦效果。所以信道越是复杂，单阵元时间反转镜的聚焦效果越好。

虽然单阵元构成的时间反转镜得不到时间反转阵阵处理的空间增益，导致旁瓣较时间反转阵情况高，但若将其应用于非相干通信中仍然可以将经由声信道产生的多途信号分量同时同相位叠加，获得聚焦增益，在时间上压缩信号，消除码间干扰。

下面以某浅海信道环境下进行仿真分析聚焦增益。浅海信道的特点在于其声传播明显地受海面和海底边界的影响，实测得到的某海洋声速分布图如图 7.4 所示，利用声信道预报软件对水声信道进行建模，提供海洋多途信道冲激响应函数。

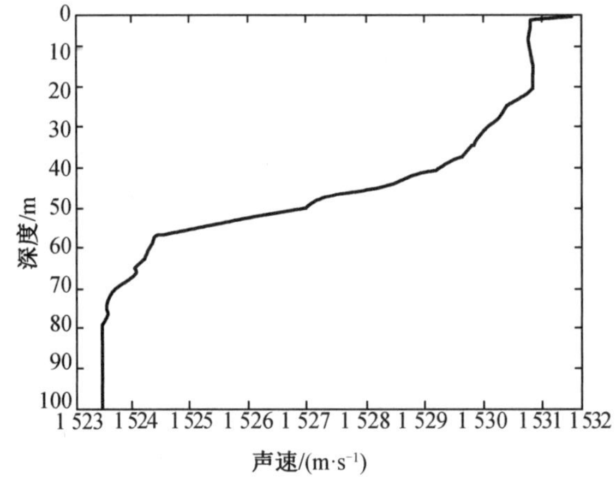

图 7.4　某海洋声速分布图

图 7.5(a1)为声源位于水下 $z_s = 20$ m,接收机位于水下 $z_r = 30$ m,收发距离 $R = 5$ km 时的信道冲激响应;图 7.5(b1)为 $z_s = 50$ m,$z_r = 70$ m,$R = 5$ km 时的信道冲激响应;图 7.5(c1)为 $z_s = 50$ m,$z_r = 70$ m,$R = 10$ km 时的信道冲激响应;图 7.5(a2)(b2)(c2)为它们相应的时间反转信道 $\hat{h}(t)$。

从图 7.5(a1)(b1)(c1)中可以看到信道非常复杂,多途信号多且幅值较大,多途扩展时延长,会对通信产生严重的码间干扰;图 7.5(a2)(b2)(c2)所示的时间反转信道 $\hat{h}(t)$,虽然存在一些旁瓣,但其幅值明显小于主峰幅值,可抑制声信道多途扩展产生的码间干扰,具有很好的信道均衡效果。

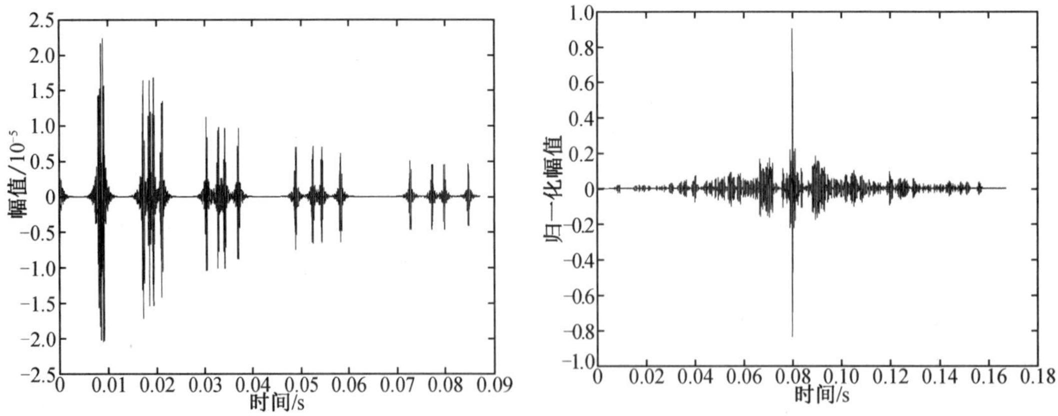

(a1) $h_1: z_s = 20$ m, $z_r = 30$ m, $R = 5$ km　　(a2) $\hat{h}_1$

图 7.5　信道冲激响应及其时间反转信道 $\hat{h}(t)$

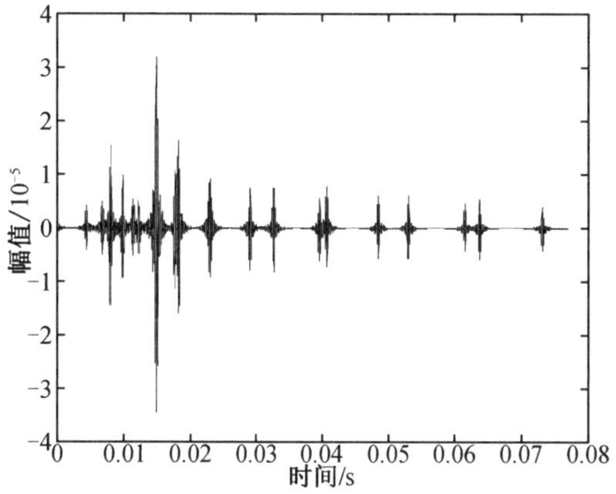

(b1) h_2: $z_s = 50$ m, $z_r = 70$ m, $R = 5$ km

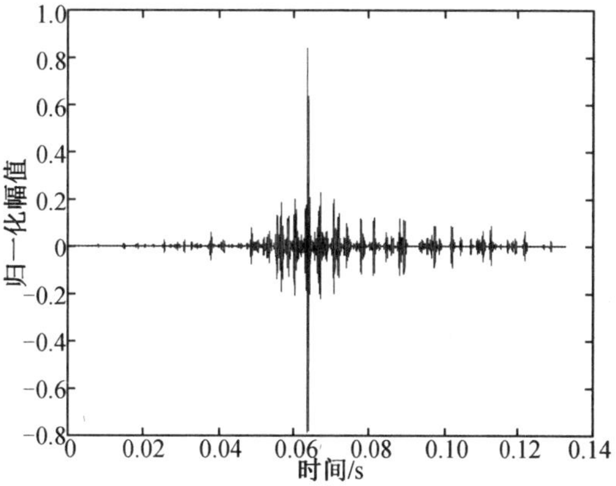

(b2) $\hat{h}_2$

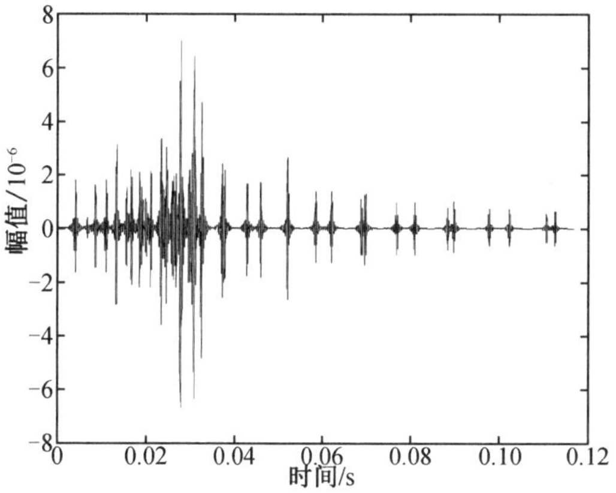

(c1) h_3: $z_s = 50$ m, $z_r = 70$ m, $R = 10$ km

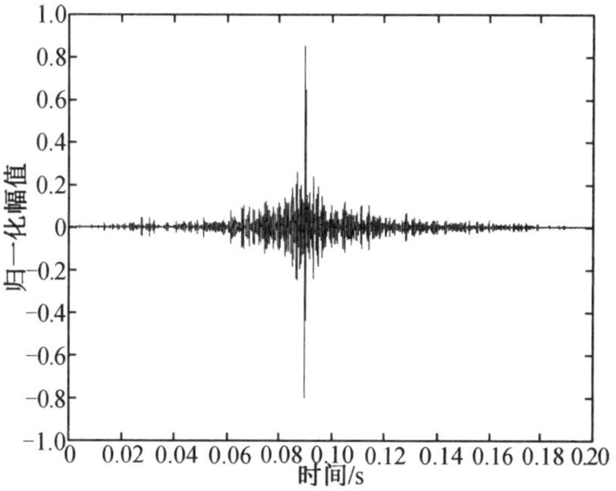

(c2) $\hat{h}_3$

图 7.5(续)

本节进行单阵元时间反转镜聚焦增益理论分析时，为便于讨论，假设各途径信号的信噪比相同且各途径噪声分量独立。实际中与此假设略有不同，是接收到不同时延的多途信号相干叠加后再叠加本地噪声干扰的，不单独考虑每一途径的噪声，仿真中按此进行分析。

由于解码采用拷贝相关器测时延差值，所以以拷贝相关器输出信噪比的增加来考察聚焦增益。拷贝相关器输出信噪比的定义为输出信号峰值功率与噪声平均功率之比。

发射信号为 10 ms 的 LFM 信号，经过图 7.5(a1)所示信道，接收信号如图 7.6(a)所示，拷贝相关输出示于图 7.6(b)，其峰值记为 A_1；时间反转镜输出信号如图 7.6(c)所示，时间反转镜输出信号的拷贝相关输出如图 7.6(d)所示，其峰值记为 A_2。

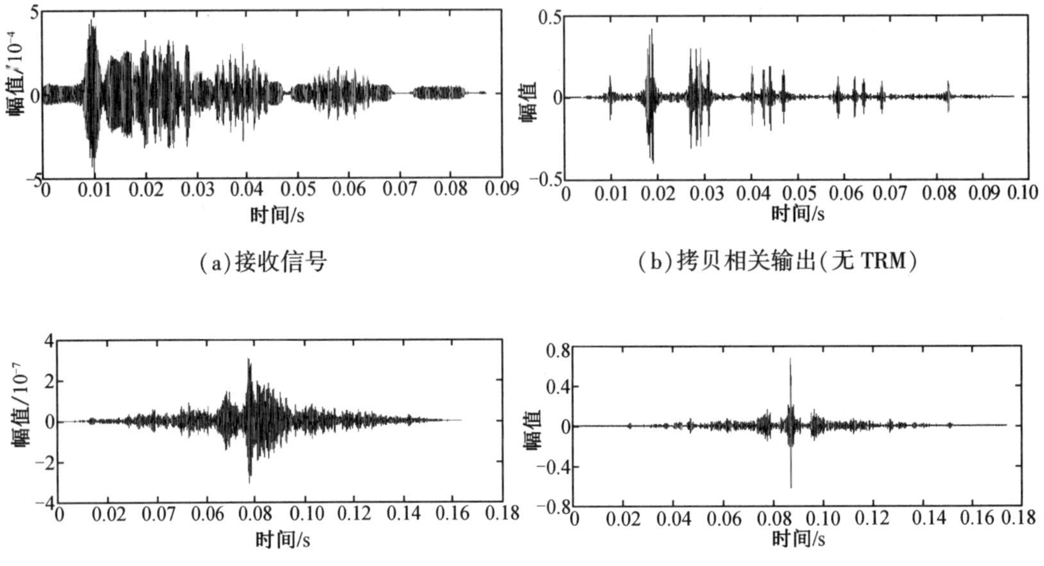

(a)接收信号　(b)拷贝相关输出(无 TRM)

(c)时间反转镜输出信号　(d)拷贝相关输出(TRM)

图 7.6　单阵元时间反转镜聚焦分析

单阵元时间反转镜聚焦增益估计如下：

$$G = 10\log\frac{A_2^2}{A_1^2} \tag{7-38}$$

信号经过图 7.5(a1)(b1)(c1)所示信道，单阵元时间反转镜聚焦增益分别约为 4.6 dB、2.5 dB、3.8 dB。可见，当存在多个多途信号且信号幅值相当时(图 7.5(a1))，单阵元时间反转镜聚焦性能明显，即多途结构越复杂，单阵元时间反转镜抑制多途干扰的效果越明显。

综上所述，虽然单阵元构成的时间反转镜得不到时间反转镜阵处理的空间增益，导致旁瓣高于阵处理，但若将其应用于水声通信中仍然可以将经由声信道产生的多途信号同时同相位叠加，在时间上压缩信号，消除码间干扰，且可提高信噪比。尤其当节点固定布放于深海声道轴附近进行通信时，时间反转镜技术将更加适用，有利于实现远程、高质量水声通信。

7.3　时间反转镜的分类

时间反转镜按照构成时间反转镜的阵元数量可分为基阵时间反转镜和单阵元时间反转镜，这在 7.2 节已介绍；按照时间反转镜各阵元是否需要收发合置可分为主动式时间反转镜、被动式时间反转镜(Passive TRM，PTRM)；按照时间反转镜实现的方法不同可分为常规时间反转镜和虚拟时间反转镜。

实现时间反转镜的物理过程(主动式)大致分为 3 步：第一步称为前向传输，位于 S 处的点声源 PS 发射信号 $p(t)$；第二步称为反向传输，接收阵 SRA 的每个阵元接收并存储信号 $p_{ij}(-t)$，将其时间反转后再反向发送回去；第三步在 S 处再次接收信号聚焦。可见，常规的主动式时间反转镜的实现是将海洋信道自身视为匹配滤波器,此时信号需要两次经过可互易的海洋信道,增加了通信的等待时间,降低了通信速率。同时,由于是双向传输,所以时间反转镜阵元要求收发合置,增加了发射功率及系统设备的复杂性。因此,时间反转镜在水声通信中的实用性受到了限制。

单向传输能否同样实现时间反转镜呢?被动式时间反转镜及虚拟式时间反转镜均是从该角度出发而提出的。而本节介绍的被动式时间反转镜和虚拟式时间反转镜均是由单阵元构成的。

7.3.1　主动式时间反转镜

在此之前介绍的均为主动式时间反转镜(ATRM),点声源 PS 位于源点 S 处,发射信号 $p(t)$ 需要往返两次经过海洋信道而聚焦于 S 处,最终接收信号 $r(t)$ 近似于源信号 $p(t)$ 的时间反转 $p(-t)$。图 7.7 给出了主动式时间反转镜实现框图。

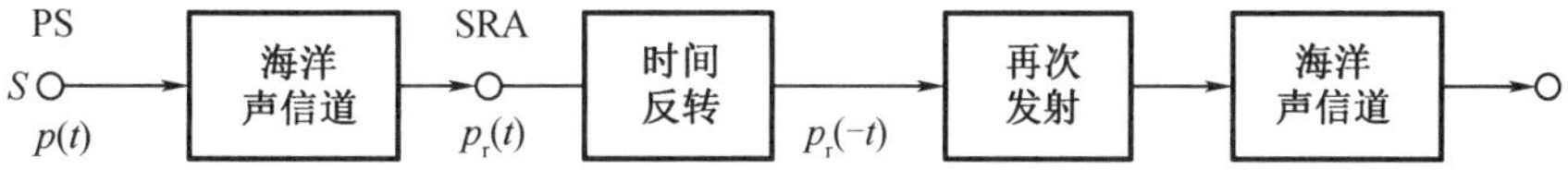

图 7.7　主动式时间反转镜实现框图

若将主动式时间反转镜应用于水声通信,则在通信过程中信息只能从时间反转镜流向 PS,即时间反转镜为信源节点,而 PS 为信宿节点。

图 7.8 给出了主动式时间反转镜 BPSK 编码示意图。

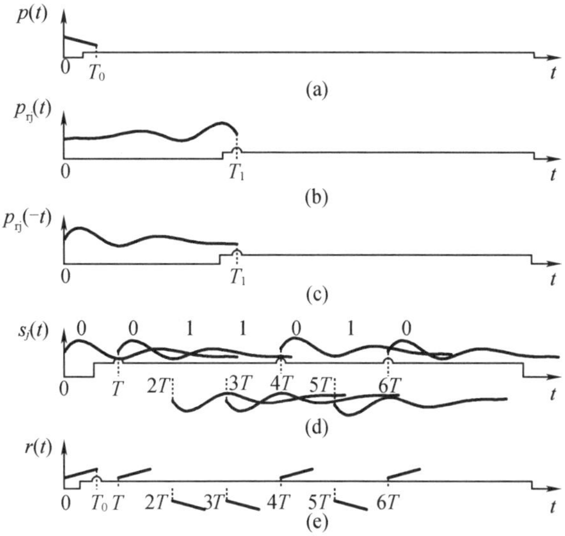

图 7.8　主动式时间反转镜 BPSK 编码示意图

欲实现时间反转垂直阵 SRA 向 PS 方向通信,源 PS 首先发射脉宽为 T_0 的探测信号 $p(t)$,SRA 各阵元分别接收,设 j 号阵元接收到的信号记为 $p_{rj}(t)$(脉宽为 T_1),由于声信道多途扩展效应,$p_{rj}(t)$ 在时间上长于原信号 $p(t)$($T_1>T_0$)且波形发生畸变。

将 $p_{rj}(t)$ 时间反转得到 $p_{rj}(-t)$，以其作为信息载体，采用 BPSK 调制方式。如图 7.8(d) 所示，在以时间反转信号 $p_{rj}(-t)$ 为基本码型进行编码时，并不用以 T_1 来确定码元宽度，码元宽度 T 只要保证大于或等于 T_0（$p(t)$ 的脉宽）即可，这是由于时间反转镜具有时间压缩、空间聚焦的特性，编码信号 $s(t)$ 经过信道传输后将被时间压缩，PS 接收信号 $r(t)$ 的每个码元波形将近似于原信号 $p(t)$ 的时间反转——$p(-t)$，如图 7.8(e) 所示。但由于时间反转镜的性能可能受到信道时变、空变性或受到噪声干扰等外界影响，仍会存在一定的时间扩展，产生码间干扰，所以可以设定一保护间隔 T_g（$T=T_0+T_g$），以减小由于时间反转镜聚焦特性下降而导致的码间干扰，但这是以牺牲通信速率为代价的。

7.3.2 被动式时间反转镜

声学中时间反转镜的概念是光学中不均匀介质的相位共轭法的引申。频域中的相位共轭在时域中可以用时间反转镜实现。同理，被动相位共轭（Passive Phase Conjugation, PPC）对应于时域即为被动式时间反转镜（PTRM），亦称为无源时间反转镜。被动式时间反转镜是由 D. R. Dowling 教授首先提出的，文献[21]给出了 PTRM 于 2000 年首次进行海试的结果。被动式时间反转镜在概念上与主动式时间反转镜相似，所不同的是被动式时间反转镜阵元只需要具有接收功能，而主动式时间反转镜阵元则需要收发合置。

已有大量文献对被动式时间反转镜进行了研究，其中均要求选取的探测码与信息码的波形保持一致，这使被动式时间反转镜在通信中的应用受到了限制。本节提出的被动式时间反转镜打破了此限制，无须保证二者波形的一致性，只需对探测码的频谱及自相关性略加限制即可。

图 7.9 给出了被动式时间反转镜实现框图。

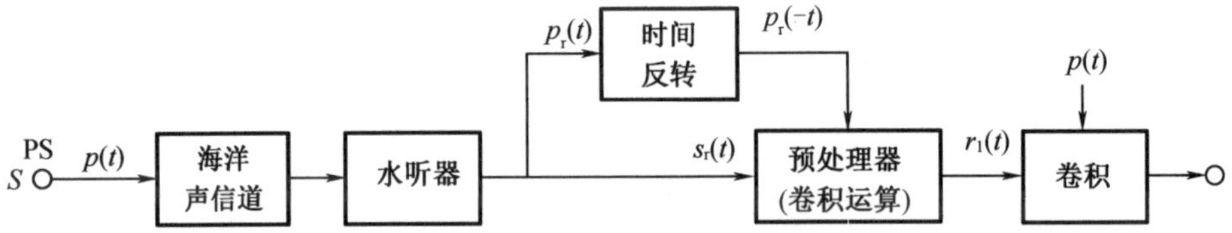

图 7.9 被动式时间反转镜实现框图

点声源 PS 位于源点 S 处，对于被动式时间反转镜，PS 在发射信息信号 $s(t)$ 之前，先发射一探测信号 $p(t)$（Probe Signal, PS），通过接收探测信号构造一前置预处理器，即预处理器的传递函数为 $p_r(-t)$，接收到的信息码信号 $s_r(t)$ 经过该预处理器（与 $p_r(-t)$ 做卷积运算），其输出信号 $r_1(t)$ 再与探测信号 $p(t)$ 做卷积运算，即完成了被动式时间反转镜过程，其输出结果 $r(t)$ 波形近似于原信息波形 $s(t)$。

下面通过公式推导加以解释说明。

接收到的探测信号 $p_r(t)$ 为

$$p_r(t)=p(t)\otimes h(t)+n_p(t) \tag{7-39}$$

式中，$n_p(t)$ 为本地干扰噪声。将 $p_r(t)$ 时间反转得到 $p_r(-t)$ 并存储，作为预处理器的系统函数。

接收到的信息码信号 $s_r(t)$ 为

$$s_r(t)=s(t)\otimes h(t)+n_s(t) \tag{7-40}$$

式中，$n_s(t)$ 为本地干扰噪声。将其经过预处理器 $p_r(-t)$，输出为

$$\begin{aligned} r_1(t) &= s_r(t)\otimes p_r(-t) \\ &= [s(t)\otimes h(t)+n_s(t)]\otimes[p(-t)\otimes h(-t)+n_p(-t)] \\ &= s(t)\otimes p(-t)\otimes[h(t)\otimes h(-t)]+n_1(t) \end{aligned} \tag{7-41}$$

式中，$n_1(t)=s_r(t)\otimes n_p(-t)+p_r(-t)\otimes n_s(t)$ 为噪声干扰项；$h(t)\otimes h(-t)$ 为时间反转信道，它是信道冲激响应函数的自相关函数，若其相关峰明显高于旁瓣，则可将其近似视为 δ 函数，此时式(7-41)可写为

$$r_1(t)\cong s(t)\otimes p(-t)\otimes\delta(t)+n_1(t) \tag{7-42}$$

从式(7-42)中可以看到，经过预处理器后得到的信号 $r_1(t)$ 中已经消除了信道的多途作用，但含有了探测信号的信息。

下面讨论探测信号 $p(t)$ 的选取问题及如何消除 $p(-t)$ 对信号 $r_1(t)$ 的影响。$p(t)$ 选取应满足以下两个条件：

一是为使接收到的探测信号较完整地涵盖声信道对信息码信号 $s(t)$ 的作用影响，其占用的频带应包含 $s(t)$ 占用的频带，且 $p(t)$ 的频谱在 $s(t)$ 的频带内应尽量白化。

二是 $p(t)$ 的自相关特性好，相关峰尖锐，明显高于旁瓣，从而可将其自相关输出近似为 δ 函数，即 $p(t)\otimes p(-t)\approx\delta(t)$。基于此，可以选用线性调频信号或其他复杂波形信号作为探测信号。

本节选用 LFM 信号作为探测信号。为消除 $p(-t)$，将 $r_1(t)$ 与探测信号 $p(t)$ 做卷积运算：

$$\begin{aligned} r(t) &= r_1(t)\otimes p(t) \\ &= s(t)\otimes p(-t)\otimes\delta(t)\otimes p(t)+n(t) \\ &\cong s(t)\otimes\delta(t)+n(t) \end{aligned} \tag{7-43}$$

式中，$n(t)=n_1(t)\otimes p(t)$，为噪声干扰项。

$$\begin{aligned} n(t) &= n_1(t)\otimes p(t) \\ &= s(t)\otimes h(t)\otimes p(t)\otimes n_p(-t)+p(-t)\otimes h(-t)\otimes p(t)\otimes n_s(t)+2p(t)\otimes n_p(-t)\otimes n_s(t) \end{aligned} \tag{7-44}$$

式(7-44)中包含信号分量与噪声的卷积及噪声 $n_s(t)$ 与噪声 $n_p(t)$ 的卷积，均为杂乱无章且与信号不相干的分量。

从式(7-41)~式(7-43)中可以看出，信息码信号 $s(t)$ 经过声信道及被动式时间反转处理后得到信号 $r(t)$，其过程可用如下表达式概括：

$$r(t)=s(t)\otimes h(t)\otimes p_r(-t)\otimes p(t) \tag{7-45}$$

即信号 $s(t)$ 最终经过的信道可以表示为

$$\hat{h}(t)=h(t)\otimes p_r(-t)\otimes p(t)=[h(t)\otimes h(-t)]\otimes[p(-t)\otimes p(t)] \tag{7-46}$$

信道 $\hat{h}(t)$ 实际上是声信道冲激响应的自相关 $[h(t)\otimes h(-t)]$ 与探测信号的自相关 $[p(t)\otimes p(-t)]$ 的卷积，其主峰明显高于旁瓣，可近似为理想信道。因此，$r(t)$ 中的信号分

量近似为信息码波形 $s(t)$，各多途信号实现了同相位叠加，在时间上把接收到的扩展信号进行了压缩，既均衡信道，消除了码间干扰，又充分利用了各多途信号能量，提高了信噪比。

7.3.3 虚拟式时间反转镜

1. 虚拟式时间反转镜的原理

本节提出了虚拟式时间反转镜（Virtual TRM，VTRM）算法，其反转镜阵元与被动式时间反转镜阵元相同，均只需要接收功能而不需要收发合置，且不需要二次发送信号。但与被动式时间反转镜处理方式不同，它通过对接收到的探测信号进行处理而估计出信道冲激响应，将接收到的信息码信号与估计信道的时间反转做卷积，虚拟地实现时间反转镜。

图 7.10 给出了虚拟式时间反转镜实现框图。

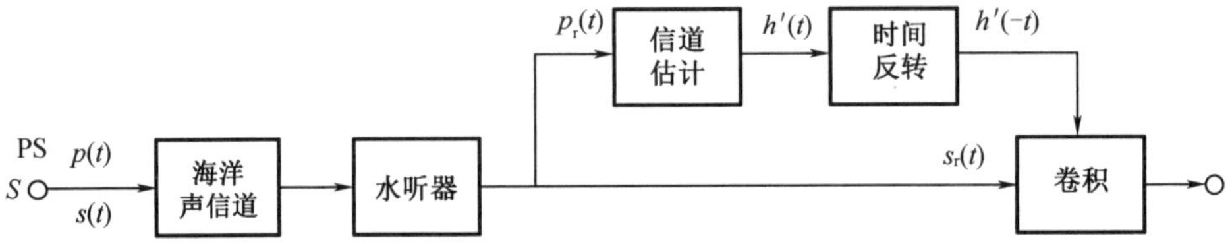

图 7.10 虚拟式时间反转镜实现框图

在虚拟式时间反转镜中，点声源 PS 在发射信息信号 $s(t)$ 之前，先发射探测信号 $p(t)$，利用接收到的探测信号 $p_r(t)$ 估计出信道冲激响应 $h'(t)$ 并将其时间反转得到 $h'(-t)$。接收到的信息信号 $s_r(t)$ 与 $h'(-t)$ 做卷积，作为最终虚拟接收到的信号 $r(t)$，其波形近似于原信息波形 $s(t)$。

在接收端对接收到的探测信号 $p_r(t)$ 通过拷贝相关处理，可估计信道冲激响应函数，记为 $h'(t)$，将其作为虚拟式时间反转镜中的信道使用。虚拟式时间反转镜处理过程的表达式如下：

$$s_r(t)=s(t)\otimes h(t)+n(t) \tag{7-47}$$

$$\begin{aligned} r(t) &= s_r(t)\otimes h'(-t) \\ &= [s(t)\otimes h(t)]\otimes h'(-t)+n(t)\otimes h'(-t) \\ &= s(t)\otimes[h(t)\otimes h'(-t)]+n(t)\otimes h'(-t) \end{aligned} \tag{7-48}$$

记 $\hat{h}(t)=h(t)\otimes h'(-t)$，称为虚拟式时间反转信道，可视为系统最终经过的有效信道。$\hat{h}(t)$ 是海洋信道冲激响应 $h(t)$ 与其估计 $h'(t)$ 的互相关函数。当 $h'(t)$ 逼近于 $h(t)$ 时，二者相匹配，即多途信号能量叠加，产生聚焦效应，此时，$\hat{h}(t)$ 近似于信道 $h(t)$ 的自相关函数。当声信道较复杂时，其相关峰可视为单峰，其主峰幅值明显大于旁瓣即其他多途信号，可以抑制海洋信道多途扩展产生的码间干扰，并获得聚焦增益。

亦可以从另一角度来分析式(7-48)。其等号右边第一项为 $[s(t)\otimes h(t)]\otimes h'(-t)$，可视为多途信号 $s(t)\otimes h(t)$ 与 $h'(-t)$ 卷积，是对多途信号的延迟叠加，从而使各多途信号分量同时同相相干叠加，增加信号能量；第二项为 $n(t)\otimes h'(-t)$，白噪声 $n(t)$ 与 $h'(-t)$ 卷积，相当于噪声被延迟叠加，由于白噪声在时间上的相关半径为 0，即不同时刻的白噪声是不相关的，所以白噪声延迟叠加为能量叠加。综上所述，虚拟式时间反转镜可使信号分量相干叠加,而噪声分量非相干叠加,所以由此亦可以得出虚拟式时间反转镜具有增加信噪比功效的结论。

2. 信道估计

实现虚拟式时间反转镜的关键是信道估计。探测信号 $p(t)$ 的主要作用是测试信道,实现信道估计。

接收到的探测信号 $p_r(t)$ 可表示为

$$p_r(t)=p(t)\otimes h(t)+n_p(t)=\sum_{i=1}^{N}A_i p(t-\tau_i)+n_p(t) \tag{7-49}$$

对 $p_r(t)$ 进行拷贝相关处理,其拷贝相关器输出的信号分量为

$$\begin{aligned}R(\tau)&=\int p_r(t)p(t-\tau)\mathrm{d}t\\&=\int\left[\sum_{i=1}^{N}A_i p(t-\tau_i)\right]p(t-\tau)\mathrm{d}t+n_p'(t)\\&=\sum_{i=1}^{N}A_i\chi(\tau-\tau_i,0)+n_p'(t)\end{aligned} \tag{7-50}$$

式中,$\chi(\tau,0)$ 为信号 $p(t)$ 的零多普勒模糊度函数。由此可知,在相干多途信道中,若发射信号的模糊度函数主峰设计得较尖锐,则拷贝相关器的输出是多峰的,可以分辨不同途径的时延差。可见,信道估计可以通过对接收端接收到的探测信号 $p_r(t)$ 进行拷贝相关处理,得到一系列相关峰,然后设定门限,对幅值超过门限的峰保留,并利用该一系列相关峰作为信道估计。

由于相关处理具有较高的处理增益(时间带宽积:BT),所以虚拟式时间反转镜具有较高的检测能力,只要时间带宽积较高即可较为准确地检测到各多途信号到达的时延差,完成信道估计。这是虚拟式时间反转镜较主动式及被动式时间反转镜的一大优点。

通过上述分析可知,估计信道主要是利用 $p(t)$ 较高的时间分辨率来得出信号的多途结构,完成信道估计的,所以信道测试信号需要选取时间分辨率较高的信号形式。与被动式时间反转镜相同,探测信号形式选用的是线性调频信号。线性调频信号在声呐信号处理中属于复杂信号,其时间分辨率是带宽的倒数。

由于所用的调频信号有较高的时间分辨率,因此用拷贝相关处理,很容易得出信号的多途结构。图 7.11(a)给出了某一信道冲激响应 $h(t)$;图 7.11(b)为其通过测试得到的信道估计,记为 $h'(t)$,作为虚拟式时间反转镜中的信道冲激响应;图 7.11(c)为信道 $h(t)$ 与其估计 $h'(t)$ 的时间反转卷积输出 $\hat{h}(t)$,即 $h(t)$ 与 $h'(t)$ 的相关输出,称为时反信道。

从上面的分析可以看到,在本节通信系统中,线性调频信号起着重要的作用:第一,作为通信同步信号。第二,作为 PTRM、VTRM 中的信道测试信号(探测信号)。第三,作为时间反转镜 PDS 通信系统(TRM-PDS)中的 Pattern 码型。这些应用都基于线性调频信号所具有的良好时间分辨率的特性。

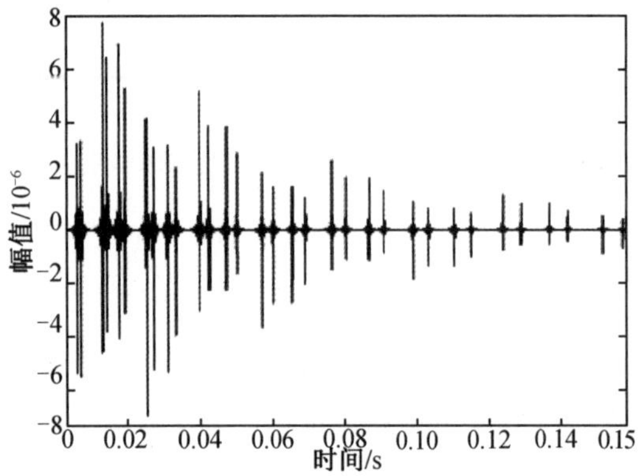

(a)信道冲激响应 $h(t)$

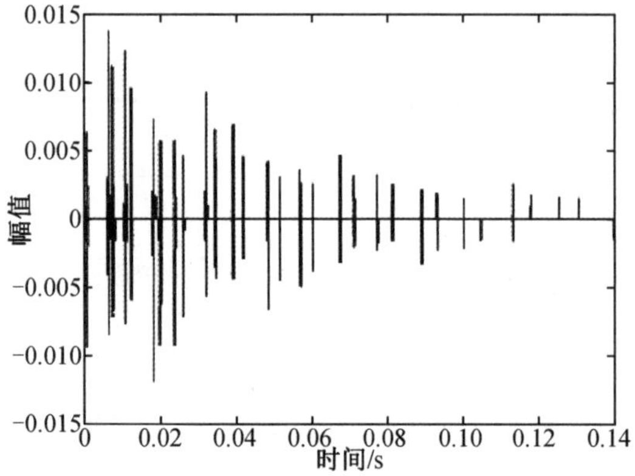

(b)信道冲激响应估计 $h'(t)$

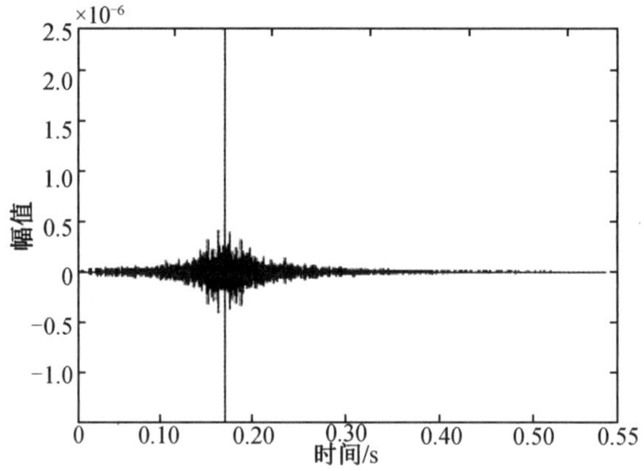

(c)$h(t)$与 $h'(t)$的相关输出

图 7.11　信道估计

7.4　各类时间反转镜性能分析

主动式、被动式及虚拟式时间反转镜的原理是相同的,均基于互易原理和静态介质中的波传播特性以及线性波动方程的时间反转不变性,将海洋声信道自身视为匹配滤波器,利用声信道的多途传播效应,使接收到的多途扩展信号在时间上被压缩,聚焦多途信号能量。主动式时间反转镜是将接收到的探测信号 $p_r(t)$ 的时间反转直接作为基本码元进行编码的;被动式时间反转镜和虚拟式时间反转镜则是借助于接收到的探测信号 $p_r(t)$ 来消除声信道影响的。当信道变化超出一定范围,$p_r(t)$ 中含有的信道信息已不能与当前信道相匹配,此时需要中断通信重新发射探测信号 $p(t)$。这也说明 3 类时间反转镜具有相同的稳健性,即适应信道时变、空变特性的能力是一样的。但对于主动式时间反转镜,重新发射探测信号 $p(t)$ 是由信宿节点执行的,信源节点暂停发射通信信号并等待接收,通信效率低于被动式时间反转镜、虚拟式时间反转镜。另外,被动式、虚拟式时间反转镜容易实现,设备复杂度低于主动式时间反转镜及自适应均衡算法,并可实时实现。

另外,由于它们的实现处理方式各不相同,所以它们的性能也不相同。下面将各类时间反转镜的优、缺点简单比较一下。

1. 主动式时间反转镜

主动式时间反转镜的实现相对比较复杂,时间反转镜阵元需要收发合置,并且由于信号需要在声信道中往返两次传播,所以系统等待时间长、效率低。

另外,主动式时间反转镜为双向传输,时间反转镜收发合置阵元将接收到的信号时间反转后再重新发射回去,这其中包含了接收到的噪声,并且声源 PS 处还存有混响干扰。这二者均将对主动式时间反转镜的性能产生影响。首先,反向传输时发射的噪声增加了额外的噪声,导致聚焦模糊;其次,双向传输时,信号两次经过信道将导致信号幅值衰落两次,加大了对信源能量的消耗;最后,噪声幅值可能大过某些多途信号,使多途信号对时间反转镜聚焦性没有贡献,导致聚焦性能下降。

但主动式时间反转镜是时间反转镜技术的鼻祖,是最先被提出并经过理论、仿真及试验验证的,正是主动式时间反转镜在无须信道先验知识下的聚焦特性,而吸引了众多学者对其研究、改进,从而提出了被动式及虚拟式时间反转镜。

2. 被动式时间反转镜

被动式时间反转镜相对于主动式时间反转镜,其最大优势是省去了时间反转镜阵元收发合置功能,并且单向传输即可实现时间反转处理。它首先接收探测信号 PS,由于探测信号经过海洋声场到达接收端时已嵌入了声信道对波形的作用,所以可以借助它实现时间反转镜。但被动式时间反转镜需要与接收到的探测信号时间反转做卷积,所以需要准确地接收探测信号,这与主动式时间反转镜是相近的,所以要求信噪比应略高一些。

3. 虚拟式时间反转镜

虚拟式时间反转镜的反转镜阵元与被动式反转镜阵元相同,不需要收发合置,且不需要二次发送信号。由于探测码线性调频信号的拷贝相关处理具有较高的处理增益,所以通过对接收到的探测信号进行拷贝相关处理以实现对声信道进行估计,可较精确地分辨不同途径的时延差,即可很好地完成信道估计。由于是通过与信道估计的时间反转做卷积,虚拟地实现时间反转镜,所以虚拟式时间反转镜不会受到式(7-21)中的 n_t 或式(7-41)中的 $n_p(t)$ 的干扰,算法引入噪声干扰小,这是主动式及被动式时间反转镜所不能比拟的,所以虚拟时间反转镜将更加适用于低信噪比下的水声通信。但其实现的前提是信道可估计,当信道多途间隔小而无法分辨时,选用被动式时间反转镜将更为适宜。

7.5 被动式时间反转镜水声信道均衡仿真

主动式时间反转镜技术需要信号的双向传输,要求时间反转镜阵列为收发合置的,而且系统不仅要具有数据采集设备,还要具有功率放大器等信号发射设备,这使得系统的复杂度较高。相反,被动式时间反转镜不需要复杂的设备,单向传输信号即可实现时间反转处理。所以在本节中主要讨论被动式时间反转镜技术在水声信道均衡中的应用。

7.5.1 单阵元被动式时间反转镜

一般来说,基于基阵处理的被动式时间反转镜可以有效地压缩信道,并从基阵的不同阵元处获得空间增益。然而,在一些特殊的情况下,对水声通信节点的要求是简单、功耗低,此时阵处理不再满足要求。基于单阵元的被动式时间反转镜牺牲了基阵的空间聚焦性能,此时时间反转信道具有较高的旁瓣,但仍然可以利用信道的多途,在时间上聚焦水声信道,使多途信道中各个路径上的能量相加。

考虑如下单载波通信系统:采样频率 $f_s = 48$ kHz;载波频率 $f_0 = 6$ kHz;映射方式为BPSK;数据率为 1 kb/s;脉冲成型滤波器采用开方升余弦滤波器,其滚降系数 $\alpha = 1$;同步信号为中心频率 $f_0 = 6$ kHz、带宽 $B = 2$ kHz、脉宽为 300 ms 的线性调频信号,信噪比取 10 dB。发送 5 000 bit 数据,其中前 500 bit 数据作为训练序列,用于系统信道估计。信道估计结果如图 7.12 所示。

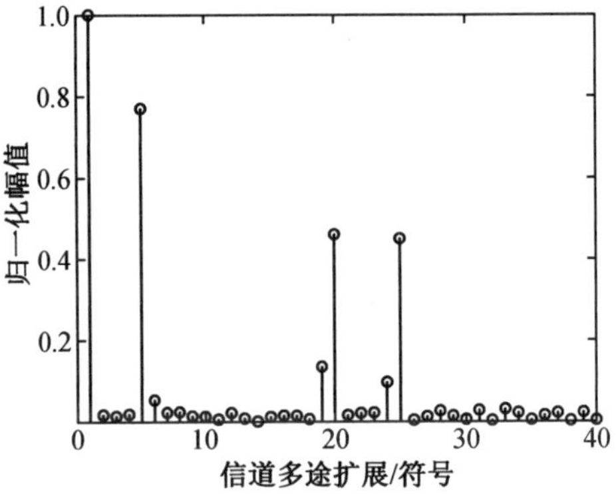

图 7.12 信道估计结果

相应的,被动式时间反转镜的输入输出结果(均衡星座图)如图 7.13 所示。可以看出,解调器直接输出的结果对应的星座图是杂乱无章的,此时会严重影响判决结果的正确性,因此误码率较高(0.124);反之,经过被动式时间反转镜均衡之后的信号星座点基本分开了,而且可以看到 BPSK 调制的星座图形状,此时误码率为 0.048。经过单阵元被动式时间反转镜均衡之后的信号的误码率有明显的降低,但是结果仍然不能让人满意,在很多时候都达不到解码的性能要求,这是因为单阵元被动式时间反转镜只能利用信道的多途,而损失了空间增益,导致时间反转信道具有很高的旁瓣。仿真系统对应的时间反转信道的估计结果如图 7.14 所示。

单阵元时间反转镜简单,易于实现,但是在很多时候都不能满足实际需求,所以在其后面常常需要进一步的干扰抑制,一般将其与判决反馈均衡器联合使用。

7.5.2 多阵元被动式时间反转镜

前文仿真分析了单阵元被动式时间反转镜均衡的性能,发现在单阵元的情况下,其性能提升有限,接下来分析多阵元被动式时间反转镜均衡的性能。

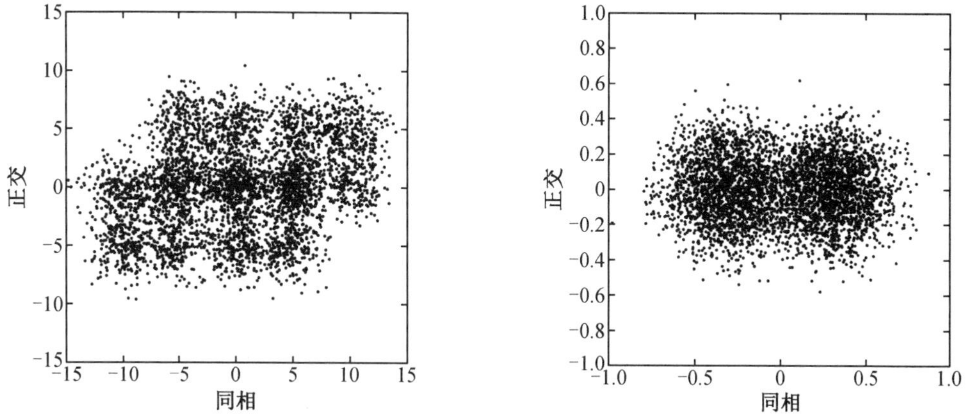

(a)被动式时间反转镜输入(BER=0.124)　　(b)被动式时间反转镜输出(BER=0.048)

图 7.13　均衡星座图

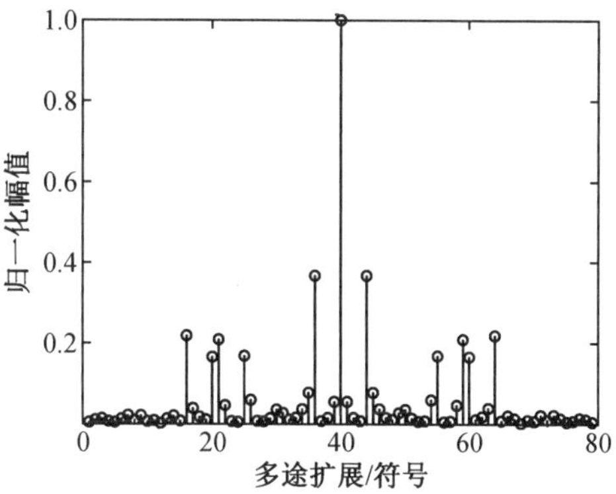

图 7.14　时间反转信道的估计结果

仿真的通信系统的参数和 7.5.1 相同。此次仿真最多涉及 4 个阵元。4 个阵元的信道估计结果如图 7.15 所示。

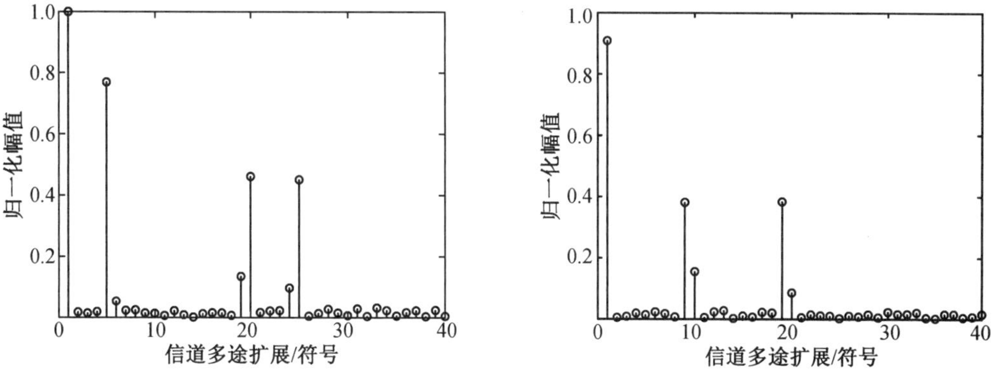

(a)阵元 1　　(b)阵元 2

图 7.15　4 个阵元的信道估计结果

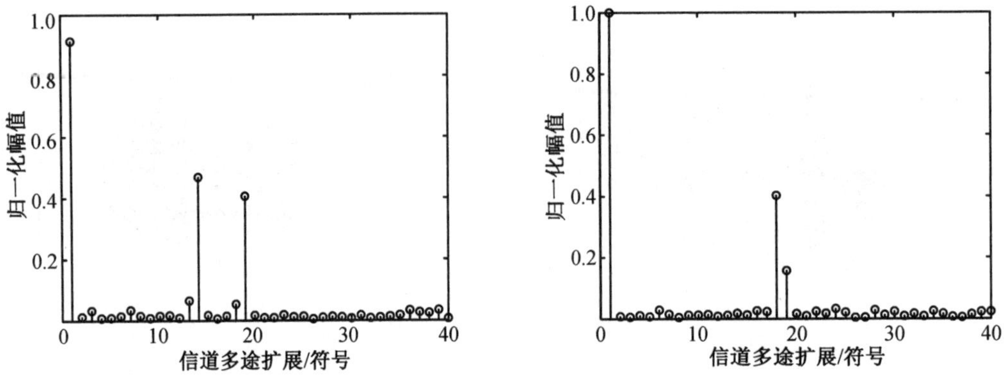

(c)阵元 3

(d)阵元 4

图 7.15(续)

对应的 2 个阵元、3 个阵元和 4 个阵元下的被动式时间反转镜的均衡结果如图 7.16 所示。可以看出,在多阵元的情况下,均衡结果相对于 7.5.1 的单阵元均衡的结果进一步提高,星座图分开得更好,误码率更低;而且阵元个数越多,可以利用的空间增益就越多,相应的解码效果越好。2 个阵元、3 个阵元和 4 个阵元下对应的时间反转信道如图 7.17 所示。可以看出,随着阵元个数的不断增加,对应的时间反转信道的旁瓣不断降低;旁瓣越低,对应的符号间干扰就越小,均衡效果就越好。

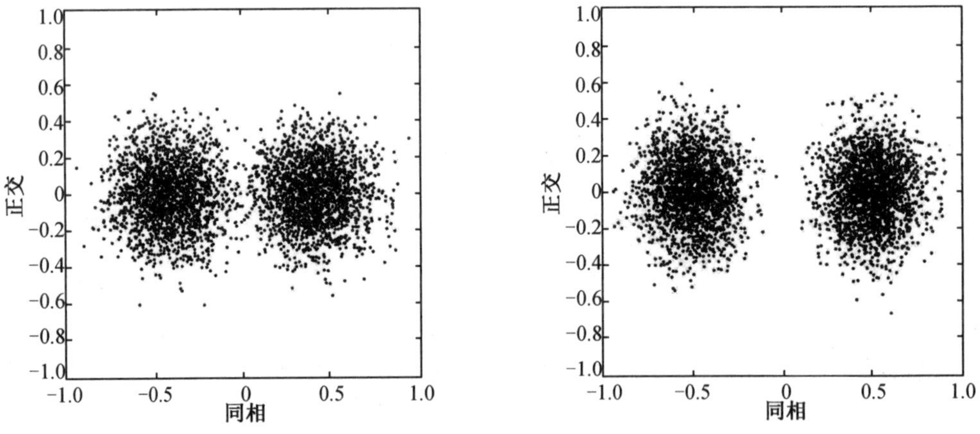

(a)2 个阵元(BER=0.004)

(b)3 个阵元(BER=0)

图 7.16　不同阵元个数对应的被动式时间反转镜的均衡结果

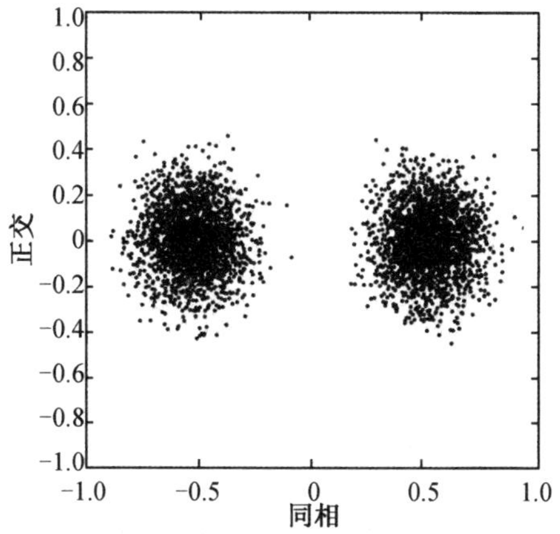

(c)4 个阵元(BER=0)

图 7.16(续)

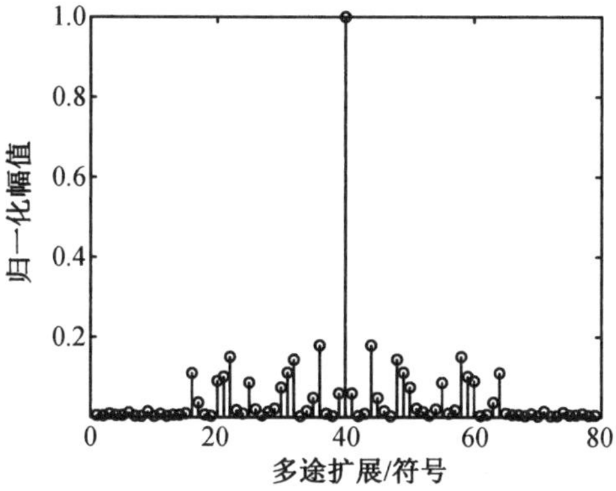

(a)2 个阵元

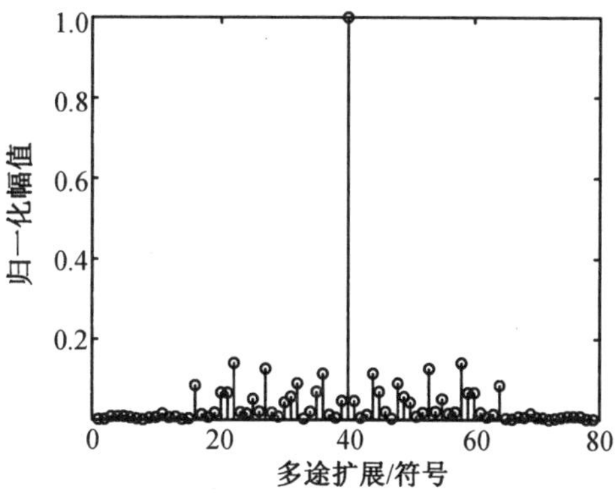

(b)3 个阵元

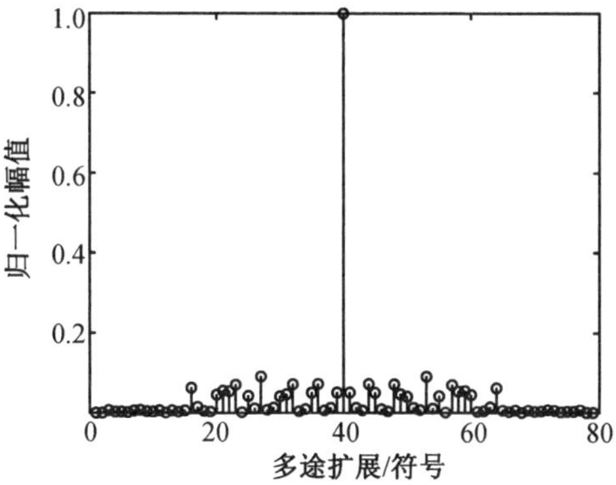

(c)4 个阵元

图 7.17　不同阵元个数对应的时间反转信道

本章先介绍了时间反转镜的定义和发展历史;然后介绍了时间反转镜的基本原理,包括频域相位共轭和时域时间反转两方面,对阵处理增益进行了推导,并以单阵元时间反转镜为例,对其聚焦增益进行了推导分析。

本章还对常用的时间反转镜进行了分类,通过分析主动式时间反转镜的原理及其存在的问题,提出了被动式时间反转镜和虚拟式时间反转镜,并对各类时间反转镜性能进行了类比分析。被动式时间反转镜和虚拟式时间反转镜不需要满足对阵元收发合置的要求,在满足水声通信节点结构简单、低功耗要求下,可实时实现自适应均衡声信道。如果采用单阵元被动式时间反转镜,还可以克服时间反转镜阵处理的复杂性和较差的实用性。

本章以被动式时间反转镜为例,进行了信道均衡的仿真。单阵元被动式时间反转镜简单且易于实现,但损失了空间聚焦增益,性能有所下降,在实际应用中需要将其和其他均衡技术同时使用。基阵处理的被动式时间反转镜可以利用空间增益进一步降低时间反转信道的旁瓣高度,提高均衡性能。

本章参考文献

[1] 殷敬伟. 时反镜 Pattern 时延差编码水声通信技术研究[D]. 哈尔滨:哈尔滨工程大学,2006.

[2] KIM S,KUPERMAN W A,HODGKISS W S,et al. Echo-to-reverberation enhancement using a time reversal mirror[J]. The Journal of the Acoustical Society of America,2004,115(4):1525-1531.

[3] 生雪莉,惠俊英,梁国龙. 时间反转镜用于被动检测技术的研究[J]. 应用声学,2005,24(6):351-358.

[4] 时洁,杨德森,刘伯胜. 基于虚拟时间反转镜的噪声源近场定位方法研究[J]. 兵工学报,2008,29(10):1215-1219.

[5] KIM J S,SONG H C,KUPERMAN W A. Adaptive time-reversal mirror[J]. The Journal of the Acoustical Society of America,2001,109(5):1817-1825.

[6] KIM S,EDELMANN G F,KUPERMAN W A,et al. Spatial resolution of time-reversal arrays in shallow water[J]. The Journal of the Acoustical Society of America,2001,110(2):820-829.

[7] KIM J S,HODGKISS W S,KUPERMAN W A,et al. Null-broadening in a waveguide[J]. The Journal of the Acoustical Society of America,2002,112(1):189-197.

[8] KIM S,KUPERMAN W A,HODGKISS W S,et al. Robust time reversal focusing in the ocean[J]. The Journal of the Acoustical Society of America,2003,114(1):145-157.

[9] KUPERMAN W A,HODGKISS W S,SONG H C,et al. Phase conjugation in the ocean: Experimental demonstration of an acoustic time-reversal mirror[J]. The Journal of the Acoustical Society of America,1998,103(1):25-40.

[10] SONG H C,KUPERMAN W A,HODGKISS W S. A time-reversal mirror with variable range focusing[J]. The Journal of the Acoustical Society of America,1998,103(6):3234-3240.

[11] HODGKISS W S,SONG H C,KUPERMAN W A,et al. A long-range and variable focus phase-conjugation experiment in shallow water[J]. The Journal of the Acoustical Society

of America,1999,105(3):1597-1604.

[12] EDELMANN G F, AKAL T, HODGKISS W S, et al. An initial demonstration of underwater acoustic communication using time reversal[J]. IEEE Journal of Oceanic Engineering, 2002,27(3):602-609.

[13] EDELMANN G F, SONG H C, KIM S, et al. Underwater acoustic communications using time reversal[J]. IEEE Journal of Oceanic Engineering,2005,30(4):852-864.

[14] SONG H C, HODGKISS W S, KUPERMAN W A, et al. Spatial diversity in passive time reversal communications[J]. The Journal of the Acoustical Society of America,2006,120(4):2067-2076.

[15] ROUX P, FINK M. Time reversal in a waveguide: Study of the temporal and spatial focusing[J]. The Journal of the Acoustical Society of America, 2000, 107(5): 2418-2429.

[16] 何祚镛,赵玉芳. 声学理论基础[M]. 北京:国防工业出版社,1981.

[17] 惠俊英. 水下声信道[M]. 北京:国防工业出版社,1992.

[18] JACKSON D R, DOWLING D R. Phase conjugation in underwater acoustics[J]. The Journal of the Acoustical Society of America,1991,89(1):171-181.

[19] 殷敬伟. 多途信道中 Pattern 时延差编码水声通信研究[D]. 哈尔滨:哈尔滨工程大学,2007.

[20] DOWLINGD R. Acoustic pulse compression using passive phase-conjugate processing[J]. The Journal of the Acoustical Society of America,1994,95(3):1450-1458.

[21] ROUSEFF D, JACKSON D R, FOX W L J, et al. Underwater acoustic communication by passive-phase conjugation: Theory and experimental results[J]. IEEE Journal of Oceanic Engineering,2001,26(4):821-831.

[22] YANG T C. Temporal resolutions of time-reversal and passive-phase conjugation for underwater acoustic communications[J]. IEEE Journal of Oceanic Engineering,2003,28(2):229-245.

[23] YANG T C. Differences between passive-phase conjugation and decision-feedback equalizer for underwater acoustic communications[J]. IEEE Journal of Oceanic Engineering,2004,29(2):472-487.

[24] 韩笑. 浅海环境下单载波时域均衡水声通信关键技术研究[D]. 哈尔滨:哈尔滨工程大学,2016.

第8章　判决反馈水声信道均衡技术

水声信道是典型的时延、多普勒双扩展信道。时延扩展会在接收信号中引入码间干扰,这是影响高速率水声通信系统性能的主要因素之一。因此,目前对于水声通信技术的研究主要集中在码间干扰的抑制方面,即信道均衡技术的研究。

在众多信道均衡技术研究成果中,线性均衡器适用于具有良好特性的信道,而对于具有稀疏特性的水声信道,线性均衡器的抗多途性能并不理想。1967 年,M. E. Austin 提出了一种新型均衡器结构。这种均衡器结构通过实时地对均衡结果进行判决,并反馈给均衡器抽头系数,根据反馈的判决结果进行系数调整。由于判决结果已经消除了码间干扰部分,所以这种均衡器结构效果更佳,相对于线性均衡器其不同的信道特性具有更好的适应性。本章对判决反馈均衡器等的原理、结构以及算法等进行了详细的介绍,针对水声信道的复杂性给出了一些联合其他处理方式的判决反馈均衡器结构,并通过仿真和试验数据进行了验证。

8.1　自适应均衡器

自适应均衡器可以根据输出误差不断改变抽头系数,匹配信道结构。通常,时域均衡器有两种工作状态——训练模式和跟踪模式。首先发射机发送已知的训练序列;其次均衡器用其估计信道;最后用户数据紧跟其后被传送。在接收端,自适应算法不断跟踪信道,维持均衡器的最优输出。下面介绍几种常用的自适应均衡器结构

8.1.1　线性横向均衡器

线性横向均衡器(Linear transversal equalizer, LTE)是均衡器中最基本一种结构,它的实现框图如图 8.1 所示。图 8.1 中,均衡器的时变抽头系数对未来时刻、当前时刻以及过去时刻的输入信号均进行线性加权求和;自适应算法根据真实值与输出值之间的误差自动调节均衡器抽头系数。在实际系统中,期望信号 $d(n)$ 是未知的,这时就需要把输出信号 $r(n)$ 判决所得到的估计信号 $\hat{d}(n)$ 作为期望信号。

用 $\boldsymbol{w}(n)=[w_{-L}(n) \quad w_{1-L}(n) \quad \cdots \quad w_0(n) \quad \cdots \quad w_{L-1}(n) \quad w_L(n)]^{\mathrm{T}}$ 来表示图 8.1 中横向均衡器抽头系数矢量,用 $\boldsymbol{x}(n)=[x(n+L) \quad x(n+L-1) \quad \cdots \quad x(n) \quad \cdots \quad x(n-L+1) \quad x(n+L)]^{\mathrm{T}}$ 来表示均衡器的输入信号矢量,则输出信号 $r(n)$ 可以表示为

$$r(n)=\sum_{i=-L}^{L} w_i(n) x(n-i)=\boldsymbol{w}^{\mathrm{T}}(n) \boldsymbol{x}(n) \tag{8-1}$$

式中,“T”表示矩阵的转置。

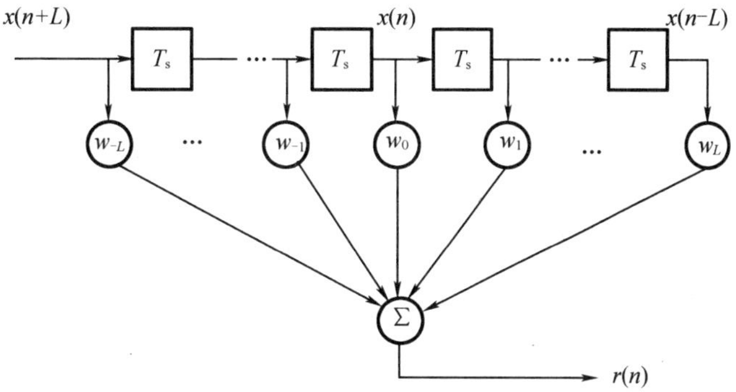

图 8.1　LTE 实现框图

假设期望信号为 $d(n)$，则误差输出序列 $e(n)$ 为

$$e(n)=d(n)-r(n)=d(n)-\boldsymbol{w}^{\mathrm{T}}(n)\boldsymbol{x}(n) \tag{8-2}$$

自适应算法使用误差输出序列 $e(n)$，根据某种准则对均衡器抽头系数 $\boldsymbol{w}(n)$ 进行调整，最终使系统稳定，得到最优的判决输出。

均衡器选择 LTE，均衡算法选用递推最小二乘（Recurrence Least Square，RLS）算法，仿真所用的调制信号为 QPSK 调制信号，信道单位冲击响应如图 8.2(a)所示，均衡器抽头系数为 50 个，通信速率为 1 ksymbol/s，信噪比选用 20 dB，仿真结果如图 8.2 所示。

从图 8.2 中可以看出，在给定的条件下，均衡器的输入信号由于信道和噪声的影响，产生了严重的码间干扰。均衡器输入端的星座图是杂乱无章的，此时会严重影响判决结果的正确性；而在经过 LTE 均衡之后，星座图的点基本都分开了（图 8.2(c)），仅有个别的点未区分正确，如图 8.2(d)所示，分开后更有利于做出正确的判决。接下来仿真信噪比变化时均衡器均衡性能的变化曲线。

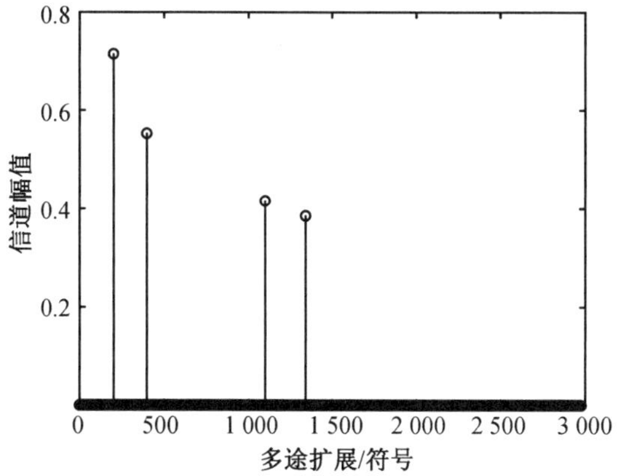

(a)信道单位冲击响应

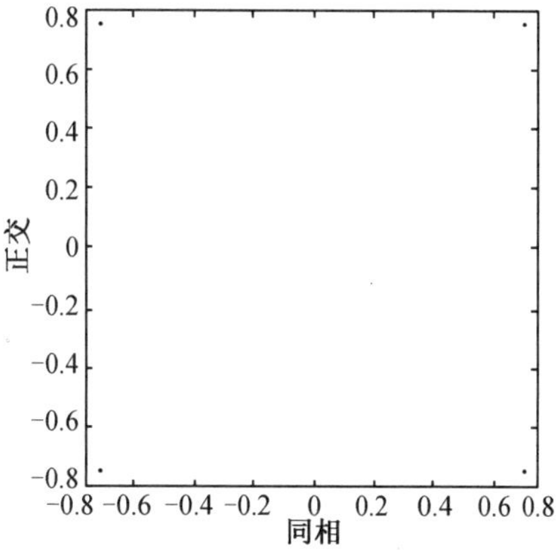

(b)QPSK 调制信号星座图

图 8.2　LTE RLS 算法仿真结果

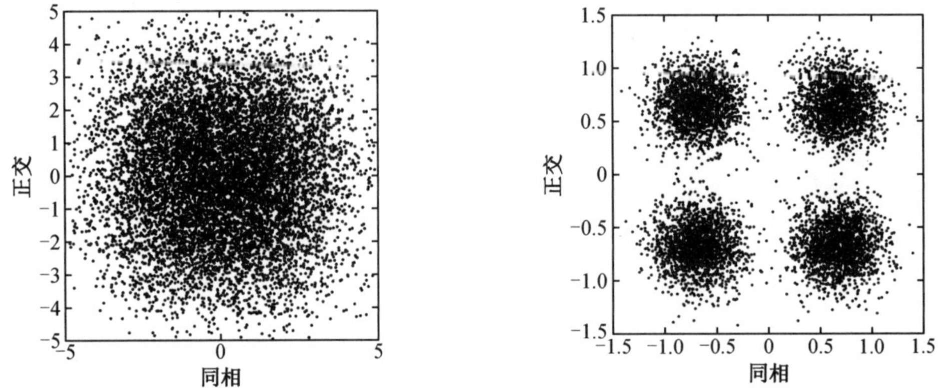

(c)均衡前星座图　　(d)均衡器均衡后星座图

图 8.2(续)

图 8.3 中给出了不同信噪比下的无均衡和 LTE 均衡后的误码率对比,图中的误码率曲线是经过 100 次独立的仿真后取平均得到的。可以看出的是,在低信噪比时,LTE 是无法正常工作的,LTE 均衡的误码率和未经过均衡的误码率相差不多。随着信噪比的不断提高,可以看出经过 LTE 均衡后的误码率下降很多。经均衡的信号,其误码率几乎是保持不变的,一直都很高,通信性能较差。

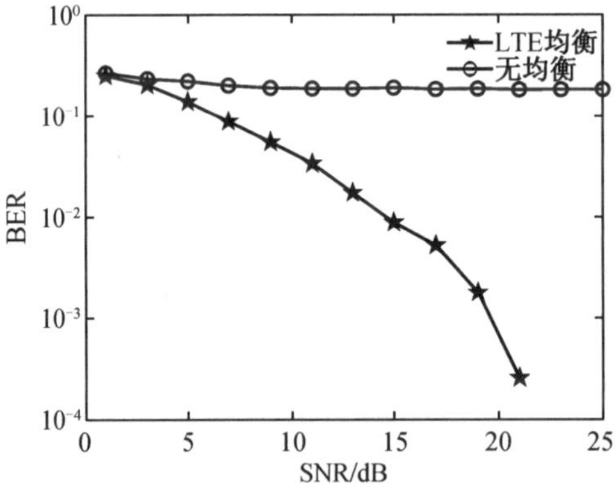

图 8.3　有无均衡的误码率曲线对比

LTE 本质上是有限冲激响应(Finite Impulse Response,FIR)滤波器,在消除码元间多途干扰时,会衍生干扰,这就使得均衡系数的调整更为复杂,需要更长的阶数以消除衍生影响。此外,由于其模拟的是信道的逆过程,当信道具有深度零点时,为了消除零点,LTE 会产生极大的增益,在放大信号的同时也会放大噪声,因此,它在低信噪比环境中性能较差。

8.1.2　判决反馈均衡器

LTE 在具有深度衰落的信道中均衡效果不佳,在水声通信中常常使用 DFE。DFE 由于存在着不受噪声增益影响的反馈部分而性能优于 LTE。DFE 的实现思想就是通过反馈消除已判定码元对当前码元的判决影响。图 8.4 为 DFE 实现框图。

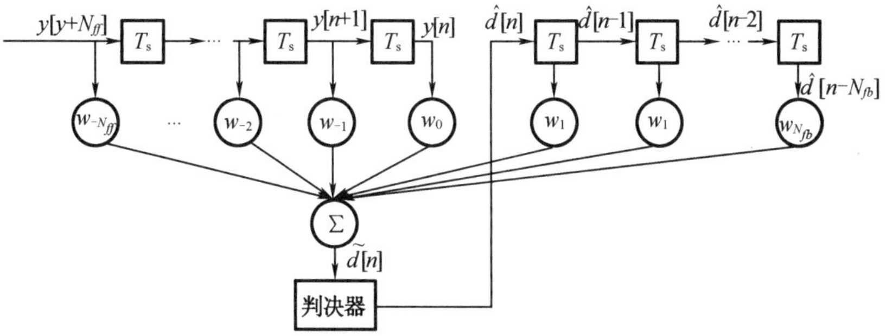

图 8.4　DFE 实现框图

从图 8.4 中可以看出,DFE 包括两个横向滤波器:一个是前馈横向滤波器(Feedforward Filter,FFF),一个是反馈横向滤波器(Feedback Filter,FBF)。将图 8.4 的均衡器分成左右两部分单独来看可以发现,FFF 的结构与前面提到的 LTE 的结构类似,而右面的 FBF 的输入是判决器的输出,其作用是降低过去时刻码元对当前估计产生的码间干扰。令 FFF 的抽头系数的个数为 L,FBF 的抽头系数的个数为 M,则两个横向滤波器的抽头系数矢量分别为 $\boldsymbol{w}_1(n)=[w_1(n)\quad w_2(n)\quad \cdots \quad w_0(n)]^{\mathrm{T}}$,$\boldsymbol{w}_2(n)=[w_1(n)\quad w_2(n)\quad \cdots \quad w_M(n)]^{\mathrm{T}}$,那么 DFE 的组合抽头系数矢量为$\boldsymbol{w}(n)=[\boldsymbol{w}_1^{\mathrm{T}}(n)\quad \boldsymbol{w}_2^{\mathrm{T}}(n)]^{\mathrm{T}}$。

同时,令 FFF 的输入矢量为 $\boldsymbol{x}(n)=[x(n+L)\quad \cdots \quad x(n+1)\quad x(n)]^{\mathrm{T}}$,假设$\hat{\boldsymbol{d}}(n)$为判决器的输出,那么 FBF 每级延迟得到的信号矢量为$\hat{\boldsymbol{d}}(n)=[\hat{d}(n-1)\quad \hat{d}(n-2)\quad \cdots \quad \hat{d}(n-M)]^{\mathrm{T}}$,因此可以定义 FFF 和 FBF 联合的输入信号矢量为 $\tilde{\boldsymbol{x}}=[\boldsymbol{x}^{\mathrm{T}}(n)\quad \hat{\boldsymbol{d}}^{\mathrm{T}}(n)]^{\mathrm{T}}$,则可以得到 DFE 的输出为

$$
\begin{aligned}
y(n) &= \sum_{i=0}^{L} w_{-i}(n)x(n+i) + \sum_{i=1}^{M} w_i\hat{d}(n-i) \\
&= \boldsymbol{w}_1^{\mathrm{T}}(n)\boldsymbol{x}(n) + \boldsymbol{w}_2^{\mathrm{T}}(n)\hat{\boldsymbol{d}}(n) \\
&= [\boldsymbol{w}_1^{\mathrm{T}}\quad \boldsymbol{w}_2^{\mathrm{T}}]\begin{bmatrix}\boldsymbol{x}(n)\\ \hat{\boldsymbol{d}}(n)\end{bmatrix} \\
&= \boldsymbol{w}^{\mathrm{T}}(n)\tilde{\boldsymbol{x}}(n)
\end{aligned}
\tag{8-3}
$$

于是可以得到误差序列 $e(n)$ 为

$$
e(n)=d(n)-y(n)=d(n)-\boldsymbol{w}^{\mathrm{T}}(n)\tilde{\boldsymbol{x}}(n) \tag{8-4}
$$

图 8.5 给出了不同信噪比下的无均衡和 DFE 均衡后的误码率对比,仿真条件和图 8.2 的仿真条件相同,误码率曲线是经过 100 次独立的仿真后取平均得到的。在低信噪比的条件下,DFE 的误码率也是较高的。随着信噪比的增大,其和 LTE 的变化趋势是类似的,不同的是经过 DFE 均衡后的误码率下降得更快,同样的,未经均衡的信号其误码率很高且几乎不随信噪比而改变。在输入信噪比高于 15 dB 时,可以看出经过 DEE 均衡后其结果误码率接近于 0。

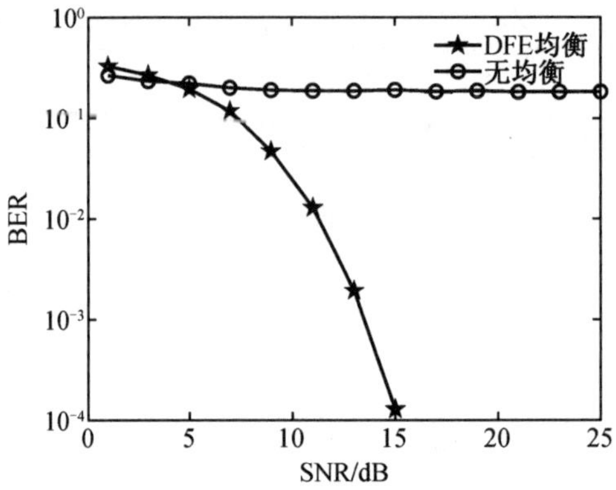

图 8.5　有无均衡的误码率曲线对比

将上面仿真得到的 DFE 和 LTE 误码率曲线进行对比，如图 8.6 所示，可以看出，在给定的条件下，信噪比在 7 dB 以下时，两种均衡器都不能较好地实现均衡，且由于误差传播的存在，DFE 的均衡效果更差一些；当信噪比高于 9 dB 时，DFE 优势明显，均衡误码率下降明显，比 LTE 均衡效果更好。

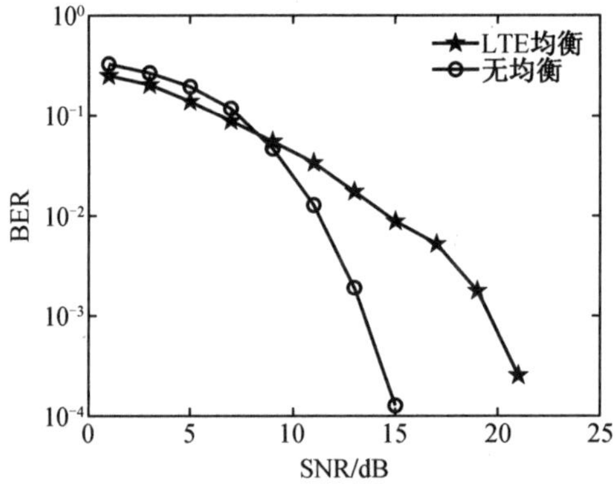

图 8.6　DFE 均衡和 LTE 均衡误码率曲线对比

DFE 是一种典型的非线性均衡器，通过上面的介绍可以看出，其结构框图和原理分析都要比 LTE 复杂一些。在相同的仿真条件下，DFE 的误码率比 LTE 的误码率要低很多，在高信噪比时，其优点更为突出。当不考虑判决差错对均衡的影响时，在噪声性能方面，DFE 相对于 LTE 改善了很多，而且更容易达到稳态性能。但是 DFE 也存在一个问题：上面也提到了 DFE 性能好的前提是判决差错对性能的影响可以忽略，但是在实际的通信中，错误传播还是存在的，当判决器对输入信息的判决发生错误时，错误的信息会通过 FBF 反馈回去，影响对未来信息的判决，这是非常不利的。

8.2 分数间隔均衡器

根据信号抽样间隔的不同,均衡器可以分为码元间隔均衡器(也叫码率均衡器)和分数间隔均衡器。带判决反馈的分数间隔均衡器的结构如图 8.7 所示,图中 T_B 为信号的间隔(码元间隔)。

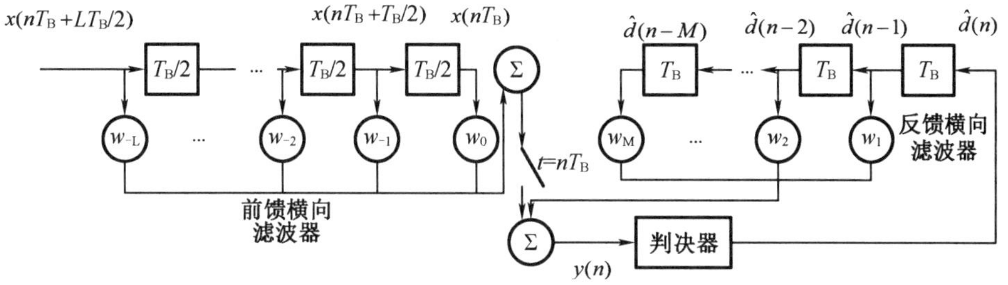

图 8.7 带判决反馈的分数间隔均衡器的结构

从频域的角度出发,码元间隔均衡器对输入和输出信号的采样速率都是 $1/T_B$,所以均衡器的输入信号频谱为

$$X(w)=\frac{1}{T_B}\sum_{n}R\left(w-\frac{2\pi n}{T_B}\right)e^{j\left(w-\frac{2\pi n}{T_B}\right)\tau_0} \tag{8-5}$$

奈奎斯特采样率为 $2/T_B$,其大于采样率 $1/T_B$,所以式(8-5)中的频谱为混叠频谱,混叠频率为 $1/(2T_B)$,码元均衡器的输出信号频谱为

$$Y(w)=W(w)X(w) \tag{8-6}$$

其中

$$W(w)=\sum_{i=-L}^{L}w_i e^{-jw_iT_B} \tag{8-7}$$

显然,对于码元间隔均衡器,其只能补偿接收信号中存在的频谱混叠,而不能补偿信道中的固有偏移 $R(w)e^{j2\pi f\tau_0}$。而对于分数间隔均衡器来说,其采样频率大于奈奎斯特采样率,分数间隔均衡器的频率响应为

$$W'(w)=\sum w_i e^{-jw_iT'} \tag{8-8}$$

式中,分数间隔均衡器的码元间隔 $T'=hT_B/H$,其中 h 和 H 都为正整数,且有 $H>h$。

对于分数间隔均衡器,其均衡后之后的频率谱密度为

$$\begin{aligned}Y'(w)&=W'(w)X'(w)\\&=W'(w)\frac{1}{T_B}\sum_{n}R\left(w-\frac{2\pi n}{T'}\right)e^{j\left(w-\frac{2\pi n}{T'}\right)\tau_0}\\&=W'(w)\frac{N}{MT_B}\sum_{n}R\left(w-\frac{2\pi nN}{MT_B}\right)e^{j\left(w-\frac{2\pi nN}{MT_B}\right)\tau_0}\end{aligned} \tag{8-9}$$

当$|\omega|>\dfrac{2\pi N}{MT_s}$时,$R(\omega)=0$,此时式(8-9)可以写成

$$Y'(w)=W'(w)X'(w)=W'(w)R(w)\mathrm{e}^{\mathrm{j}w\tau_0},\ |w|<\frac{\pi}{T'} \tag{8-10}$$

从上面的分析中可以看出,均衡器采用分数间隔时,其采样速率会有所提高,结果就是可以避免因欠采样而引起的频谱混叠现象,更容易补偿信道的畸变。

8.3 自适应均衡算法

前文提到过自适应均衡器的原理,简单来说就是按照一定的规则对均衡器的抽头系数进行自适应调整。一般来说,自适应均衡过程可以被比喻成一个不断接近“真值”的过程,而这个接近“真值”的过程所遵循的准则就是自适应均衡算法。

自适应均衡算法是根据相应的最优准则,迭代调整均衡器参数的一个过程。通常根据一些指标来评估算法的好坏,如收敛速度,即算法达到稳定状态的迭代次数,而最优准则决定了稳定状态;计算复杂度,即完成一次迭代所需的运算次数,它对算法的实际应用具有很大的影响;跟踪性能,即算法对信道时变特性的自适应能力;失调比,即总体均方误差总的平均值与最小均方误差的比。本节将着重介绍最小均方误差算法和最小二乘算法中的递归最小二乘算法。

8.3.1 最小均方误差算法

根据维纳(Wiener)滤波理论,滤波器的最优抽头系数矢量可以表示为

$$\boldsymbol{w}_{\mathrm{opt}}=\boldsymbol{R}_{xx}^{-1}\boldsymbol{r}_{xd} \tag{8-11}$$

式中,R_{xx} 是输入信号矢量 $\boldsymbol{x}(n)$ 的自相关函数;$\boldsymbol{r}_{xd}$ 是输入信号的矢量与期望信号矢量 $\boldsymbol{d}(n)$ 的互相关函数。考虑图 8.8 所示的自适应 LTE。

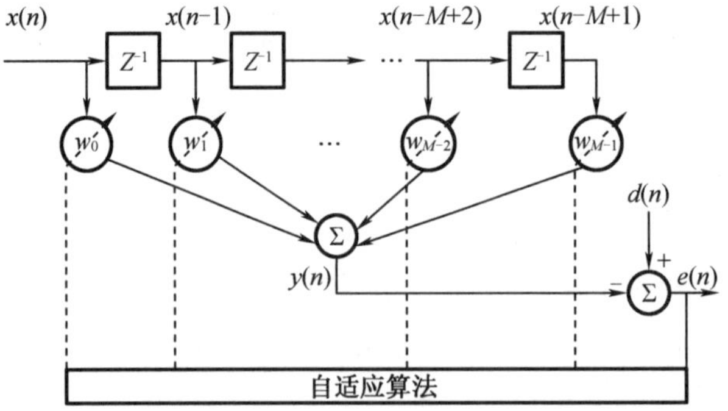

图 8.8 自适应 LTE

在图 8.8 中可以看出

$$e(n)=d(n)-y(n)=d(n)-\boldsymbol{w}^{\mathrm{H}}\boldsymbol{x}(n) \tag{8-12}$$

$e(n)$表示的是期望信号 $d(n)$ 与实际的输出信号 $y(n)$ 之间的差值,也就是输出误差。

输出误差对应的均方误差可以表示为

$$J(n)\overset{\mathrm{d}}{=}E[\,|e(n)|^2\,]=E[\,|d(n)-\boldsymbol{w}^{\mathrm{H}}\boldsymbol{x}(n)|^2\,] \tag{8-13}$$

式中，$J(n)$为代价函数，其相对于滤波器抽头系数矢量 $\boldsymbol{w}$ 的梯度为

$$\nabla_k J(n)=-2E[x(n-k)e^*(n)]=-2E\{x(n-k)[d(n)-\boldsymbol{w}^{\mathrm{H}}\boldsymbol{x}(n)]^*\},k=0,1,\cdots,M-1 \tag{8-14}$$

定义梯度矢量为

$$\boldsymbol{\nabla}J(n)\overset{\mathrm{d}}{=}[\nabla_0 J(n)\quad \nabla_1 J(n)\quad \cdots\quad \nabla_{M-1}J(n)]^{\mathrm{T}} \tag{8-15}$$

梯度矢量的估计值为

$$\hat{\boldsymbol{\nabla}}J(n)\overset{\mathrm{d}}{=}-2[\boldsymbol{x}(n)d^*(n)-\boldsymbol{x}(n)^{\mathrm{H}}\boldsymbol{x}(n)\boldsymbol{w}(n)] \tag{8-16}$$

定义输入矢量为

$$\boldsymbol{x}(n)=[x(n)\quad x(n-1)\quad \cdots\quad x(n-M+1)]^{\mathrm{T}} \tag{8-17}$$

定义抽头系数矢量为

$$\boldsymbol{w}(n)=[w_0(n)\quad w_1(n)\quad \cdots\quad w_{M-1}(n)]^{\mathrm{T}} \tag{8-18}$$

则梯度矢量可以写成

$$\boldsymbol{\nabla}J(n)=-2E\{\boldsymbol{x}(n)[d^*(n)-\boldsymbol{x}^{\mathrm{H}}\boldsymbol{w}(n)]\}=-2\boldsymbol{r}_{xd}+2\boldsymbol{R}_{xx}\boldsymbol{w}(n) \tag{8-19}$$

梯度下降算法是目前最广泛使用的自适应算法形式，其算法结构为

$$\boldsymbol{w}(n)=\boldsymbol{w}(n-1)-\mu(n)\boldsymbol{v}(n) \tag{8-20}$$

式中，$\boldsymbol{w}(n)$是迭代中的抽头系数；$\mu(n)$是步长；$\boldsymbol{v}(n)$是迭代中更新的方向矢量。

将式(8-19)的梯度矢量代入梯度下降算法，可以得到

$$\boldsymbol{w}(n)=\boldsymbol{w}(n-1)+\mu(n)[\boldsymbol{r}_{xd}-\boldsymbol{R}_{xx}\boldsymbol{w}(n-1)] \tag{8-21}$$

一般来说，在实际的信号处理过程中，$\boldsymbol{r}_{xd}$ 和 $\boldsymbol{R}_{xx}$ 都是未知量，所以经常用梯度矢量的无偏估计值$\hat{\nabla}J(n)$来代替$\nabla J(n)$，即将式(8-16)代入梯度下降算法，可以得到

$$\begin{aligned}\boldsymbol{w}(n)&=\boldsymbol{w}(n-1)+\mu(n)[\boldsymbol{x}(n)d^*(n)-\boldsymbol{x}(n)^{\mathrm{H}}\boldsymbol{x}(n)\boldsymbol{w}(n)]\\&=\boldsymbol{w}(n-1)+\mu(n)e^*(n)\boldsymbol{x}(n)\end{aligned} \tag{8-22}$$

根据上面的讨论可以看出，最小均方误差算法计算的量是比较小的。在 8.1 节中将其搭配判决反馈均衡器和线性横向均衡器进行了仿真，仿真结果见 8.1 节。

LMS 算法是一种相对较简单的估计梯度的方法，它的一大优点就是容易实现，计算简单。当均衡器的抽头系数的个数为 N 时，每次迭代，其仅需要进行 $2N+1$ 次运算，但是由于其只有一个控制参数 μ，所以其收敛速度较慢。而且对于 LMS 算法来说，其失调比和自适应速率都正比于自适应常数 μ，μ 太大或者太小都会有不利的影响，所以在选择 μ 时要折中考虑，这也就导致了 LMS 算法的失调比不会太小，所以一般来说其不能获得最优的均衡效果。

8.3.2　递归最小二乘算法

前文提到的最小均方误差算法，其只有一个参数控制自适应速度，所以其收敛速度很慢。在实际的通信中，为了使均衡器更快收敛，通常使用含有附加参数的复杂算法。下面介绍一种时间递归最小二乘算法的指数加权形式，也就是使用指数加权的误差平方和作为

代价函数,代价函数形式如下:

$$J(n)=\sum_{i=0}^{n}\lambda^{n-i}|e(i)|^2 \tag{8-23}$$

式中,加权因子 λ 称为遗忘因子,其取值区间为(0,1)。遗忘因子的作用就是对离 n 时刻越近的误差加比较大的权值,而对离 n 时刻越远的误差加比较小的权值,这样该算法对输入信号特性的变化就具有了快速反应的能力。估计误差定义为

$$e(i)=d(i)-\boldsymbol{w}^{\mathrm{H}}(n)\boldsymbol{x}(i) \tag{8-24}$$

将估计误差代入式(8-23)可以得到

$$J(n)=\sum_{i=0}^{n}\lambda^{n-i}|d(i)-\boldsymbol{w}^{\mathrm{H}}(n)\boldsymbol{x}(i)|^2 \tag{8-25}$$

很明显,代价函数 $J(n)$ 是 $\boldsymbol{w}(n)$ 的函数,将其对 $\boldsymbol{w}(n)$ 求偏导,由 $\frac{\partial J(n)}{\partial \boldsymbol{w}(n)}=0$ 可得

$$\boldsymbol{R}_{xx}(n)\boldsymbol{w}(n)=\boldsymbol{r}_{xd}(n) \tag{8-26}$$

求解得到

$$\boldsymbol{w}(n)=\boldsymbol{R}_{xx}^{-1}(n)\boldsymbol{r}_{xd}(n) \tag{8-27}$$

式中

$$\boldsymbol{R}_{xx}(n)=\sum_{i=0}^{n}\lambda^{n-i}\boldsymbol{x}(i)\boldsymbol{x}^{\mathrm{H}}(i) \tag{8-28}$$

$$\boldsymbol{r}_{xd}(n)=\sum_{i=0}^{n}\lambda^{n-i}\boldsymbol{x}(i)d^*(i) \tag{8-29}$$

式(8-27)说明指数加权的最小二乘解 $\boldsymbol{w}(n)$ 也是维纳滤波器的形式,下面分析它的自适应更新。

根据上面讨论的式(8-28)和式(8-29)可以得到其对应的递推公式:

$$\boldsymbol{R}_{xx}(n)=\lambda\boldsymbol{R}_{xx}(n-1)+\boldsymbol{x}(n)\boldsymbol{x}^{\mathrm{H}}(n) \tag{8-30}$$

$$\boldsymbol{r}_{xd}(n)=\lambda\boldsymbol{r}_{xd}(n-1)+\boldsymbol{x}(n)d^*(n) \tag{8-31}$$

根据矩阵求逆引理可以得到逆矩阵 $\boldsymbol{P}_{xx}(n)$ 的递推公式为

$$\begin{aligned}\boldsymbol{P}_{xx}(n)&=\boldsymbol{R}_{xx}^{-1}(n)\\&=\frac{1}{\lambda}\left[\boldsymbol{P}_{xx}(n-1)-\frac{\boldsymbol{P}_{xx}(n-1)\boldsymbol{x}(n)\boldsymbol{x}^{\mathrm{H}}(n)\boldsymbol{P}_{xx}(n-1)}{\lambda+\boldsymbol{x}^{\mathrm{H}}(n)\boldsymbol{P}_{xx}(n-1)\boldsymbol{x}(n)}\right]\\&=\frac{1}{\lambda}[\boldsymbol{P}_{xx}(n-1)-\boldsymbol{K}(n)\boldsymbol{x}^{\mathrm{H}}(n)\boldsymbol{P}_{xx}(n-1)]\end{aligned} \tag{8-32}$$

式中,$\boldsymbol{K}(n)$ 为增益矢量,其定义如下:

$$\boldsymbol{K}(n)=\frac{\boldsymbol{P}_{xx}(n-1)\boldsymbol{x}(n)}{\lambda+\boldsymbol{x}^{\mathrm{H}}(n)\boldsymbol{P}_{xx}(n-1)\boldsymbol{x}(n)} \tag{8-33}$$

根据式(8-32)可以证明:

$$\boldsymbol{P}_{xx}(n)\boldsymbol{x}(n)=\frac{1}{\lambda}[\boldsymbol{P}_{xx}(n-1)\boldsymbol{x}(n)-\boldsymbol{K}(n)\boldsymbol{x}^{\mathrm{H}}(n)\boldsymbol{P}_{xx}(n-1)\boldsymbol{x}(n)]=\boldsymbol{K}(n) \tag{8-34}$$

结合上面的推导,可以得到 $\boldsymbol{w}(n)$ 的递推形式:

$$\begin{aligned}\boldsymbol{w}(n)&=\boldsymbol{w}(n-1)+d^*(n)\boldsymbol{K}(n)-\boldsymbol{K}(n)\boldsymbol{x}^{\mathrm{H}}(n)\boldsymbol{x}^{\mathrm{H}}(n)\boldsymbol{w}(n-1)\\&=\boldsymbol{w}(n-1)+\boldsymbol{K}(n)e^*(n)\end{aligned}\tag{8-35}$$

在 RLS 算法实现的步骤中，存在两个参数：一个是相关矩阵初始化因子 δ，一个是遗忘因子 λ，二者的取值区间都是从 0 到 1。当信道不具有时变性时（即为非时变信道时），遗忘因子 λ 是可以取 1 的。一般来说 λ 的取值不能太大也不能太小，因为 λ 太小时，均衡器很不稳定；λ 太大时，其跟踪信道的能力又不太好。在本章涉及 RLS 算法的仿真中，相关矩阵初始化因子 δ 的取值为 0.5，遗忘因子 λ 的取值为 0.996 5。

在了解了 LMS 和 RLS 两种算法的实现步骤之后，通过相同条件下的仿真对二者的性能进行了对比，仿真条件如下：仿真算法分别为 LMS 算法和 RLS 算法；均衡器结构都为分数间隔的 DFE（采样间隔为码元间隔的一半）；调制信号为 QPSK 调制信号；信道冲击响应同图 8.2(a)；均衡器前向和反馈抽头系数都为 30 个；通信速率为 1 ksymbol/s，信噪比选用 20 dB。LMS 和 RLS 算法的均衡器输出结果对比如图 8.9 所示。

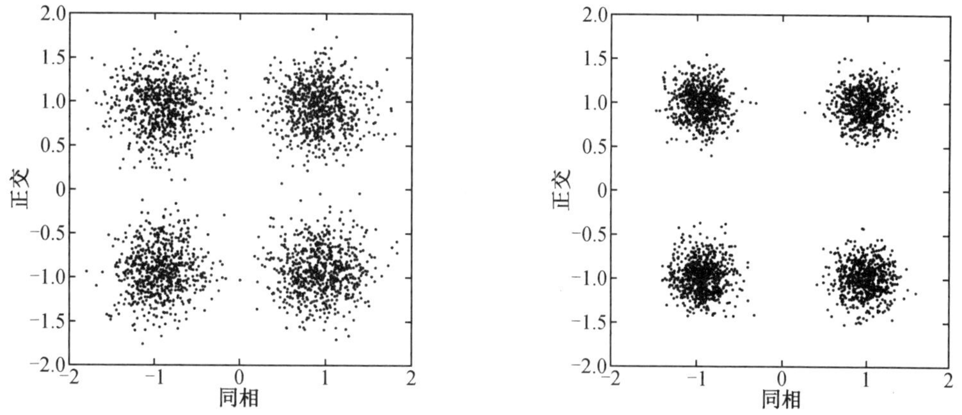

(a) LMS 算法对应的输出　　(b) RLS 算法对应的输出

图 8.9　LMS 和 RLS 算法的均衡器输出结果对比

在图 8.9 中，LMS 算法的误码率为 0.000 3，RLS 算法的误码率为 0，可见在误码率方面 RLS 算法要好一些。而且在图 8.9 中可以看出，RLS 算法将散点分开得更好，其星座图更清晰，所以其均衡的效果要更好一些。

下面图 8.10 中的曲线是分别对 100 次独立的 LMS 和 RLS 算法仿真中误差信号的模值取平均得到的。从图 8.10 中可以看到，在给定的条件下，RLS 算法在 70 个码元左右就达到了收敛状态，而 LMS 算法在 350 个码元左右才达到收敛状态，很明显，RLS 算法的收敛速度要比 LMS 算法快很多，而且可以看出在 400 个码元之后，RLS 算法的误差要小于 LMS 算法，此时两种算法都达到了收敛。但是在前面的讨论中可以知道，RLS 算法存在矩阵逆运算，其运算相较 LMS 算法复杂很多。

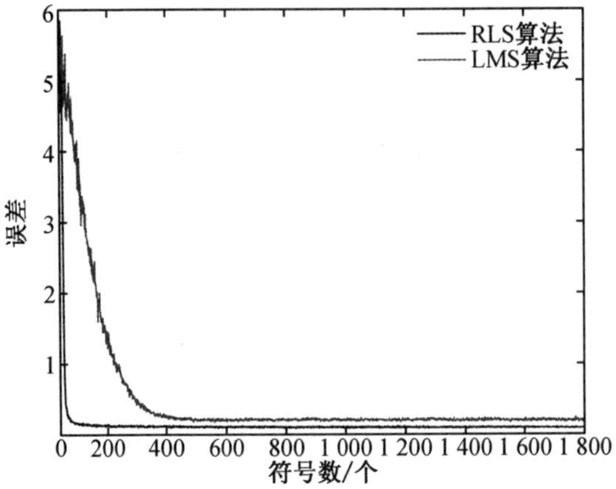

图 8.10 LMS 和 RLS 算法收敛速度比较

8.3.3 自适应均衡相关仿真

下面重点仿真自适应均衡器在单载波水声通信中的性能,为后面章节的数据处理奠定基础。其中单载波系统的参数如下:采样频率 $f_s = 48$ kHz;载波频率 $f_0 = 6$ kHz;映射方式为 BPSK;采用开方升余弦滤波器进行脉冲成型,滚降系数 $\alpha = 0.7$;码元持续时间为 1 ms;编码 8 500 bit 数据,其中前 500 bit 作为训练序列。仿真用水声信道如图 8.11 所示。

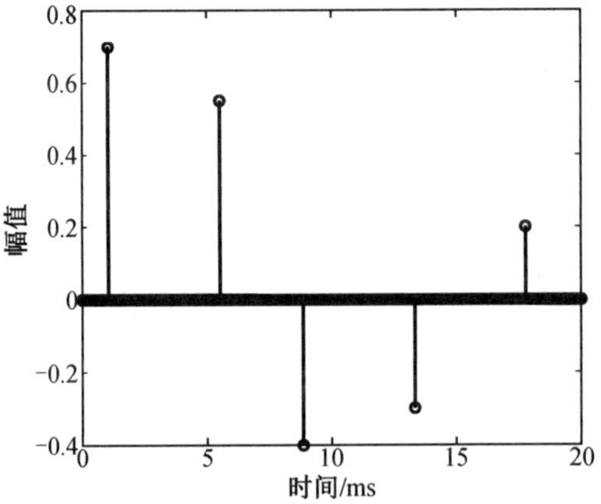

图 8.11 仿真用水声信道

图 8.12 给出了自适应均衡器的仿真结果。由图 8.12 可知,DFE 均衡器的性能总体上优于 LTE,但是当信噪比较低时,DFE 的性能会比较差(图中椭圆标记区域),这是由于信噪比较低会导致不正确的信息判决,而 DFE 将不正确的判决信息反馈到后续的均衡中会导致错误的传播,最终影响均衡性能。此外,在仿真的整个信噪比范围内,RLS 算法的性能都要优于 LMS 算法。

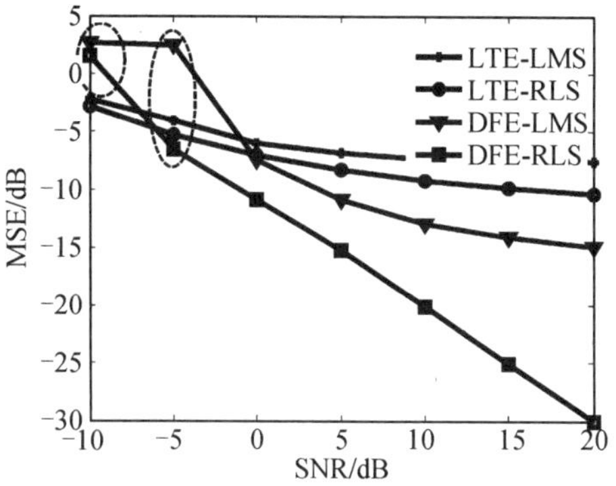

图 8.12　自适应均衡器仿真结果

8.4　内嵌锁相环的判决反馈均衡器

尽管自适应均衡器能够有效地抑制水声信道多途扩展带来的码间干扰，但是在相干水声通信的研究早期，其在试验中并不能取得很好的解码效果。其主要原因是海面的起伏以及多普勒效应会使信号载波相位发生变化，然而自适应均衡器对变化的相位却无能为力，从而导致其解码性能较差。20 世纪 90 年代，M. Stojanovic 提出了内嵌锁相环的判决反馈均衡结构，可以跟踪海面随机起伏引起的相位跳变，加速了相干通信在水声领域的发展。内嵌锁相环的判决反馈均衡器的结构（以联合数字锁相环的判决反馈均衡器为例）如图 8.13 所示。

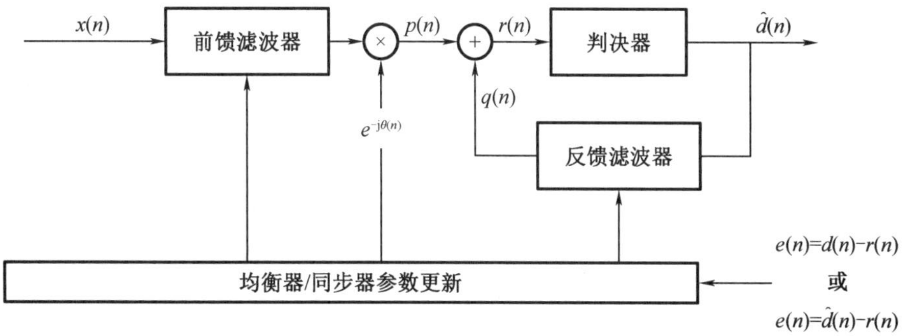

图 8.13　联合数字锁相环的判决反馈均衡器框图

二阶数字锁相环主要包括鉴相和环路滤波两部分，这里对其实现的过程不再详细推导。假设均衡器判决符号均方误差表示为

$$\mathrm{MSE}=E\{|e(n)|^2\} \tag{8-36}$$

由于接收机的各个参数都是根据最小均方误差设定的，故不同的参数的梯度对应着不同的均方误差。均方误差相对于相位 θ 的梯度表示为

$$\frac{\partial \mathrm{MSE}}{\partial \theta}=-2\mathrm{Im}(E\{p(n)[d(n)+q(n)]^*\}) \tag{8-37}$$

式中，$p(n)$为前馈滤波器的输出；$q(n)$为反馈滤波器的输出；在训练过程中，$d(n)$为期望信号值，在跟踪过程中，通常用均衡器判决值 $\hat{d}(n)$来代替。

由于均方误差相对于载波相位估算的梯度代表着相位检测器的等效输出，故使用式(8-37)并基于数字锁相环算法，等效相位检测器输出被定义为

$$\Phi(n)=\mathrm{Im}\{p(n)[d(n)+q(n)]^*\} \tag{8-38}$$

其二阶相位更新方程表示为

$$\theta(n+1)=\theta(n)+K_{f_1}\Phi(n)+K_{f_2}\sum_{i=0}^{n}\Phi(i) \tag{8-39}$$

式中，K_{f_1} 和 K_{f_2} 分别为比例和积分常量。通常 K_{f_1} 和 K_{f_2} 之间的关系为 $K_{f_1}=10K_{f_2}$。

将数字锁相环和均衡参数的调整结合起来构成内嵌数字锁相环的均衡器，这样既可以跟踪接收信号载波相位的变化，还可以降低锁相环路增益取值对均衡器收敛速度的影响。

8.5 试验验证

8.5.1 水池试验验证

8.1 和 8.3 节通过理论推导和计算机仿真分析验证了单载波通信系统中时域均衡技术抗信道多途效应的可行性。为验证其实际效果，本节利用水池试验进行验证。信道水池有效长度 a 为 45 m，宽度 b 为 6 m，总水深 c 约 5 m，发射换能器和接收换能器固定布放在水池中间，信源、信宿之间的距离 d 为 19 m，深度 h 均为 3.5 m，示意图如图 8.14 所示。

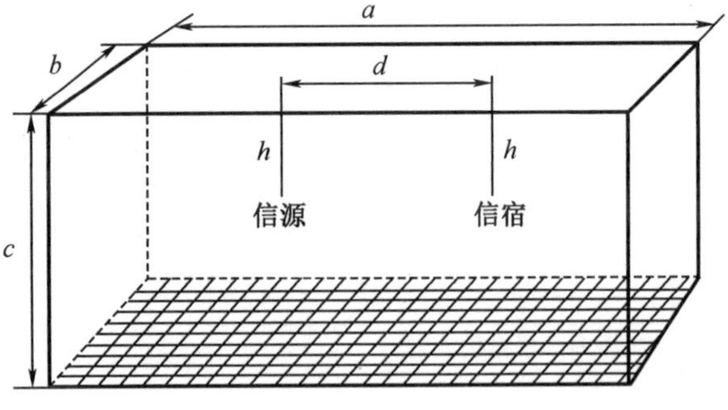

图 8.14　单载波通信水池试验布局示意图

水池试验单载波通信系统参数如下：采样频率 $f_s=48$ kHz；载波频率 $f_0=6$ kHz；波特率为 1.5 ksympol/s；映射方式为 QPSK；数据率为 3 kbit/s；脉冲成型滤波器采用开方升余弦滤波器，其滚降系数 $\alpha=0.7$；同步信号为中心频率 $f_0=6$ kHz，带宽 $B=4$ kHz，脉宽为 100 ms 的线性调频信号。试验时发送 26 000 bit 数据，其中前 2 000 bit 数据作为训练序列，用于均衡器抽头系数更新。

在试验之前先发射线性调频信号对信道进行探测，接收端对接收到的探测信号做拷贝相关，可以得到此时的水池信道估计如图 8.15 所示。由图 8.15 可以看到，由于水池空间限

制，发射声信号经多次水面-池底反射，最大多途时延可达 40 ms。

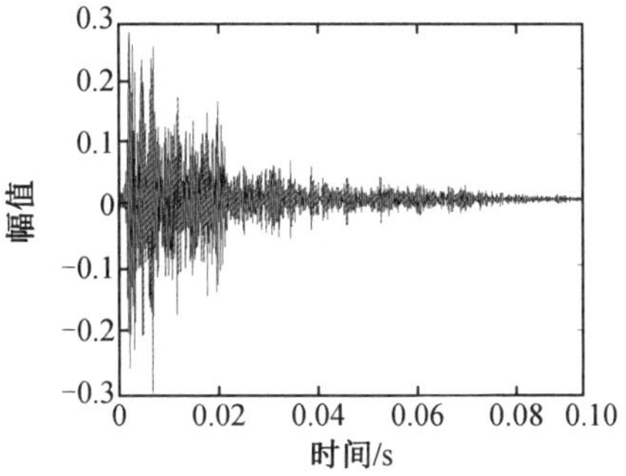

图 8.15　水池信道估计

接收机分别使用码元间隔 LTE 和分数间隔 DFE 对接收数据进行译码，均衡器的抽头个数$L=200$，使用递归最小二乘算法对均衡器抽头系数进行更新，相关矩阵初始化因子 $\sigma=0.5$，遗忘因子 $\lambda=0.996$。

图 8.16 给出了均衡前和 LTE 均衡效果对比图。从图 8.16 中可以看出，在接收机中使用均衡器可以很好地抑制信道多途扩展引起的码间干扰，大大增加了译码的正确率。

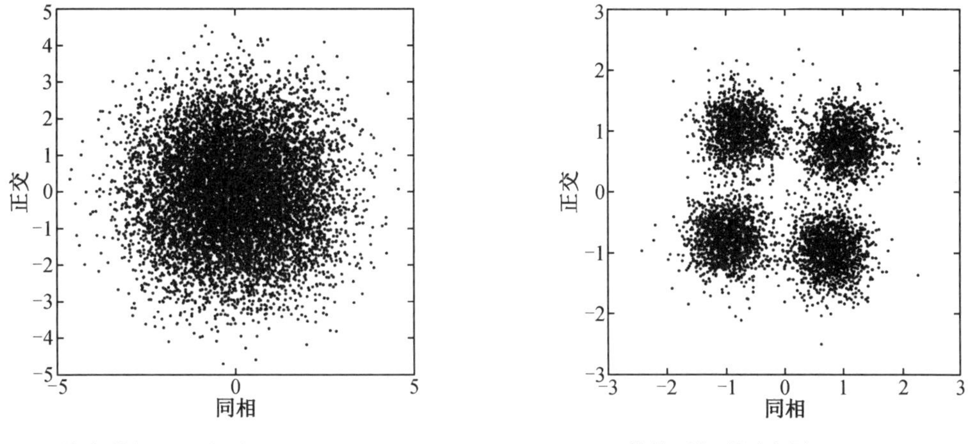

(a) 均衡前解码星座图(BER=0.490 4)　(b) LTE 均衡后解码星座图(BER=0.003 7)

图 8.16　均衡前和 LTE 均衡效果对比图

然而，随机扰动和电路中快速的相位波动导致星座图产生旋转，这种相位快变是时均衡器无法抑制的。通过理论分析可以知道，码元间隔均衡器不能很好地抑制信道畸变。

内嵌锁相环的分数间隔 DFE 的解码星座图如图 8.17 所示，其中，判决反馈均衡器前向滤波器抽头个数 $L_{ff}=100$，反馈滤波器抽头个数 $L_{fb}=40$，锁相环比例常数 $K_{f_1}=0.000\,1$。由图 8.17 可以看到，通过锁相环的纠正，基本校正了偏转的星座点；通过使用分数间隔 DFE 器，进一步降低了系统误码率。

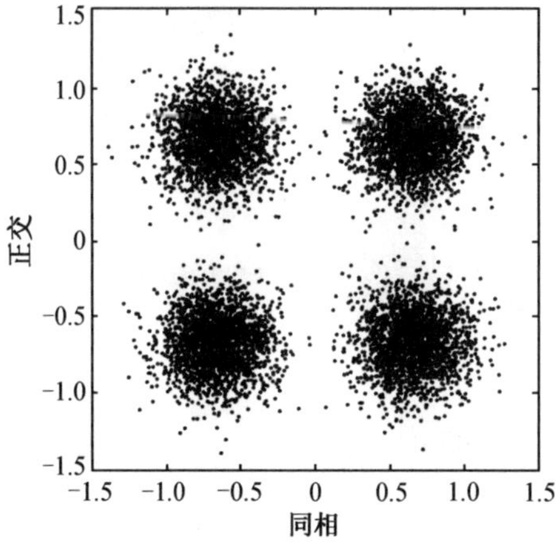

图 8.17　内嵌锁相环的分数间隔 DFE 的解码星座图(BER=0.000 9)

8.5.2　松花江试验验证

为了进一步验证 DFE 的性能,2023 年 2 月在松花江哈尔滨段进行了试验验证。发送端场景描述如图 8.18 所示,试验所在的位置处江深 7.4 m,表面有冰层覆盖,冰层厚度为 0.7 m,发射换能器布放在 4 m 的深度。接收阵为 6 阵元的自容式水听器均匀线阵,接收阵处松花江深度 8.4 m(包括冰层厚度),上层冰层厚度 0.7 m,6 个阵元等间距(相邻阵元间隔 1 m)地分别位于深度 2 m、3 m、4 m、5 m、6 m、7 m 处接收信号,并在距发射换能器 600 m 与 800 m 处两次接收信号。接收端场景描述如图 8.19 所示。

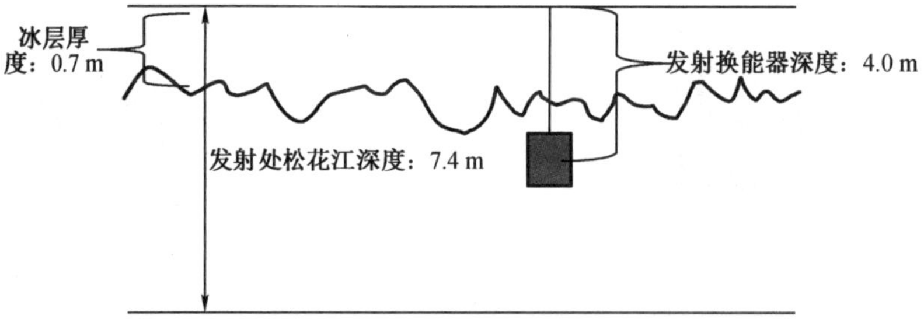

图 8.18　松花江试验发送端场景描述

松花江试验单载波通信系统参数如下:采样频率 $f_s=48$ kHz;载波频率 $f_0=12$ kHz;映射方式为 QPSK;数据率为 2 kbit/s;脉冲成型滤波器采用开方升余弦滤波器,其滚降系数 $\alpha=1$;同步信号为中心频率 $f_0=12$ kHz,带宽 $B=4$ kHz,脉宽为 300 ms 的线性调频信号。试验时发送 5 000 bit 数据,其中前 1 000 bit 数据作为训练序列,用于均衡器抽头系数更新。

此次试验选用的数据是第 3 个接收阵元在 600 m 处的数据和第 6 个接收阵元在 800 m 处的数据。这两个位置处的信道估计结果如图 8.20 所示。

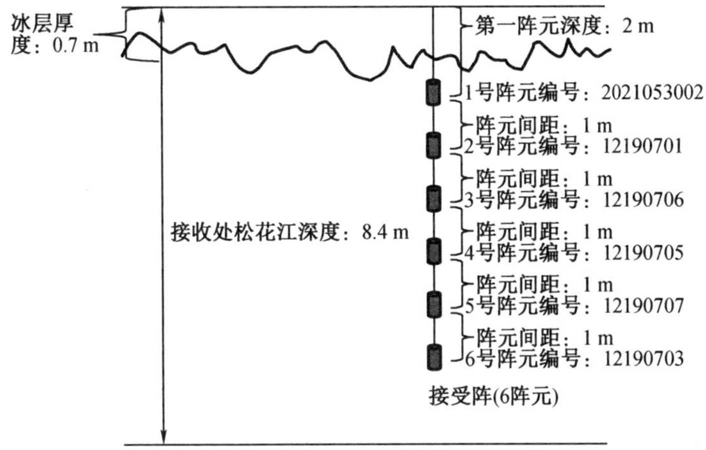

图 8.19　松花江试验接收端场景描述

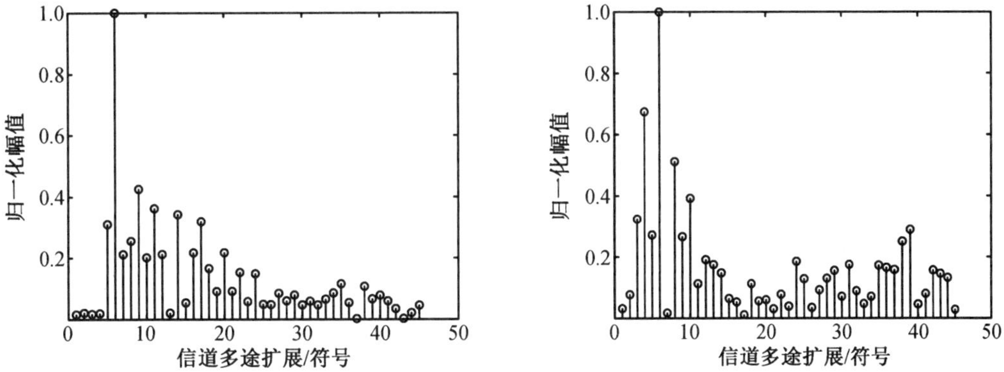

(a)第 6 个阵元 800 m 处位置　　(b)第 3 个阵元 600 m 处位置

图 8.20　信道估计结果

下面进行 4 组对比。

(1)DFE 下的 LMS 和 RLS 算法对比

图 8.21 中,除了均衡算法外,其余配置两者均相同,其中 LMS 算法步长设置为 0.002, RLS 算法相关矩阵初始化因子 δ 的取值为 0.5,遗忘因子 λ 的取值为 0.996 5。试验数据选取的是图 8.20(a)对应的第 6 个阵元在 800 m 处的接收数据。由图 8.21 可以看出,LMS 算法解码结果较差,星座点尚未较好地分开,误码率为 0.013;相反,RLS 算法解码效果很好,星座点完全分开,且距离很远,误码率为 0。结合 8.3 节的相关仿真,这里通过试验数据进行了验证,RLS 算法比 LMS 算法的收敛性能更好。

(2)RLS 算法下的 DFE 和 LTE 对比

图 8.22 中,除了均衡器结构外,其余配置两者均相同,其中 LTE 抽头系数为 50,DFE 前、后均衡器系数均为 50。试验数据选取的是图 8.20(a)对应的第 6 个阵元在 800 m 处的接收数据。由图 8.22 可以看出,LTE 的解码效果较差,误码率为 0.007 1,星座图有所分开但效果不是很好;反之,DFE 的解码效果就很好,误码率为 0,星座点完全分开。结合 8.1 节的理论和仿真,可以看出 DFE 比 LTE 的解码效果要好一些,因为 DFE 利用了先前已经解码

的结果来消除对未判决符号的影响。

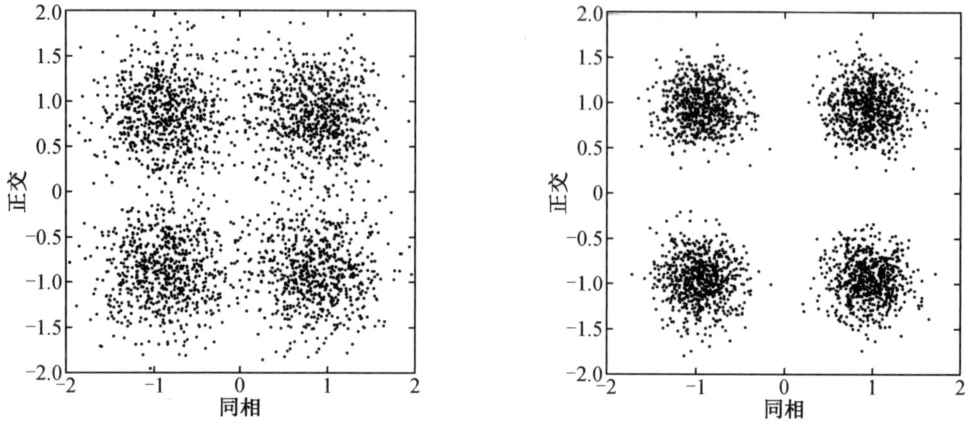

(a)LMS 算法(BER=0.013)　　(b)RLS 算法(BER=0)

图 8.21　两种算法解码星座图对比

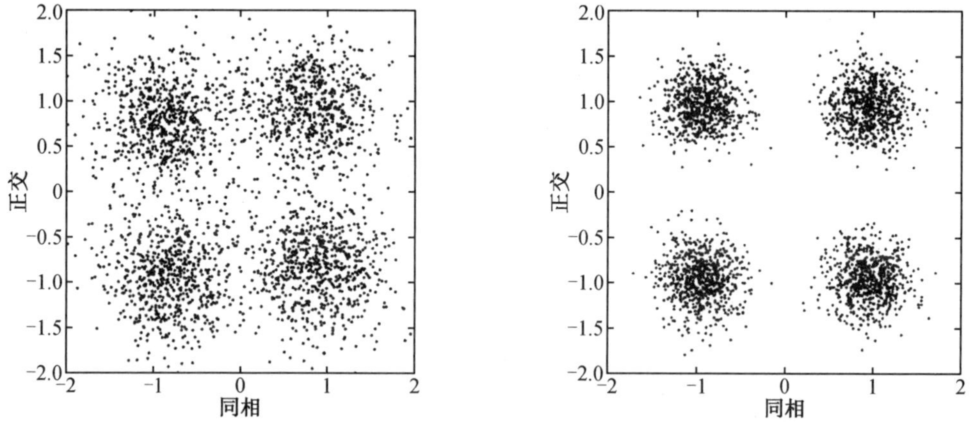

(a)LTE 结构(BER=0.007 1)　　(b)DFE 结构(BER=0)

图 8.22　两种均衡器结构解码星座图对比

(3)码元间隔 DFE 和分数间隔 DFE 对比

图 8.23 中,除了分数间隔和码元间隔的不同,其余配置两者均相同,其中 DFE 前后均衡器系数分别为 50,算法采用 RLS 算法,RLS 参数同图 8.21。试验数据选取的是图 8.20(b)对应的第 3 个阵元在 600 m 处的接收数据。由图 8.23 可以看出,码元间隔 DFE 对应的解码效果要差一些,误码率为 0.018 9,因为码元间隔不能补偿信道中的固有偏移;相反,采用分数间隔的 DFE 可以补偿信道中的固有偏移,其解码效果相对要好一些,误码率为 0。

(4)DFE 和内嵌锁相环的 DFE

图 8.24 中,除了分数间隔和码元间隔的不同,其余配置两者均相同,都采用了分数间隔,其中 DFE 前、后均衡器系数均为 50,算法采用 RLS 算法,RLS 参数同图 8.21,锁相环比例常数 $K_{f_1}=0.000\,1$,$K_{f_1}=10K_{f_2}$。试验数据选取的是图 8.20(b)对应的第 3 个阵元在 600 m

处的接收数据。由图 8.24 可以看出,不采用锁相环的 DFE 结构也可以得到不错的解码效果,误码率为 0.002 9,星座图分开得较好,但是可以看到 4 个星座点有一点点的相位偏转,在试验条件下,相位偏转不大,当试验条件较恶劣时,相位偏转会更加明显,影响解码的效果;相反,加锁相环之后,DFE 的解码效果更好,误码率为 0,且星座图没有相位偏转。

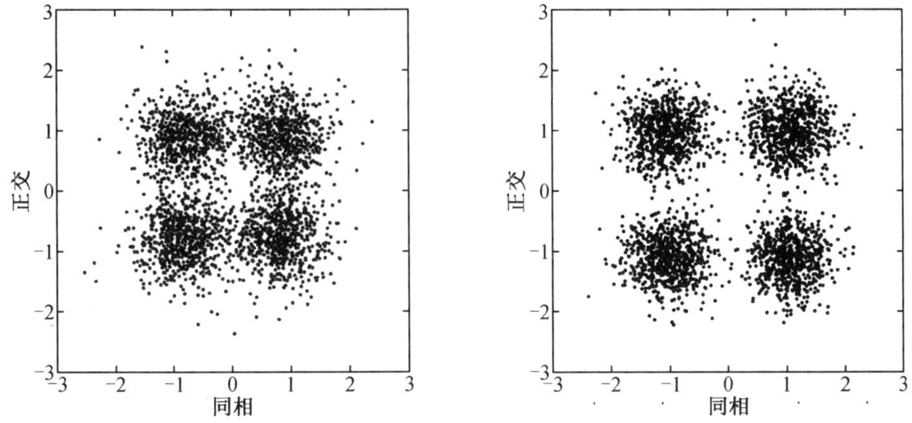

(a)码元间隔(BER=0.018 9)　　(b)1/2 分数间隔(BER=0)

图 8.23　两种均衡器结构解码星座图对比

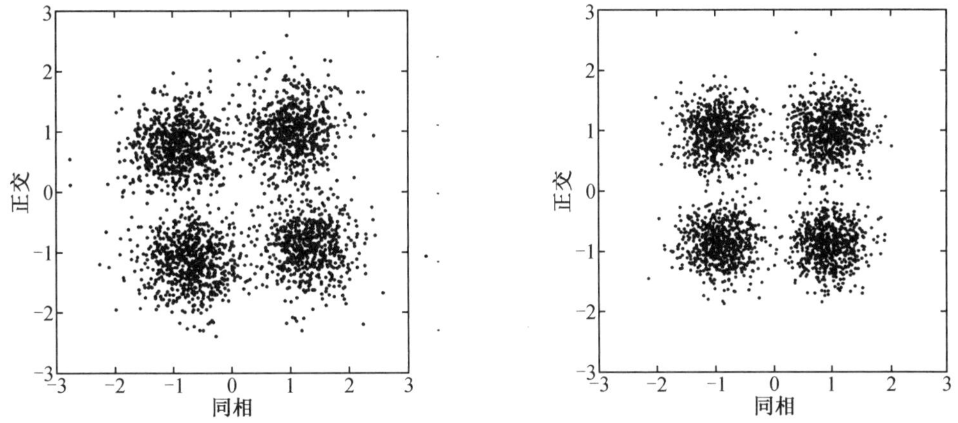

(a)无锁相环(BER=0.002 9)　　(b)有锁相环(BER=0)

图 8.24　两种均衡器结构解码星座图对比

本章首先介绍了两种常用的均衡器结构(DFE 和 LTE)以及两种常用的自适应算法(LMS 算法和 RLS 算法)。DFE 性能总体优于 LTE,但是在低信噪比时会产生不正确的信息判决。DFE 将不正确的信息反馈到后续信息的均衡中,从而导致错误的传播,最终影响均衡性能。RLS 算法的性能要显著优于 LMS 算法,而且收敛速度更快,但是由于系数更新过程中需要矩阵求逆,所以计算量较大。

其次,本章针对码元间隔均衡器不能补偿信道中的固有偏移的缺点,介绍了一种基于 DFE 的分数间隔实现方法,并针对实际接收信号中信号存在相位偏移的问题,介绍了一种内嵌锁相环的 DFE。该均衡器结构可以利用锁相环跟踪多普勒效应以及海面随机起伏产生的相位变化,利用均衡器跟踪复杂的、相对缓变的水声信道响应,在实际应用中具有良好的效果。

最后,本章针对介绍的各种均衡器结构以及均衡器算法进行了单载波通信试验验证,包括水池试验验证和松花江试验验证两部分。

本章参考文献

[1] 韩笑. 浅海环境下单载波时域均衡水声通信关键技术研究[D]. 哈尔滨:哈尔滨工程大学,2016.

[2] PREISIG J. The impact of underwater acoustic channel structure and dynamics on the performance of adaptive coherent equalizers[C]//AIP Conference Proceedings. La Jolla, California (USA). AIP,2004:57-64.

[3] 尚小天. 自适应均衡技术的研究[D]. 西安:西安电子科技大学,2006.

[4] 沈福民. 自适应信号处理[M]. 西安:西安电子科技大学出版社,2001.

[5] 张贤达,保铮. 通信信号处理[M]. 北京:国防工业出版社,2000.

[6] 雷泽军. 数字通信系统中自适应均衡技术的研究[J]. 信息与电脑(理论版),2018(22):185-186.

[7] KILFOYLE D B,PREISIG J C,BAGGEROER A B. Spatial modulation experiments in the underwater acoustic channel[J]. IEEE Journal of Oceanic Engineering,2005,30(2):406-415.

[8] STOJANOVIC M,CATIPOVIC J A,PROAKIS J G. Phase-coherent digital communications for underwater acoustic channels[J]. IEEE Journal of Oceanic Engineering,1994,19(1):100-111.

第 9 章 Turbo 水声信道均衡技术

在水声 OFDM 通信系统中,均衡器和译码器都有消除噪声和干扰的作用,传统的处理方式是令它们独立进行。但是当水声信道环境恶劣时,通信系统的性能会大打折扣。Turbo 均衡属于迭代均衡的一种,它借鉴了 Turbo 码的思想,将均衡器和译码器联系到一起,通过不断进行迭代以实现外信息的交换,降低了系统误码率,提高通信系统的性能。迭代均衡通常可以分为两类,一类是直接自适应迭代均衡,另一类是基于信道估计的迭代均衡。直接自适应迭代均衡相较于基于信道估计的迭代均衡,算法复杂度低。但当信道较长且时变快时,其达到稳态需要的迭代次数较多,而且对训练序列的长度要求较长,这严重影响了通信系统的传输速率。当信道可以进行准确估计时,直接自适应迭代均衡的性能要比基于信道估计的迭代均衡的性能差。本章研究的 Turbo 均衡的是基于信道估计的迭代均衡,接下来将对 OFDM 水声通信系统下的频域 Turbo 均衡进行详细介绍。

9.1 Turbo 均衡技术

C. Berrou 和 A. Glavieux 等在 1993 年提出了 Turbo 码。该编码技术可以达到接近香农编码定理极限的性能。Turbo 码之所以有如此优异的性能就在于它的迭代译码结构,通过交换译码器间的软信息使得性能得到了提升。借鉴 Turbo 码的迭代思想,C. Douillard 在 1995 年提出了迭代均衡,即 Turbo 均衡算法。在之前的通信系统中,译码器和均衡器是相互独立的,由于没有充分利用均衡器和译码器产生的额外信息,因此二者的性能并不是很好。Turbo 均衡算法通过在均衡器和译码器之间不断迭代软信息来消除码间干扰的影响。该均衡算法相比于传统均衡算法可以显著提高通信系统的性能。在 Turbo 均衡算法中,最大后验概率(MAP)和最大似然估计(MLE)是常用的两种准则,二者都能得到优异的性能,但缺点就是算法复杂度太高。如何简化均衡算法,降低算法复杂度,是使 Turbo 均衡算法广泛适用的关键问题,这也是众多学者研究的热点问题。常见的降低算法复杂度的方法为利用基于线性滤波的软干扰抵消器或者基于 MMSE 准则的线性均衡器代替基于 MAP 准则的均衡器。M. Tuchler 等提出了基于 MMSE 准则的 Turbo 均衡算法,通过将 MMSE 均衡器改进为 SISO-MMSE 均衡器,实现了均衡器与译码器间的软信息迭代。为了简化 Turbo 均衡算法中对参数的选择,M. Tuchler 还对系统性能采用外信息转移图进行分析。杨晓霞等通过海试试验,使基于 MMSE 准则的迭代系统的优秀性能在水声领域得到验证。

Turbo 均衡系统模型如图 9.1 所示,其主要流程为:根据频域接收信号以及估计频域信道,采用软输入软输出均衡器输出软信息,并将该软信息经过解交织后传递给软输入软输出译码器;译码器输出本次迭代的译码比特数据和软信息,再将软信息经过交织后传递给软输入软输出均衡器,进行下一次迭代。这里的软信息指的就是对数似然比。通常情况下,译码器采用 MAP 算法进行译码,而均衡器的算法有多种,其中性能最好的也是 MAP 算法,但是该算法存在计算复杂度较高的问题,这导致了其在实际应用中存在较大困难,限制了应用范围。MMSE 算法的性能稍逊于 MAP 算法,但实现较为简单,在实际中得到了广泛的应用。在本章研究中,均衡器采用 MMSE 算法,译码器采用 MAP 算法。接下来将对基于 MMSE 算法的 Turbo 频域均衡进行详细介绍。

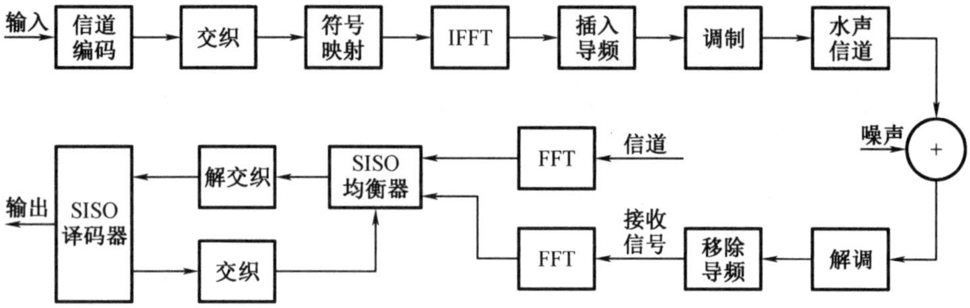

图 9.1 Turbo 均衡系统模型

9.2 Turbo 均衡算法原理

9.2.1 水声 OFDM 系统

假设水声 OFDM 通信系统中,一个 OFDM 符号中子载波个数为 N,传输的比特长度为 NK,K 与通信系统中的符号映射方式有关,当选择 QPSK 映射时,K 的值为 2。传输比特可以分为长度为 N 的一个符号 $\boldsymbol{c}$,表示为

$$\boldsymbol{c}=[\boldsymbol{c}_0,\boldsymbol{c}_1,\cdots,\boldsymbol{c}_{N-1}] \tag{9-1}$$

式中,$\boldsymbol{c}$ 中的每个符号 $\boldsymbol{c}_n$ 又可以分成长度为 K 的一个序列:

$$\boldsymbol{c}_n=[c_{n,1},c_{n,2},\cdots,c_{n,K}] \tag{9-2}$$

式中,$c_{n,j}\in\{0,1\}$。$\boldsymbol{c}_n$ 经过一个大小为 2^K 的星座图 $\boldsymbol{\alpha}$:

$$\boldsymbol{\alpha}=\{\alpha_1,\alpha_2,\cdots,\alpha_{2^K}\} \tag{9-3}$$

式中,每一个 α_i 对应于一个比特序列 $\boldsymbol{s}_i$:

$$\boldsymbol{s}_i=[s_{i,1},s_{i,2},\cdots,s_{i,K}],s_{i,j}\in\{0,1\} \tag{9-4}$$

通过映射得到频域发送符号 X_n。假设时域发送信号为 $\boldsymbol{x}$,时域接收信号为 $\boldsymbol{y}$,信道时域冲激响应为 $\boldsymbol{h}$,时域噪声为 $\boldsymbol{w}$,它们都是 N 维列向量。其中,$\boldsymbol{x}$ 由 $x_0,x_1,\cdots,x_{N-1}$ 组成;$\boldsymbol{h}$ 由 $h_0,h_1,\cdots,h_{L-1}$ 组成,L 表示信道的长度;$\boldsymbol{y}$ 由 $y_0,y_1,\cdots,y_{N-1}$ 组成;$\boldsymbol{w}$ 由 $w_0,w_1,\cdots,w_{N-1}$ 组成。OFDM 系统的时域表示为

$$y_n=\sum_{i=0}^{L-1}h_ix_{n-i}+w_n,n=0,1,2,\cdots,N-1 \tag{9-5}$$

在本章研究的 OFDM 水声通信系统中,以循环前缀为保护间隔不仅可以减少码间干扰,还可以将 $\boldsymbol{h}$ 与 $\boldsymbol{x}$ 之间的关系从线性卷积转变为循环卷积。此时,OFDM 系统可以在时域

上表示为

$$\boldsymbol{y}=\boldsymbol{H}_{\mathrm{c}}\boldsymbol{x}+\boldsymbol{w} \tag{9-6}$$

$$\boldsymbol{H}_{\mathrm{c}}=\begin{bmatrix} h_0 & \cdots & & h_1 \\ h_1 & h_0 & & h_2 \\ \ddots & & \ddots & \\ 0 & \cdots & & h_0 \end{bmatrix} \tag{9-7}$$

式中,$\boldsymbol{H}_{\mathrm{c}}$ 是一个循环矩阵。假设 $\boldsymbol{F}$ 是归一化离散傅里叶变换矩阵,矩阵的元素表示为

$$[\boldsymbol{F}]_{mn}=1/\sqrt{N}\exp(-\mathrm{j}2\pi mn/N) \tag{9-8}$$

式中,j 表示虚数单位。根据任意循环矩阵可以被傅里叶变换对角化的性质,循环矩阵 $\boldsymbol{H}_{\mathrm{c}}$ 可进行如下变换:

$$\boldsymbol{H}_{\mathrm{c}}=\boldsymbol{F}^{-1}\boldsymbol{H}\boldsymbol{F}=\boldsymbol{F}^{\mathrm{H}}\boldsymbol{H}\boldsymbol{F} \tag{9-9}$$

式中,$\boldsymbol{H}$ 为信道时域冲激响应 $\boldsymbol{h}$ 的傅里叶变换,并对其进行对角化后的矩阵;$\boldsymbol{F}^{-1}$ 为 $\boldsymbol{F}$ 的逆矩阵,即归一化离散傅里叶逆变换矩阵;$\boldsymbol{F}^{\mathrm{H}}$ 为 $\boldsymbol{F}$ 的共轭转置矩阵。$\boldsymbol{F}^{-1}$、$\boldsymbol{F}$、$\boldsymbol{F}^{\mathrm{H}}$ 之间的关系为

$$\boldsymbol{F}^{-1}\boldsymbol{F}=\boldsymbol{F}^{\mathrm{H}}\boldsymbol{F}=\boldsymbol{I}_N \tag{9-10}$$

式中,$\boldsymbol{I}_N$ 代表 N 阶的单位阵。对式(9-6)进行傅里叶变换,可以得到 OFDM 系统的频域模型为

$$\boldsymbol{Y}=\boldsymbol{F}\boldsymbol{y}=\boldsymbol{F}\boldsymbol{H}_{\mathrm{c}}\boldsymbol{x}+\boldsymbol{F}\boldsymbol{w}=\boldsymbol{F}\boldsymbol{F}^{-1}\boldsymbol{H}\boldsymbol{F}\boldsymbol{x}+\boldsymbol{F}\boldsymbol{w}=\boldsymbol{H}\boldsymbol{X}+\boldsymbol{W} \tag{9-11}$$

式中,$\boldsymbol{Y}$ 为接收端的频域接收信号;$\boldsymbol{X}$ 为发射端的频域发送数据信号;$\boldsymbol{W}$ 为频域噪声。它们均是 N 维的列向量。

9.2.2 软信息的计算

假设发送端的信息比特均服从独立同分布,软输入软输出均衡器输出的估计符号用 $\hat{X}_k$ 表示,则比特先验似然比 $L_{\mathrm{a}}^{E}(c_{n,j})$ 可以表示为

$$L_{\mathrm{a}}^{E}(c_{n,j})=\ln\frac{P(c_{n,j}=0)}{P(c_{n,j}=1)} \tag{9-12}$$

后验对数似然比 $L^{E}(c_{n,j}|\hat{X}_n)$ 为

$$\begin{aligned} L^{E}(c_{n,j}|\hat{X}_n) &= \ln\frac{P(c_{n,j}=0|\hat{X}_n)}{P(c_{n,j}=1|\hat{X}_n)} \\ &= \ln\frac{\sum\limits_{\forall \boldsymbol{c}:c_{n,j}=0} p(\hat{X}_n|\boldsymbol{c}_n)P(\boldsymbol{c}_n)}{\sum\limits_{\forall \boldsymbol{c}:c_{n,j}=1} p(\hat{X}_n|\boldsymbol{c}_n)P(\boldsymbol{c}_n)} \\ &= \ln\frac{\sum\limits_{\forall \boldsymbol{c}:c_{n,j}=0} p(\hat{X}_n|\boldsymbol{c}_n)\prod\limits_{\forall j':j'\neq j} P(c_{n,j'})}{\sum\limits_{\forall \boldsymbol{c}:c_{n,j}=1} p(\hat{X}_n|\boldsymbol{c}_n)\prod\limits_{\forall j':j'\neq j} P(c_{n,j'})}+\ln\frac{P(c_{n,j}=0)}{P(c_{n,j}=1)} \\ &= L_{e}^{E}(c_{n,j})+L_{\mathrm{a}}^{E}(c_{n,j}) \end{aligned} \tag{9-13}$$

$$L_e^E(c_{n,j}) = \ln \frac{\sum\limits_{\forall \boldsymbol{c}:c_{n,j}=0} p(\hat{X}_n \mid \boldsymbol{c}_n) \prod\limits_{\forall j':j'\neq j} P(c_{n,j'})}{\sum\limits_{\forall \boldsymbol{c}:c_{n,j}=1} p(\hat{X}_n \mid \boldsymbol{c}_n) \prod\limits_{\forall j':j'\neq j} P(c_{n,j'})} \tag{9-14}$$

式中,$L_e^E(c_{n,j})$为均衡器输出符号对应的对数似然比;$L_a^E(c_{n,j})$为上一次迭代时译码器反馈的先验信息,在第一次迭代时为系统的先验似然比。

根据式(9-12)可得

$$P(c_{n,j}=s_{i,j}) = \frac{\exp[\tilde{s}_{i,j}L_a^E(c_{n,j})]}{1+\exp[\tilde{s}_{i,j}L_a^E(c_{n,j})]} = \frac{1}{2}\left\{1+\tilde{s}_{i,j}\tanh\left[\frac{1}{2}L_a^E(c_{n,j})\right]\right\} \tag{9-15}$$

式中

$$\tilde{s}_{i,j} = \begin{cases} +1, s_{i,j}=0 \\ -1, s_{i,j}=1 \end{cases} \tag{9-16}$$

因此$P(\boldsymbol{c}_n=\boldsymbol{s}_i)$可以表示为

$$P(\boldsymbol{c}_n = \boldsymbol{s}_i) = \prod_{j=1}^{K} P(c_{n,j} = s_{i,j}) = \prod_{j=1}^{K} \frac{1}{2}\left\{1 + \tilde{s}_{i,j}\tanh\left[\frac{1}{2}L_a^E(c_{n,j})\right]\right\} \tag{9-17}$$

信息符号X_n的均值用$\bar{X}_n$表示,方差用v_n表示,则其计算方法如下式:

$$\bar{X}_n = E(X_n) = \sum_{\alpha_i \in \boldsymbol{\alpha}} \alpha_i \cdot P(X_n = \alpha_i) \tag{9-18}$$

$$v_n = \text{cov}(X_n, X_n) = \left[\sum_{\alpha_i \in \boldsymbol{\alpha}} |\alpha_i|^2 \cdot P(X_n = \alpha_i)\right] - |\bar{X}_n|^2 \tag{9-19}$$

式中,$P(X_n=\alpha_i)=P(\boldsymbol{c}_n=\boldsymbol{s}_i)$。

本章研究采用 QPSK 调制方式,其符号映射如表 9.1 所示。

表 9.1　QPSK 映射表

i	$s_{i,1}s_{i,2}$	α_i
1	00	$(1+i)/\sqrt{2}$
2	10	$(-1+i)/\sqrt{2}$
3	01	$(1-i)/\sqrt{2}$
4	11	$(-1-i)/\sqrt{2}$

根据表 9.1,并将式(9-17)代入式(9-18)和式(9-19)可得 QPSK 调制模式下的均值$\bar{X}_n$和方差v_n为

$$\bar{X}_n = \frac{\tanh\left[\frac{1}{2}L_a^E(c_{n,1})\right] + i \cdot \tanh\left(\frac{1}{2}L_a^E(c_{n,2})\right)}{\sqrt{2}} \tag{9-20}$$

$$v_n = 1 - |\bar{X}_n|^2 \tag{9-21}$$

对于第一次迭代来说,由于没有先验信息,因此$L_a^E(c_{n,j})=0$,代入式(9-20)和式(9-21)

可知，此时 $\overline{X}_n$ 和 v_n 的值为

$$\overline{X}_n = 0 \tag{9-22}$$

$$v_n = 1 \tag{9-23}$$

均衡器采用 MMSE 算法，则均衡器输出的估计符号 $\hat{X}_n$ 为

$$\hat{X}_n = E(X_n) + \mathrm{cov}(X_n, \boldsymbol{Y})\,\mathrm{cov}(\boldsymbol{Y}, \boldsymbol{Y})^{-1}[\boldsymbol{Y} - E(\boldsymbol{Y})] \tag{9-24}$$

假设噪声服从均值为 0、方差为 δ_W^2 的高斯独立同分布，结合式(9-11)可得 $E(\boldsymbol{Y})$ 和 $\mathrm{cov}(\boldsymbol{Y},\boldsymbol{Y})$：

$$E(Y) = \boldsymbol{H}E(X) \tag{9-25}$$

$$\mathrm{cov}(\boldsymbol{Y}, \boldsymbol{Y}) = \delta_W^2 \boldsymbol{I}_N + \boldsymbol{H}\mathrm{cov}(X, X)\boldsymbol{H}^{\mathrm{H}} \tag{9-26}$$

由于 $\boldsymbol{X}$ 的各元素也是相互独立的，因此 $\mathrm{cov}(\boldsymbol{X},\boldsymbol{X})$ 是一个对角阵，仅在对角线上为非零值。

将式(9-25)和式(9-26)代入式(9-27)可得均衡器输出的估计符号 $\hat{X}_n$ 为

$$\hat{X}_n = \overline{X}_n + v_n [0_{1\times(n-1)} \quad 1 \quad 0_{1\times(N-n)}]\boldsymbol{H}^{\mathrm{H}}(\delta_W^2 \boldsymbol{I}_N + \boldsymbol{HVH}^{\mathrm{H}})^{-1}(\boldsymbol{Y} - \boldsymbol{H}\overline{\boldsymbol{X}}) \tag{9-27}$$

式中，$\overline{\boldsymbol{X}}$ 代表 OFDM 符号子载波信息的先验均值；$\boldsymbol{V}$ 代表它们的方差。$\overline{\boldsymbol{X}}$ 和 $\boldsymbol{V}$ 可以表示为

$$\overline{\boldsymbol{X}} = [\overline{X}_1, \overline{X}_2, \cdots, \overline{X}_N]^{\mathrm{T}} \tag{9-28}$$

$$\boldsymbol{V} = \mathrm{diag}\{[v_1, v_2, \cdots, v_N]^{\mathrm{T}}\} \tag{9-29}$$

将式(9-27)化简可得：

$$\hat{X}_n = g_n^{\mathrm{H}}(\boldsymbol{Y} - \boldsymbol{H}\overline{\boldsymbol{X}} + \overline{X}_n \boldsymbol{h}_n) \tag{9-30}$$

$$g_n = [A + (1 - v_n)\boldsymbol{h}_n \boldsymbol{h}_n^{\mathrm{H}}]^{-1}\boldsymbol{h}_n \tag{9-31}$$

$$A = \delta_W^2 \boldsymbol{I}_N + \boldsymbol{HVH}^{\mathrm{H}} \tag{9-32}$$

式中，$\boldsymbol{h}_n$ 表示为 $\boldsymbol{H}$ 的第 n 列。根据矩阵求逆引理可以对式(9-31)进行化简，得

$$[A + (1 - v_n)\boldsymbol{h}_n \boldsymbol{h}_n^{\mathrm{H}}]^{-1} = A^{-1} - \frac{1 - v_n}{1 + (1 - v_n)t_n} A^{-1}\boldsymbol{h}_n \boldsymbol{h}_n^{\mathrm{H}} A^{-1} \tag{9-33}$$

$$t_n = \boldsymbol{h}_n^{\mathrm{H}} A^{-1}\boldsymbol{h}_n \tag{9-34}$$

将式(9-33)代入式(9-31)可得 $\boldsymbol{g}_n$：

$$\begin{aligned}\boldsymbol{g}_n &= A^{-1}\boldsymbol{h}_n - \frac{1 - v_n}{1 + (1 - v_n)t_n} A^{-1}\boldsymbol{h}_n \boldsymbol{h}_n^{\mathrm{H}} A^{-1}\boldsymbol{h}_n \\ &= A^{-1}\boldsymbol{h}_n - \frac{1 - v_n}{1 + (1 - v_n)t_n} t_n A^{-1}\boldsymbol{h}_n \\ &= \frac{1}{1 + (1 - v_n)t_n} A^{-1}\boldsymbol{h}_n\end{aligned} \tag{9-35}$$

将式(9-33)代入式(9-30)可得 $\hat{X}_n$：

$$\hat{X}_n = \frac{1}{1 + (1 - v_n)t_n}\boldsymbol{h}_n^{\mathrm{H}} A^{-1}(\boldsymbol{Y} - \boldsymbol{H}\overline{\boldsymbol{X}}) + \frac{1}{1 + (1 - v_n)t_n} t_n \boldsymbol{h}_n \tag{9-36}$$

假设信息的概率密度函数 $p(\hat{X}_n | X_n = \alpha_i)$ 服从均值为 $\mu_{n,i}$、方差为 $\delta_{n,i}^2$ 的高斯分布，表示为

$$p(\hat{X}_n \mid X_n=\alpha_i)=\frac{1}{\pi\delta_{n,i}^2}\exp\left(-\frac{|\hat{X}_n-\mu_{n,i}|^2}{\delta_{n,i}^2}\right) \tag{9-37}$$

式中，均值 $\mu_{n,i}$ 和方差 $\delta_{n,i}^2$ 分别为

$$\mu_{n,i}=\frac{1}{1+(1-v_n)t_n}t_n\alpha_i \tag{9-38}$$

$$\delta_{n,i}^2=\boldsymbol{g}_n^{\mathrm{H}}(A-v_n\boldsymbol{h}_n\boldsymbol{h}_n^{\mathrm{H}})^{-1}\boldsymbol{g}_n=\frac{1}{[1+(1-v_n)t_n]^2}t_n(1-v_nt_n) \tag{9-39}$$

根据式(9-14)可得 $L_e^E(c_{n,j})$：

$$\begin{aligned}L_e^E(c_{n,j})&=\ln\frac{\sum\limits_{\forall s_i:s_{i,j}=0}p(\hat{X}_n\mid\boldsymbol{c}_n=\boldsymbol{s}_i)\prod\limits_{\forall j':j'\neq j}P(c_{n,j'}=s_{i,j'})}{\sum\limits_{\forall s_i:s_{i,j}=1}p(\hat{X}_n\mid\boldsymbol{c}_n=\boldsymbol{s}_i)\prod\limits_{\forall j':j'\neq j}P(c_{n,j'}=s_{i,j'})}\\&=\ln\frac{\sum\limits_{\forall s_i:s_{i,j}=0}\exp\left[-\frac{|\hat{X}_n-\mu_{n,i}|^2}{\delta_{n,i}^2}+\frac{\sum\limits_{\forall j':j'\neq j}\tilde{s}_{i,j}L_{\mathrm{a}}^E(c_{n,j})}{2}\right]}{\sum\limits_{\forall s_i:s_{i,j}=1}\exp\left[-\frac{|\hat{X}_n-\mu_{n,i}|^2}{\delta_{n,i}^2}+\frac{\sum\limits_{\forall j':j'\neq j}\tilde{s}_{i,j}L_{\mathrm{a}}^E(c_{n,j})}{2}\right]}\end{aligned} \tag{9-40}$$

通过式(9-40)可以求得 QPSK 所对应的 $L_e^E(c_{n,1})$ 和 $L_e^E(c_{n,2})$ 分别为

$$L_e^E(c_{n,1})=\frac{[1+(1-v_n)t_n]\sqrt{8}\,\mathrm{Re}(\hat{X}_n)}{1-v_nt_n} \tag{9-41}$$

$$L_e^E(c_{n,2})=\frac{[1+(1-v_n)t_n]\sqrt{8}\,\mathrm{Im}(\hat{X}_n)}{1-v_nt_n} \tag{9-42}$$

均衡器输出的 $L_e^E(c_{n,j})$ 通过解交织后传递给译码器，译码器输出 $L_e^D(c_{n,j})$，其通过交织后成为 $L_{\mathrm{a}}^E(c_{n,j})$，作为下一次迭代的先验信息。

9.2.3 基于软信息的 MMSE 迭代均衡流程

基于软信息的 MMSE 迭代均衡流程如下所示：

步骤一：输入频域接收信号 $\boldsymbol{Y}$，迭代次数 $t=1$，最大迭代次数为 $t_{\max}$，信道矩阵为 $\boldsymbol{H}$，子载波总个数为 N，$\bar{X}_n=0$，$v_n=1$，其中 $n=1:N$。

步骤二：计算均值 $\bar{\boldsymbol{X}}$ 和方差 $\boldsymbol{V}$。

步骤三：子载波 $n=1$。

步骤四：计算该子载波处的估计符号 $\hat{X}_n$。

步骤五：计算该子载波处的估计符号所对应的 $L_e^E(c_{n,1})$ 和 $L_e^E(c_{n,2})$。

步骤六：计算均值 $\bar{X}_n$ 和方差 v_n。

步骤七：如果 $n=N$，迭代终止，否则 $n=n+1$，重复步骤四到步骤七。

步骤八：计算本次把迭代的误码率。

步骤九：如果 $t=t_{\max}$，迭代终止，否则 $t=t+1$，重复步骤二到步骤九。

步骤十：输出估计符号 X_n。

9.3 Turbo 均衡性能仿真分析

9.3.1 仿真条件

仿真使用的相关参数:系统采样率为 96 kHz;中心频率为 12 kHz;频带宽度为 6 kHz;采用 1/2 码率卷积码;子载波数为 512;符号数为 10;噪声为高斯白噪声;信息映射方式为 QPSK;信噪比范围为 0~10 dB;蒙特卡洛次数为 50;信道多途数目为 5。仿真使用的水声多途信道如图 9.2 所示。

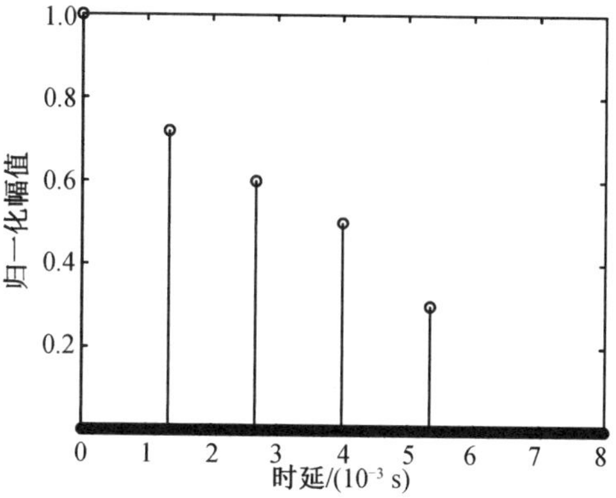

图 9.2 仿真信道

9.3.2 仿真分析

根据以上分析,信道估计算法选择 SBL 算法。当信噪比为 6 dB 时,迫零(Zero-Forcing,ZF)均衡算法的星座图如图 9.3 所示,MMSE-Turbo 均衡算法 4 次迭代的星座图如图 9.4 所示。

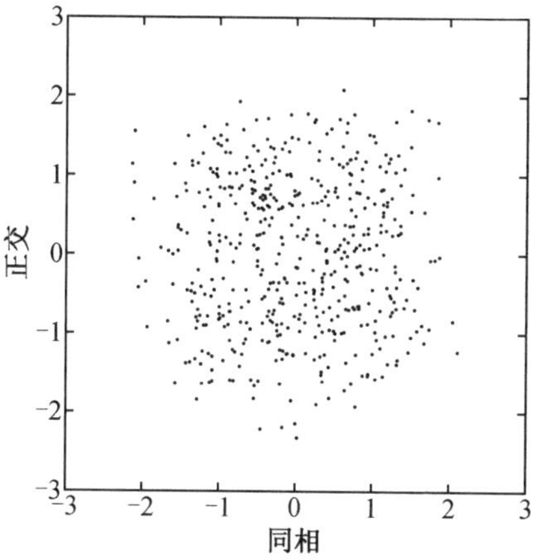

图 9.3 ZF 均衡算法星座图

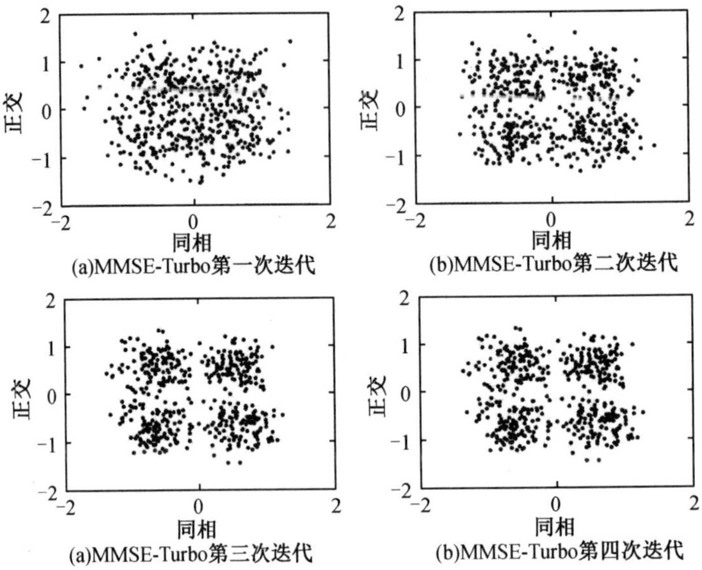

图 9.4　MMSE-Turbo 均衡算法 4 次迭代星座图

从图 9.4 的星座图中可以看出,随着迭代次数的增加,星座图逐渐向 QPSK 映射表的 4 个映射点聚拢,也就是说,随着迭代次数的增加,均衡效果在不断提升。通过对比星座图也可以看出,第二次迭代相比于第一次迭代来说性能提升比较明显,第三次和第四次迭代的性能提升并不明显。对比图 9.4 和图 9.3 可以发现,MMSE-Turbo 均衡算法的星座图要比 ZF 均衡算法更聚集,且随着迭代次数的增加,两种均衡算法的差距逐渐明显,它们之间更清晰的对比如表 9.2 所示。

归一化均方误差(Normalized Mean Square Error,NMSE)的定义如下:

$$\mathrm{NMSE}=\frac{\|\hat{\boldsymbol{X}}-\boldsymbol{X}\|_2^2}{\|\boldsymbol{X}\|_2^2} \tag{9-43}$$

MMSE-Turbo 均衡算法和 ZF 均衡算法的 NMSE 对比如表 9.2 所示。

表 9.2　MMSE-Turbo 均衡算法和 ZF 均衡算法的 NMSE 对比

迭代次数	NMSE	
	MMSE-Turbo 均衡	ZF 均衡
第一次迭代	0.392 5	0.720 4
第二次迭代	0.221 4	
第三次迭代	0.176 6	
第四次迭代	0.177 3	

为了更清晰地看出 MMSE-Turbo 均衡算法性能随迭代次数的变化,在图 9.5 中画出了迭代 10 次的 NMSE 曲线。

结合表 9.2 与图 9.5 可以看出,MMSE-Turbo 均衡算法的 NMSE 要小于 ZF 均衡算法的 NMSE。对 MMSE-Turbo 均衡算法来说,在前三次迭代中,随着迭代次数的增加,NMSE 逐渐减小,也就是说,均衡性能逐渐提升,且第二次迭代相比于第一次迭代的提升效果要好于第三次迭代相比于第二次迭代的提升效果,这与图 9.4 的星座图也是对应的。从第四次迭代开始,均方误差基本不随迭代次数的增加而改变,即均衡性能基本不再提升。因此,MMSE-Turbo 均衡算法的迭代次数在本次试验中可以选为 3 次。

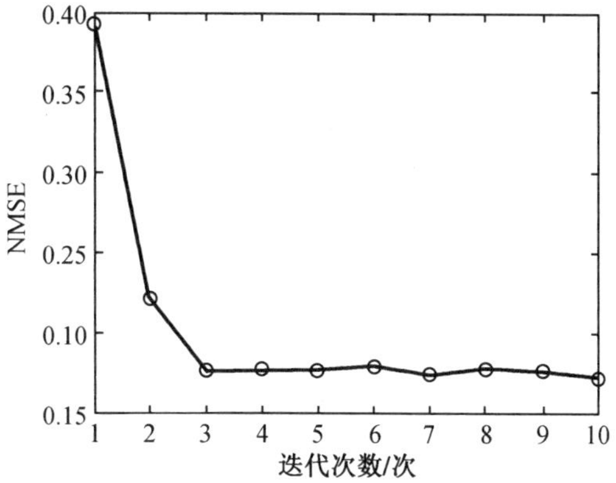

图 9.5 MMSE-Turbo 均衡迭代 NMSE 曲线

通过图 9.6 可以看出,ZF 均衡算法和 MMSE-Turbo 均衡算法的 BER 均随着 SNR 的增加而下降。随着迭代次数的增加,MMSE-Turbo 均衡算法的 BER 逐渐下降,即迭代可以提高 Turbo 均衡算法的性能。当以 BER 为评价准则时,MMSE-Turbo 均衡算法的 BER 大于 ZF 均衡算法。

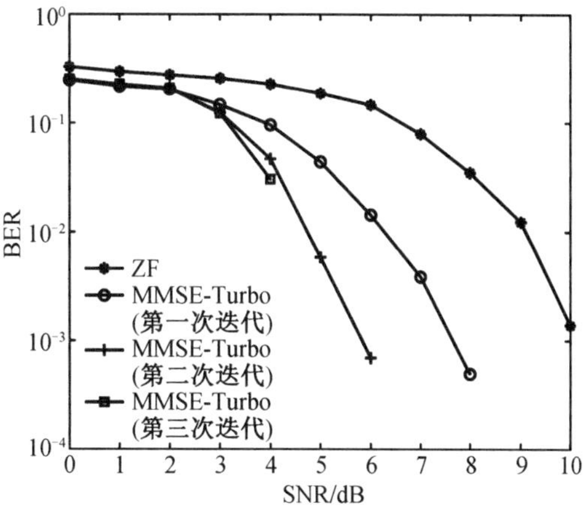

图 9.6 各均衡算法的 BER 对比

9.4 Turbo 均衡性能试验验证

9.4.1 试验条件

为了进一步验证算法的性能,本节对实际试验数据进行处理分析。本节试验数据来自 2023 年 2 月 2 日在松花江哈尔滨段进行的水声通信试验,试验示意图如图 9.7 所示。

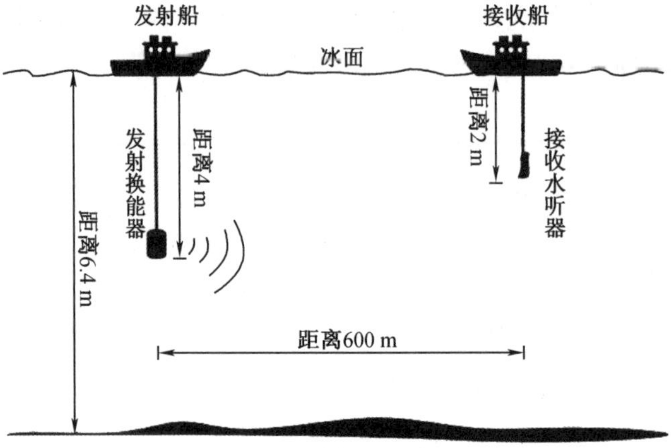

图 9.7　试验示意图

试验使用的相关参数：系统采样率为 48 kHz；中心频率为 12 kHz；频带宽度为 4 kHz；采用 1/2 码率卷积码；子载波数为 512；一帧数据符号数为 20；共发了 9 帧；采用块状导频方式，导频间隔为 1；信息映射方式为 QPSK。

9.4.2　试验分析

水听器接收的第一帧信号的时频图如图 9.8 所示。

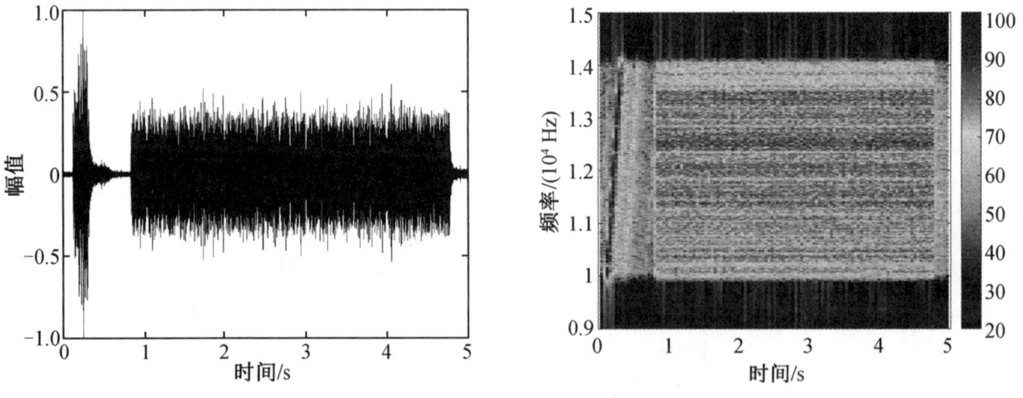

(a)接收信号的时域图　　(b)接收信号的频域图

图 9.8　接收信号的时频图

根据上述分析可知，SBL 算法的性能最好，因此信道估计采用 SBL 算法。对 MMSE-Turbo 均衡算法和 ZF 均衡算法的均衡结果进行比较，如图 9.9 所示。

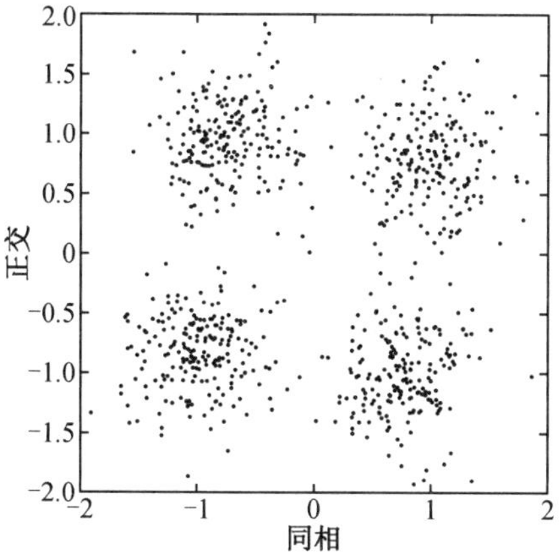

(a) ZF 算法

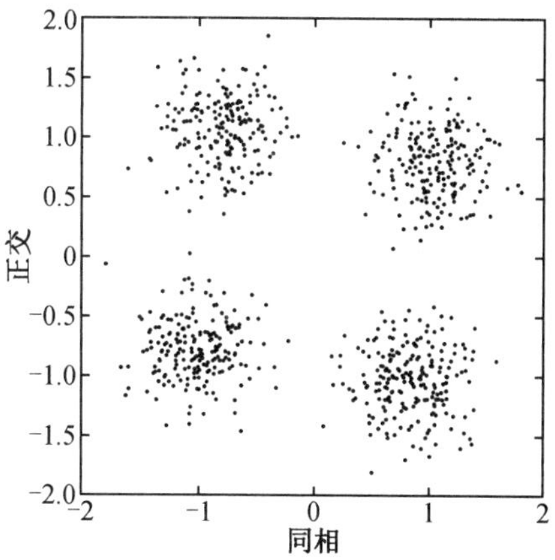

(b) MMSE-Turbo 算法第一次迭代

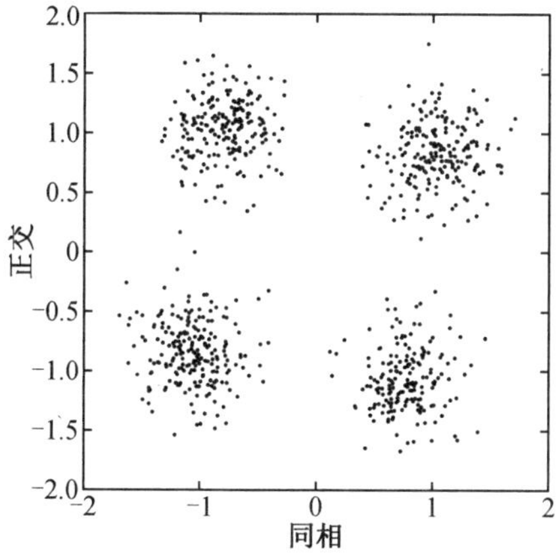

(c) MMSE-Turbo 算法第二次迭代

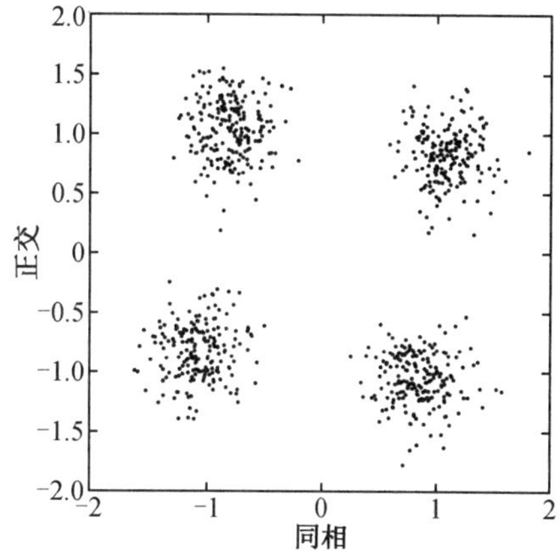

(d) MMSE-Turbo 算法第三次迭代

图 9.9　MMSE-Turbo 均衡和 ZF 均衡算法均衡结果星座图对比

从图 9.9 中可以看出，MMSE-Turbo 均衡算法的均衡结果星座图明显要比 ZF 均衡算法的均衡结果星座图更汇聚。为了更清晰地看出它们之间的性能差距，以及 MMSE-Turbo 均衡算法的性能随迭代次数增加的变化，可以画出 MMSE-Turbo 均衡算法和 ZF 均衡算法的 NMSE 和 BER 对比情况。由于本节试验中的 BER 为 0，因此不再在表 9.3 中表述，根据仿真结果可以知道 NMSE 的结果，也能反映 BER 的结果。将 MMSE-Turbo 均衡算法和 ZF 均衡算法的 NMSE 的对比情况列在表 9.3 中。

表 9.3　各均衡算法的 NMSE 对比

迭代次数	NMSE	
	ZF	MMSE-Turbo
第一次迭代		0.128 3
第二次迭代	0.218 2	0.074 3
第三次迭代		0.074 3

由于本节试验中各均衡算法的 BER 均为 0,因此可以通过表 9.3 中的 NMSE 来比较各均衡算法的性能优劣。ZF 均衡算法的 NMSE 最大,MMSE-Turbo 均衡算法的 NMSE 随着迭代次数的增加而逐渐减小,最后不变。因此,在该试验环境下,当以 NMSE 为性能评价准则时,MMSE-Turbo 均衡算法的性能优于 ZF 均衡算法。

通过对接收数据加高斯白噪声,可以降低 SNR。加完噪声后 SNR 在 6.5 dB 左右,此时对 9 帧数据采用各均衡算法进行处理所得 BER 对比图如图 9.10 所示。

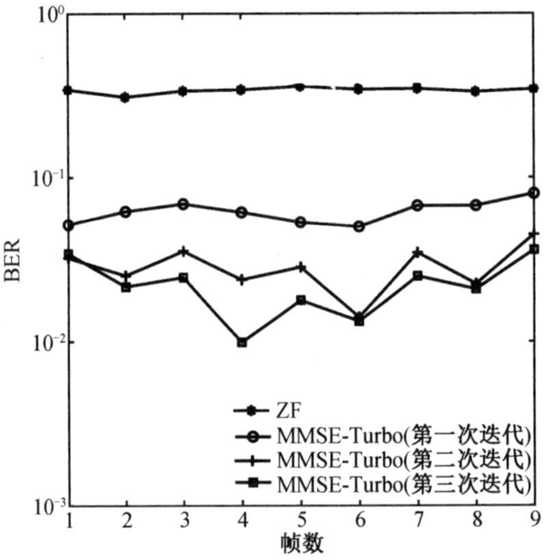

图 9.10　各均衡算法 BER 对比

从图 9.10 中可以看出,在这 9 帧数据中,ZF 均衡算法的性能最差;MMSE-Turbo 均衡算法的性能随着迭代次数的增加而逐渐提升。当以 BER 为评价准则时,MMSE-Turbo 均衡算法的性能优于 ZF 均衡算法。

本章参考文献

[1] FANG K, RUGINI L, LEUS G. Iterative channel estimation and turbo equalization for time-varying OFDM systems[C]//2008 IEEE International Conference on Acoustics, Speech and Signal Processing. Las Vegas, NV, USA. IEEE, 2008: 2909-2912.

[2] BERROU C, GLAVIEUX A, THITIMAJSHIMA P. Near Shannon limit error-correcting coding and decoding: Turbo-codes. 1[C]//Proceedings of ICC'93: IEEE International Conference on Communications. Geneva, Switzerland. IEEE, 1993, 2: 1064-1070.

[3] DOUILLARD C, JÉZÉQUEL M, BERROU C, et al. Iterative correction of intersymbol interference: Turbo-equalization[J]. European Transactions on Telecommunications, 1995, 6(5): 507-511.

[4] KOETTER R, SINGER A C, TUCHLER M. Turbo equalization[J]. IEEE Signal Processing Magazine, 2004, 21(1): 67-80.

[5] GLAVIEUX A, LAOT C, LABAT J. Turbo equalization over a frequency selective channel

[J]. Proc. Int. Symp. on Turbo Codes & Rel. Topics, 1997(33):96-102.
[6] TUCHLER M, KOETTER R, SINGER A C. Turbo equalization: principles and new results [J]. IEEE Transactions on Communications, 2002, 50(5):754-767.
[7] TUCHLER M, SINGER A C, KOETTER R. Minimum mean squared error equalization using a priori information[J]. IEEE Transactions on Signal Processing, 2002, 50(3):673-683.
[8] 杨晓霞. 水声通信信道均衡理论与关键技术研究[D]. 北京:中国科学院声学研究所, 2014.

第 10 章　有监督深度学习在水声通信中的应用

10.1　有监督深度学习概述

机器学习(Machine Learning)作为人工智能的一个重要分支,是通过建立模型容量较大的系统来刻画某种任务解的特征空间,然后通过数据或以往经验自动改进系统性能的算法。其中,解的特征空间是在各种输入情况下完成任务对应解的数值表示所构成的空间。系统在已观测到的输入和对应解的集合上的性能通常用训练误差和测试误差衡量,而在先前未观测到的输入上的性能表现被称为泛化(Generalization)能力。模型容量(Modeling Capacity)通常是指系统拟合各种函数的能力,反映了系统对特征空间的表征能力,一般情况下模型容量的大小与参数的数量成正比。容量过小的模型难以拟合结构复杂的特征空间而造成欠拟合,容量过大的模型则因参数过多,训练难度加大,且可能造成过拟合而使模型泛化能力不足。

机器学习按照学习方式可以主要分为监督学习、无监督学习(Unsupervised learning)和强化学习(Reinforcement learning)3 类。通常适合使用机器学习求解的问题都具有一定程度的不确定性特征,例如,算法设计者需要算法通过学习才能得知当前问题输入的具体情境;算法设计者了解当前输入但不能预期随时间推移可能出现的所有变化;算法设计者对于任务的求解没有明确思路。

10.2　基于深度学习的非合作信号调制模式识别

10.2.1　基于 *K* 近邻算法的非合作水声通信信号调制模式识别方法

1. *K* 近邻学习理论

T. M. Cover 和 P. E. Hart 于 1967 年提出的 *K* 近邻(*K*-Nearest Neighbors, KNN)算法,是一种非参数算法,也是最基础、最简单的机器学习算法之一,还是惰性学习的代表。由于所依据的“聚类”和“多数决定”思想容易理解,算法较直观、实用性较强,*K* 近邻算法可以有效处理分类问题和回归问题,近年来在网络舆情分析、垃圾邮件过滤、信号模式识别等方面有广泛应用。

图 10.1 形象地显示了 KNN 运算过程:从测试样本点开始搜索,逐渐扩大搜索区域,直至将 K 个近邻训练样本点包括在内。将 K 个近邻训练样本点出现频次最高的类别作为判断测试样本的类别输出。

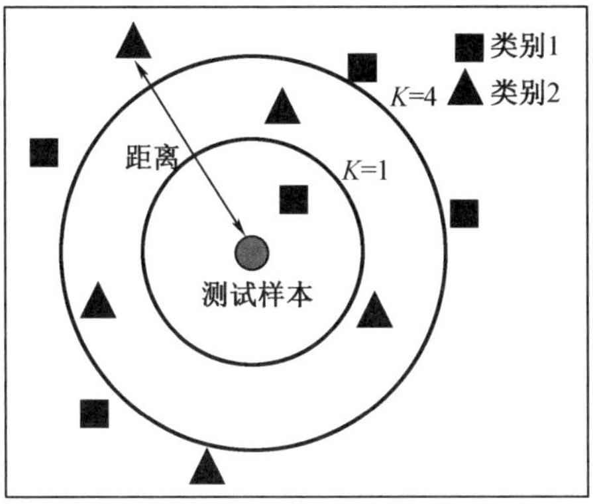

图 10.1　KNN 算法原理

在 KNN 算法中有如下两个关键内容:

(1)距离度量

设两个 n 维变量 $a(x_{11},x_{12},\cdots x_{1n})$ 和 $b(x_{21},x_{22},\cdots x_{2n})$ 间的闵可夫斯基距离的定义为

$$d_{12}=\sqrt[p]{\sum_{k=1}^{n}|x_{1k}-x_{2k}|^{p}} \tag{10-1}$$

式中,$p=1$ 时,为曼哈顿距离;$p=2$ 时,为欧氏距离;$p=\infty$ 时,为切比雪夫距离。

马氏距离将欧氏距离规范化,对于一个均值 $\boldsymbol{\mu}=(\mu_1,\mu_2,\mu_3,\cdots,\mu_p)^{\mathrm{T}}$,协方差矩阵为 $\boldsymbol{S}$ 的多变量矢量 $\boldsymbol{x}=(x_1,x_2,x_3,\cdots,x_p)^{\mathrm{T}}$,其马氏距离表示为

$$D_{\mathrm{M}}(\boldsymbol{x})=\sqrt{(\boldsymbol{x}-\boldsymbol{\mu})^{\mathrm{T}}\sum{}^{-1}(\boldsymbol{x}-\boldsymbol{\mu})} \tag{10-2}$$

(2)K 值选择

K 值选择对 KNN 算法有很大的影响。如果选择 K 值较小,学习的近似误差会减小,导致测试样本对近邻点敏感,进而导致判断出错;如果选择 K 值较大,虽然有利于减小估计误差,但是距离较远的训练样本会对类别出现概率做出贡献,导致分类错误。

在实际应用中,计算测试样本和所有训练样本之间距离,再进行 K 个邻近样本搜索的线性查找这一方法的实现十分困难,一般通过 KD(K-Dimensional)树方法对搜索空间进行划分,减少计算距离的次数,使得 KNN 过程的实现更加容易和迅速。

KNN 算法是基于特征的分类算法,下面介绍本章采用的特征量。

2. 特征提取

(1)相位统计特征提取

①瞬时相位非线性分量绝对值的标准差 σ_{ap}

$$\sigma_{ap}=\sqrt{\frac{1}{c}\left[\sum_{a_n(i)>a_t}\varphi_{\mathrm{NL}}^{2}(i)\right]-\frac{1}{c}\left[\sum_{a_n(i)>a_t}|\varphi_{\mathrm{NL}}(i)|\right]^{2}} \tag{10-3}$$

式中，a_t 为判决门限，用于判断信号是否为弱信号；c 为非弱信号个数；$\varphi_{NL}(i)$ 为零中心瞬时相位的非线性分量。

②瞬时相位非线性分量的标准差 σ_{dp}

σ_{dp} 能够判断信号是否存在直接相位信息。

$$\sigma_{dp}=\sqrt{\frac{1}{c}\left[\sum_{a_n(i)>a_t}\varphi_{NL}^2(i)\right]-\frac{1}{c}\left[\sum_{a_n(i)>a_t}\varphi_{NL}(i)\right]^2} \tag{10-4}$$

③归一化零中心瞬时相位绝对值的标准差 σ_{ap^2}

该值反映了绝对相位变化，其表达如下：

$$\varphi_1(i)=\varphi(i)-E[\varphi(i)]$$

$$\varphi_2(i)=|\varphi(i)|-E[|\varphi(i)|]$$

$$\sigma_{ap^2}=\sqrt{\frac{1}{N_s}\left[\sum_{i=1}^{N_s}\varphi_2^2(i)\right]-\left[\frac{1}{N_s}\sum_{i=1}^{N_s}|\varphi_2(i)|\right]^2} \tag{10-5}$$

(2)高阶累积量特征提取

对于不同调制模式的通信信号，其高阶累积量呈现出差异，而高斯白噪声的高阶累积量为 0，根据这一特性，国内外学者对高阶累积量的模式识别技术进行了大量的研究。

$\{x(t)\}$ 为平稳随机过程，其 k 阶累积量的定义为

$$C_{kx}(t_1,t_2,\cdots,t_k)=\mathrm{Cum}[x(t),x(t+t_1),\cdots,x(t+t_{k-1})] \tag{10-6}$$

式中，Cum(·)的含义为求累积量。其 p 阶混合距的定义为

$$M_{pq}=E\{[x(t)^{p-q}x^*(t)^q]\} \tag{10-7}$$

式中，* 表示求共轭；q 表示共轭的个数。

对于均值为 0 的平稳随机过程 $x(t)$，各阶累积量的表达式如下：

①二阶累积量

$$C_{20}=M_{20} \tag{10-8}$$

$$C_{21}=M_{21} \tag{10-9}$$

②四阶累积量

$$C_{40}=M_{40}-3M_{20}^2 \tag{10-10}$$

$$C_{41}=M_{41}-3M_{21}M_{20} \tag{10-11}$$

$$C_{42}=M_{42}-M_{20}^2-2M_{21}^2 \tag{10-12}$$

③六阶累积量

$$C_{60}=M_{60}-15M_{40}M_{20}+30M_{20}^3 \tag{10-13}$$

$$C_{63}=M_{63}-6M_{41}M_{20}-9M_{21}M_{42}+18M_{21}M_{20}^2+12M_{21}^3 \tag{10-14}$$

④八阶累积量

$$C_{80}=M_{80}-28M_{60}C_{20}-35M_{40}^2+420M_{40}M_{20}^2-630 \tag{10-15}$$

假设输入信号能量为 E^2，BSPK、QPSK、8PSK 信号的高阶累积量理论知识如表 10.1 所示。

表 10.1 BPSK、QPSK、8PSK 信号的高阶累积量理论值

信号类型	C_{21}	C_{40}	C_{41}	C_{42}	C_{60}	C_{63}	C_{80}
BPSK	E^2	$-2E^4$	$-2E^4$	$-2E^4$	$16E^6$	$13E^6$	$-272E^8$
QPSK	E^2	E^4	0	$-E^4$	0	$4E^6$	$-34E^8$
8PSK	E^2	0	0	$-E^4$	0	$4E^6$	E^8

下面给出 4 种组合高阶累积量特征。

$$F_1=\frac{|C_{40}|}{|C_{42}|} \tag{10-16}$$

$$F_2=\frac{|C_{41}|}{|C_{42}|} \tag{10-17}$$

$$F_3=\frac{|C_{63}|^2}{|C_{42}|^3} \tag{10-18}$$

$$F_4=\frac{|C_{80}|}{|C_{42}|^2} \tag{10-19}$$

以上 4 种组合高阶累积量理论值如表 10.2 所示。

表 10.2 M 元相移键控信号组合高阶累积量理论值

信号类型	F_1	F_2	F_3	F_4
BPSK	1	1	21.125	68
QPSK	1	0	4	34
8PSK	0	0	4	0

对 M 元相移键控(M-Ary PSK,MPSK)信号的高阶累积量和组合高阶累积量的理论值分析表明:3 类信号的高阶累积量有明显差异,比较合适作为区分 3 类信号的分类特征。可以将这些特征作为分类器的输入。

10.2.2 基于循环神经网络的非合作水声通信信号调制模式识别方法

随着深度学习的发展,神经网络模型相继被应用到通信信号调制模式识别方面,在无线电领域取得了较多成功的应用。与传统的信号调制模式识别方法相比,其对先验知识没有要求,具有环境适应性强、可靠性高等特点,在电子通信对抗中有重要应用。深度学习在水下非合作水声通信信号调制模式识别方面的应用近几年也逐渐受到关注。下面重点研究一种循环神经网络(Recurrent Neural Networks,RNN)——双向长短时记忆网络(Bi-Directional Long Short-Term Memory,Bi-LSTM)在水声通信信号调制模式分类识别方面的应用。

1. 循环神经网络

RNN 是一种通过递归连接形成内存的网络,用于处理体现数据点之间相关性的顺序数

据。与普通神经网络不同,RNN 的每一个隐藏状态是上一时间步中隐藏状态值和当前时间步中输入值的函数,使得网络在训练中能够学习当前时刻前后信息,有利于对顺序性数据的分类。RNN 对序列化数据进行编码和信息合并,设 t 和 $t-1$ 时刻的隐藏状态值分别为 s_t 和 s_{t-1},x_t 是 t 时刻的输入值,依次类推,每个时刻的状态值可表示为

$$s_t=\varphi(s_{t-1},x_t) \tag{10-20}$$

RNN 模型结构如图 10.2 所示。

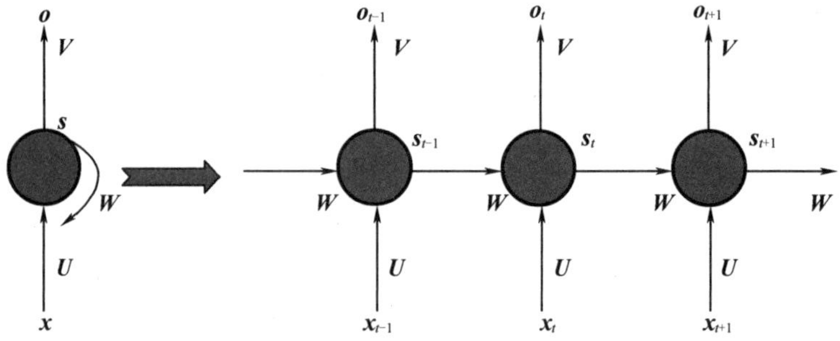

图 10.2 RNN 模型结构

RNN 的所有隐藏层共享权重矩阵 $\boldsymbol{U}$、$\boldsymbol{V}$、$\boldsymbol{W}$,分别对应输入、输出和隐藏状态。RNN 网络计算过程如下:

$$\boldsymbol{s}_t=\tanh(\boldsymbol{U}\boldsymbol{x}_t+\boldsymbol{W}_{s_{t-1}}) \tag{10-21}$$

$$\boldsymbol{o}_t=\text{softmax}(\boldsymbol{V}_{s_t}) \tag{10-22}$$

式中,$\boldsymbol{s}_t$ 为隐藏层在 t 时刻的状态向量;$\boldsymbol{o}_t$ 为隐藏层在 t 时刻的输出向量。由于 tanh 函数的二阶导数衰减到 0 十分缓慢,能够保持激活函数的线性域的斜度,故选择其作为非线性函数。

RNN 只能考虑前面时刻的信息,而不能考虑后面时刻的信息,双向循环神经网络(Bi-Directional RNN,Bi-RNN)由于在 RNN 基础上添加了反向运算而可以实现同时考虑当前时刻前后的信息。其主要实现过程是将输入序列反转,按照 RNN 实现方式计算输出,得到反向 RNN 计算结果,最后将正向 RNN 和反向 RNN 结果堆叠,得到 Bi-RNN 输出。其实现过程如图 10.3 所示。

对于任意时间步 t,给定一个小批量的输入数据 $\boldsymbol{x}_t\in\mathbb{R}^{n\times d}$,$\boldsymbol{W}_t^f\in\mathbb{R}^{n\times h}$ 和 $\boldsymbol{W}_t^b\in\mathbb{R}^{n\times h}$ 分别为该时间步的前向和后向隐状态,其中 n 是样本个数,d 是每个样本的数据大小,h 是隐藏单元的数目。前向和反向隐状态的更新如下:

$$\boldsymbol{W}_t^f=\varphi[\boldsymbol{x}_t\boldsymbol{D}_{xh}^{(f)}+\boldsymbol{W}_{t-1}^f\boldsymbol{D}_{hh}^{(f)}+\boldsymbol{b}_h^{(f)}]$$

$$\boldsymbol{W}_d^f=\varphi[\boldsymbol{x}_t\boldsymbol{D}_{xh}^{(b)}+\boldsymbol{W}_{t+1}^b\boldsymbol{D}_{hh}^{(b)}+\boldsymbol{b}_h^{(b)}]$$

式中,φ 为激活函数;$\boldsymbol{D}_{xh}^{(f)}\in\mathbb{R}^{d\times h}$、$\boldsymbol{D}_{hh}^{(f)}\in\mathbb{R}^{h\times h}$、$\boldsymbol{D}_{xh}^{(b)}\in\mathbb{R}^{d\times h}$、$\boldsymbol{D}_{hh}^{(f)}\in\mathbb{R}^{h\times h}$ 为模型权重矩阵;$\boldsymbol{b}_h^{(f)}\in\mathbb{R}^{1\times h}$ 和 $\boldsymbol{b}_h^{(b)}\in\mathbb{R}^{1\times h}$ 为模型偏置。

将前向隐状态 W_t^f 和反向隐状态 W_d^f 连接起来,得到需要送入输出层的隐状态 $\boldsymbol{W}_t\in\mathbb{R}^{n\times 2h}$,最后输出层计算得到输出为 $\boldsymbol{O}_t\in\mathbb{R}^{n\times q}$,$q$ 是输出单元的数目。

$$\boldsymbol{O}_t = \boldsymbol{H}_t \boldsymbol{D}_{hq} + \boldsymbol{b}_q$$

式中，$\boldsymbol{D}_{hq} \in \mathbb{R}^{2h\times q}$、$\boldsymbol{b}_q \in \mathbb{R}^{1\times q}$ 分别为输出层的权重矩阵和偏置。

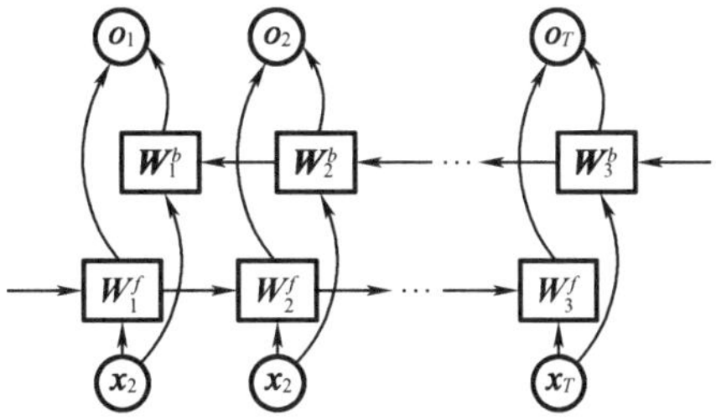

图 10.3 Bi-RNN 实现过程

2. 长短时记忆网络(LSTM)

S. Hochreiter 和 J. Schmidhuber 于 1997 年提出长短时记忆网络(Long Short-Term Memory, LSTM)。该网络是一种特殊的、能够学习长期依赖关系的 RNN 网络，之后被很多其他研究者改善。LSTM 中最重要的概念是“门”。LSTM 将 RNN 的隐含层神经单元替换为记忆单元，通过引入“门”来控制丢弃或者增加信息，神经网络也通过单元状态的门选择记住或者遗忘信息，可以对抗标准的 RNN 网络在训练过程中的梯度消失和梯度爆炸问题。LSTM 实现递归的方式不是通过一个单独的 tanh 层，而是通过以特别方式交互的 4 个层。图 10.4 给出了 LSTM 网络在 t 时刻的隐藏状态转换。

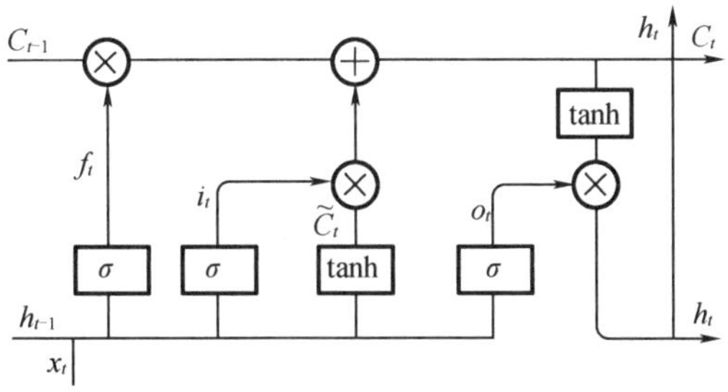

图 10.4 LSTM 网络在 t 时刻的隐藏状态转换

LSTM 网络包含输入门、遗忘门、输出门，这些门的作用是保护和控制单元状态。Sigmoid 函数调节这些门以使得其输出 0~1 之间的值，值为“0”表示不让任何信息通过，值为“1”表示让所有信息通过。

h 表示 LSTM 单元输出，C 表示 LSTM 单元状态值，x 表示输入数据，b 表示偏置。

(1)遗忘门

遗忘门决定前一状态 h_{t-1} 可以保留的信息，表示为

$$f_t = \sigma(W_f \cdot [h_{t-1}, x_t] + b_f) \tag{10-23}$$

式中，W_f 表示遗忘数据的权值；h_{t-1} 为前一状态输出；x_t 为当前时刻输入。

(2)输入门

输入门定义了当前输入可以通过多少信息，表示为

$$i_t=\sigma(W_i\cdot[h_{t-1},x_t]+b_i) \tag{10-24}$$

式中，W_i 为输入数据的权值。当前输入的单元状态值表示为

$$\widetilde{C}_t=\tanh(W_C\cdot[h_{t-1},x_t]+b_C) \tag{10-25}$$

式中，W_C 为当前输入状态的权值。

当前时刻单元状态值为

$$C_t=f_tC_{t-1}+i_t\widetilde{C}_t \tag{10-26}$$

(3)输出门

输出门定义了当前状态可以将多少信息传给下一层，表示为

$$o_t=\sigma(W_o\cdot[h_{t-1},x_t]+b_o) \tag{10-27}$$

LSTM 单元隐藏层输出为

$$h_t=o_t\tanh(C_t) \tag{10-28}$$

3. 双向长短时记忆网络

Bi-LSTM 由前向 LSTM 与后向 LSTM 组合而成。该网络可以实现对当前信息上下文关系的建模，学习时间轴方向的变化情况，在自然语言处理任务中常被用来建模上下文信息。水声通信信号为时序性信息，借鉴这一思想，可以采用 Bi-LSTM 网络来对其进行分类识别。Bi-LSTM 网络原理如图 10.5 所示。

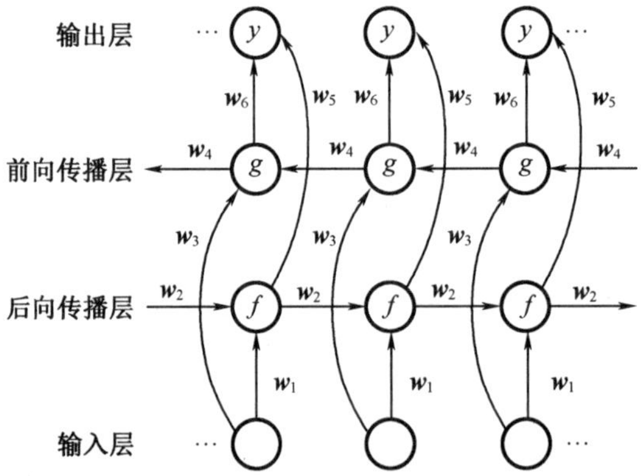

图 10.5　Bi-LSTM 网络原理图

Bi-LSTM 网络包括 4 层：输入层(Input Layer)、前向传播层(Forward Layer)、后向传播层(Backward Layer)、输出层(Output Layer)。运算过程如下：

(1)令数据从输入层进入前向传播层，权重向量记为 $\boldsymbol{w}_1$。

(2)对前向传播层从 1 时刻到 t 时刻进行计算，运算法则记为 f，并保存每个时刻前向隐含层的输出 h，权重向记量为 $\boldsymbol{w}_2$。该层在 t 时刻的对应输入为

$$\boldsymbol{w}_1x_t+\boldsymbol{w}_2h_{t-1} \tag{10-29}$$

经过运算，t 时刻对应输出为

$$h_t=f(\boldsymbol{w}_1x_t+\boldsymbol{w}_2h_{t-1}) \tag{10-30}$$

(3)令数据从输出层进入后向传播层，权重向量记为 $\boldsymbol{w}_3$。

(4)对后向传播层从 t 时刻到 1 时刻进行反向计算,运算法则记为 g,并保存每个时刻后向隐含层的输出 h',权重向量记为 $\boldsymbol{w}_4$。该层在 t 时刻的对应输入为

$$\boldsymbol{w}_3 x_t+\boldsymbol{w}_4 h'_{t+1} \tag{10-31}$$

经过运算,t 时刻对应输出为

$$h'_t=g(\boldsymbol{w}_3 x_t+\boldsymbol{w}_4 h'_{t+1}) \tag{10-32}$$

(5)输出层的运算规则为 y,每个时刻前向传播层向输出层输入,权重向量记为 $\boldsymbol{w}_5$,对应每个时刻后向传播层向输出层输入,权重向量记为 $\boldsymbol{w}_6$。在相应时刻,输出层的输出结果为

$$o_t=y(\boldsymbol{w}_5 h_t+\boldsymbol{w}_6 h'_t) \tag{10-33}$$

4. 信号瞬时特征提取

(1)瞬时频率特征

非平稳信号的瞬时特征是时变参数。瞬时频率可以表示为输入信号时频分布的一阶条件谱矩。

$$f(t)=\frac{\int_0^\infty fP(t,f)\,\mathrm{d}f}{\int_0^\infty P(t,f)\,\mathrm{d}f} \tag{10-34}$$

式中,$P(t,f)$ 为信号的时频分布。

(2)谱熵特征

谱熵特征能够反应信号各频率处的瞬时稳定性。谱熵方程由信号功率谱和概率分布的方程计算得到。

对于信号 $x(n)$,其功率谱为

$$S(m)=|x(m)|^2 \tag{10-35}$$

式中,$x(m)$ 为 $x(n)$ 的离散傅立叶变换。

功率的概率分布为

$$P(m)=\frac{S(m)}{\sum_i S(i)} \tag{10-36}$$

根据式(10-36)计算得到信号谱熵,如下:

$$H=-\sum_{m=1}^{N} P(m)\,\mathrm{lb}\,P(m) \tag{10-37}$$

根据水声信号的时序特性,结合 Bi-LSTM 网络的优异性能,本章后续部分将对 Bi-LSTM 网络进行详细的仿真研究,并对未经特征提取的原始信号和提取的瞬时特征分别作为网络的输入这两种情况进行分类识别性能讨论。

10.2.3 非合作水声通信信号调制模式识别仿真研究

下面对非合作水声通信信号调制模式识别进行仿真研究,仿真数据基于北极海域实测声速梯度的仿真得到。分别采用基于信号统计特征的 KNN 算法、基于原始信号的 Bi-LSTM 网络,以及基于瞬时特征的 Bi-LSTM 网络对 MPSK、DSSS、OFDM、MFSK 信号进行类间识别,

对 MPSK(BPSK、QPSK、8PSK)信号进行类内识别,并对两种方法的抗噪性能和信道适应性进行仿真研究。

1. 仿真条件及数据集说明

(1)仿真信道参数

基于 2018 年 8 月采集的北极海域实测声速梯度(图 10.10),采用 BELLHOP 仿真信道,设定发射声源深度(S_d)为 100 m,接收深度(R_d)为 0~600 m,水平距离(R_r)为 0~10 km。

声源深度为 100 m、水平距离为 750 m 时,不同深度处的信道冲激响应如图 10.11(a)所示。选取声源深度为 100 m,水平距离为 750 m,接收深度分别为 50 m、100 m、150 m 的仿真信道,其信道冲激响应如图 10.11(b)(c)(d)所示。

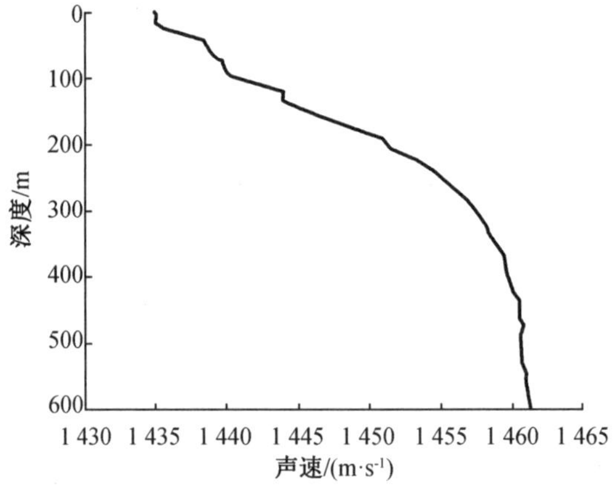

图 10.10 北极海域实测声速梯度

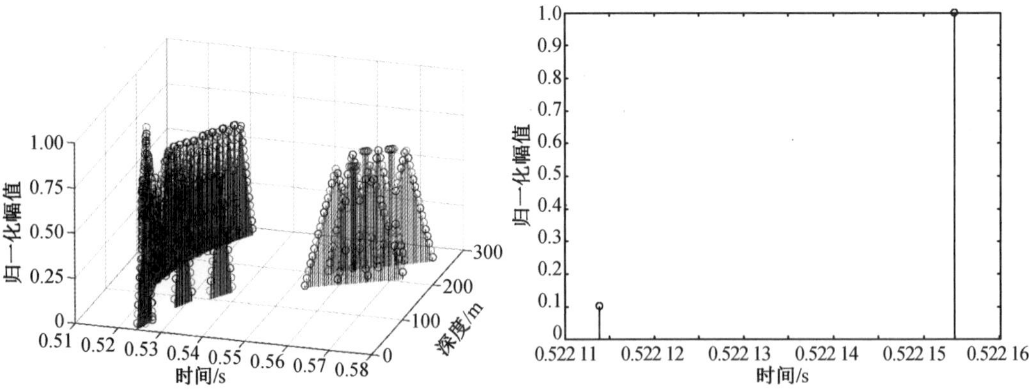

(a)$S_d=100$ m,$R_r=750$ m 处不同深度信道冲激响应　(b)信道 H1($S_d=100$ m,$R_d=50$ m,$R_r=750$ m)

图 10.11 信道冲激响应

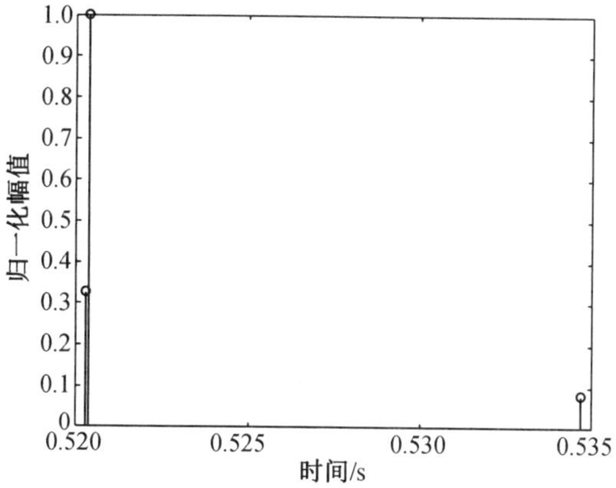

(c)信道 H2($S_d=100$ m,$R_d=100$ m,$R_r=750$ m)

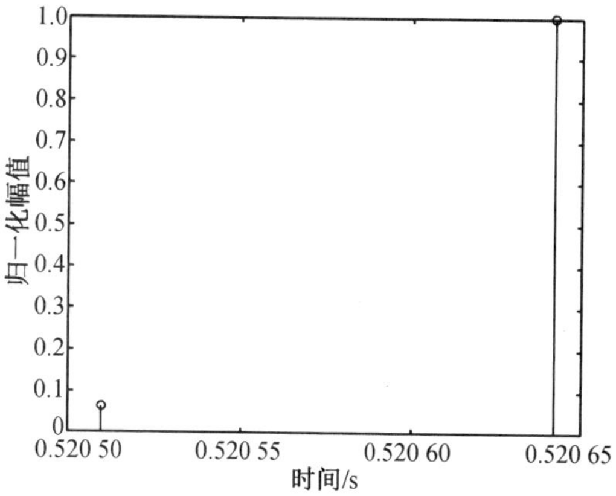

(d)信道 H3($S_d=100$ m,$R_d=150$ m,$R_r=750$ m)

图 10.11(续)

(2)仿真数据集说明

①训练集与测试集设定

仿真试验采用两个数据集,数据集 A 用于 MPSK、DSSS、OFDM、MFSK 信号的类间识别,数据集 B 用于 BPSK、QPSK、8PSK 信号的类内识别。仿真试验数据集 A 设定如表 10.3 所示,仿真试验数据集 B 设定如表 10.4 所示(数据集均符合独立同分布要求)。信道适应性测试集 C、D(表 10.5、表 10.6)和抗噪性能测试集 E、F(表 10.7、表 10.8)的设定对应于数据集 A、B 的训练集控制变量,保证同分布。

表 10.3　仿真试验数据集 A 设定

项目	内容	
信号类型	MPSK	BPSK、QPSK、8PSK
	DSSS	BPSK 调制,$m=5$、$m=7$、$m=9$
	OFDM	BPSK、QPSK、8PSK 调制
	MFSK	2FSK、4FSK
SNR	−8~10 dB(变化步长为 2 dB)	
信道	H1、H2、H3	
样本长度	0.2 s	
训练数据集	36 000 样本(每类 9 000 样本)	
测试数据集	3 600 样本(每类 900 样本)	

表 10.4　仿真试验数据集 B 设定

项目	内容
信号类型	BPSK、QPSK、8PSK
SNR	−8~10 dB(变化步长为 2 dB)

表 10.4(续)

项目	内容
信道	H1、H2、H3
样本长度	0.2 s
训练数据集	18 000 样本(每类 6 000 样本)
测试数据集	1 800 样本(每类 600 样本)

②信道适应性测试集设定

对研究的模型和网络进行信道适应性研究,测试集 C 用于测试调制模式识别方法对 MPSK、DSSS、OFDM、MFSK 信号识别的信道适应性,测试集 D 用于测试调制模式识别方法对 BPSK、QPSK、8PSK 信号识别的信道适应性。对应于训练数据集控制变量,设定每个信道条件下的测试数据集。信道适应性测试集 C 设定如表 10.5 所示,信道适应性测试集 D 设定如表 10.6 所示。(数据集均符合独立同分布要求)

表 10.5　信道适应性测试集 C 设定

项目	内容	
信号类型	MPSK	BPSK、QPSK、8PSK
	DSSS	BPSK 调制,$m=5$、$m=7$、$m=9$
	OFDM	BPSK、QPSK、8PSK 调制
	MFSK	2FSK、4FSK
SNR	−8~10 dB(变化步长为 2 dB)	
信道	H1、H2、H3	
样本长度	0.2 s	
测试数据集	3 个,H01~H03,每个数据集 3 600 样本(每类 900 样本,包含 10 个 SNR)	

表 10.6　信道适应性测试数据集 D 设定

项目	内容
信号类型	BPSK、QPSK、8PSK
SNR	−8~10 dB(变化步长为 2 dB)
信道	H1、H2、H3
样本长度	0.2 s
测试数据集	3 个,h1~h3,每个数据集 1 800 样本(每类 600 个样本,包含 10 个 SNR)

③抗噪性能测试集设定

对研究的模型和网络进行抗噪性能研究,测试集 E 用于测试调制模式识别方法对 MPSK、DSSS、OFDM、MFSK 信号识别的抗噪性,测试集 F 用于测试调制模式识别方法对

BPSK、QPSK、8PSK信号识别的抗噪性。对应于训练数据集控制变量，设定每个信噪比条件下的测试数据集。抗噪性能测试集E设定如表10.7所示，抗噪性能测试集F设定如表10.8所示。(数据集均符合独立同分布要求)

表10.7 抗噪性能性测试数据集E设定

<table>
<tr><th>项目</th><th colspan="2">内容</th></tr>
<tr><td rowspan="4">信号类型</td><td>MPSK</td><td>BPSK、QPSK、8PSK</td></tr>
<tr><td>DSSS</td><td>BPSK调制，$m=5$、$m=7$、$m=9$</td></tr>
<tr><td>OFDM</td><td>BPSK、QPSK、8PSK调制</td></tr>
<tr><td>MFSK</td><td>2FSK、4FSK</td></tr>
<tr><td>SNR</td><td colspan="2">−14~4 dB(变化步长为2 dB)</td></tr>
<tr><td>信道</td><td colspan="2">H1、H2、H3</td></tr>
<tr><td>样本长度</td><td colspan="2">0.2 s</td></tr>
<tr><td>测试数据集</td><td colspan="2">10个，S1~S10，每个数据集3 600样本(每类900样本，包括3个信道)</td></tr>
</table>

表10.8 抗噪性能测试数据集F设定

项目	内容
信号类型	BPSK、QPSK、8PSK
SNR	−8~10 dB(变化步长为2 dB)
信道	H1、H2、H3
样本长度	0.2 s
测试数据集	10个，s1~s10，每个数据集1 800样本(每类600个样本，包括3个信道)

本节的仿真试验都在以上定义的数据集下进行。

2. 模型评价标准

评价机器学习模型的常见评价指标有：混淆矩阵(Confusion Matrix)、准确率(Accuracy)、查准率(Precision Ratio，P)、查全率(Recall Ratio，R)。

假设预测过程中存在两种分类目标：Positive和Negative。将被分类器判别为True的Positive样本数定义为True positives(TP)；被分类器判别为False的Positive样本数定义为False Positives(FP)；被分类器判别为True的Negatives样本数定义为True Negatives(TN)；被分类器判别为False的Negatives样本数定义为False Negatives(FN)。以上样本数共同构成总样本数，混淆矩阵如图10.12所示。

$$\text{TP}+\text{FP}+\text{TN}+\text{FN}=\text{总样本数} \tag{10-38}$$

查准率的定义为识别出来的所有样本中True Positives所占比例，表示为

$$P=\frac{\text{TP}}{\text{TP}+\text{FP}} \tag{10-39}$$

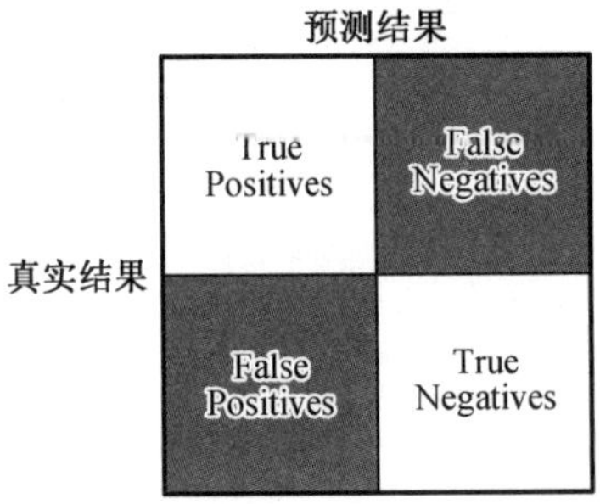

图 10.12　混淆矩阵

查全率的定义为在所有 Positive 样本中，被识别为 True 的样本比例，表示为

$$R=\frac{\mathrm{TP}}{\mathrm{TP}+\mathrm{FN}} \tag{10-40}$$

F-score 为综合评价，综合考虑查准率和查全率，定义为

$$F\text{-score}=(1+\beta^2)\frac{P\cdot R}{\beta^2\cdot(P+R)} \tag{10-41}$$

β 用于调整两者权重，这里取 $\beta=1$，记为 $F1$-score，计算如下：

$$F1\text{-score}=\frac{2\times P\times R}{P+R}=\frac{2\times\mathrm{TP}}{\text{总样本数}+\mathrm{TP}-\mathrm{TN}} \tag{10-42}$$

分类器的性能一般不能单纯用以上指标中的一个指标来评价，要结合混淆矩阵，对各指标进行综合评价。

3. KNN 算法仿真试验

(1) MPSK、DSSS、OFDM、MFSK 信号识别

采用基于统计特征和高阶累积量特征的 KNN 算法，对 MPSK、DSSS、OFDM、MFSK 信号进行分类识别。仿真试验在数据集 A 下进行，采用曼哈顿距离，设置近邻数为 5，采用 10 折交叉验证。训练过程的验证集混淆矩阵和测试集混淆矩阵如图 10.13 所示。

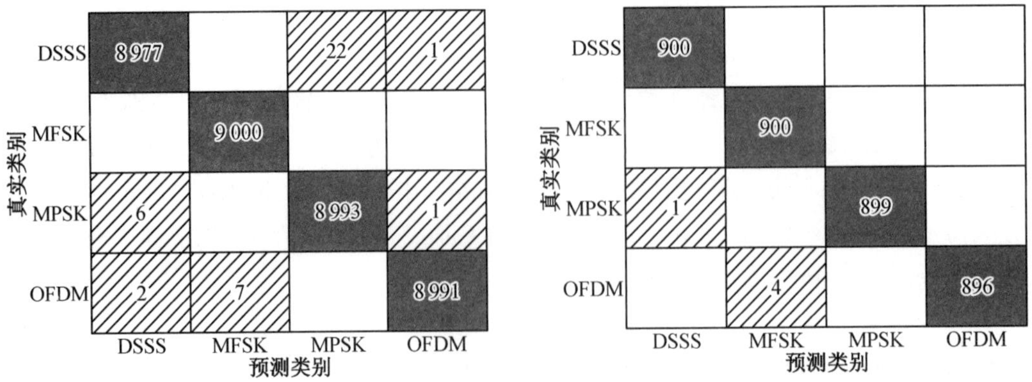

(a) 验证集混淆矩阵　　(b) 测试集混淆矩阵

图 10.13　基于 KNN 算法的验证集混淆矩阵与测试集混淆矩阵(1)

通过混淆矩阵可以看出,基于特征提取的 KNN 算法对 4 类信号具有很好的分类识别效果,经计算,训练过程验证集识别准确率为 99.89%,测试集识别准确率为 99.86%。其识别效果评价如表 10.9 所示。通过测试集混淆矩阵可以计算出其查准率、查全率和 *F*1 值均大于 99%。

表 10.9　KNN 训练模型识别效果评价表(1)

信号类型	查准率	查全率	*F*1 值
DSSS	99.89%	100.00%	99.94%
MFSK	99.56%	100.00%	99.78%
MPSK	100.00%	99.89%	99.94%
OFDM	100.00%	99.56%	99.78%

(2)BPSK、QPSK、8PSK 信号识别

采用基于统计特征和高阶累积量特征的 KNN 算法,对 BPSK、QPSK、8PSK 信号进行分类识别。仿真试验在数据集 B 下进行,采用曼哈顿距离,设置近邻数为 5,采用 10 折交叉验证。训练过程的验证集混淆矩阵和测试集混淆矩阵如图 10.14 所示。

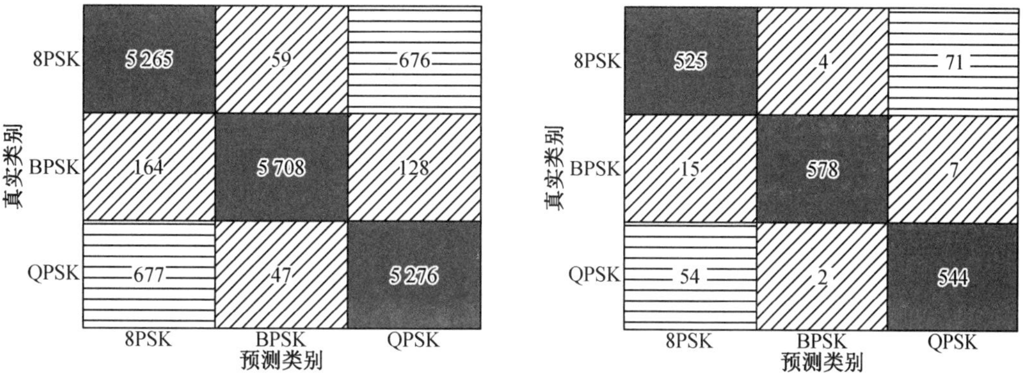

(a)验证集混淆矩阵　　(b)测试集混淆矩阵

图 10.14　基于 KNN 算法的验证集混淆矩阵与测试集混淆矩阵(2)

通过混淆矩阵计算出在训练过程中,验证集识别准确率为 90.27%,测试集识别准确率为 91.5%。识别效果评价在表 10.10 中给出。

表 10.10　KNN 训练模型识别效果评价表(2)

信号类型	查准率	查全率	*F*1 值
8PSK	88.38%	87.50%	87.94%
BPSK	98.97%	96.33%	97.64%
QPSK	87.46%	90.67%	89.03%

结合混淆矩阵和3项评价指标来看,模型对BPSK信号具有很好的识别能力,其3项指标都高于96%,但是对QPSK信号和8PSK信号容易混淆。

4. 基于原始信号的Bi-LSTM网络仿真试验

(1) MPSK、DSSS、OFDM、MFSK信号识别

在数据集A下进行仿真试验,将原始信号作为Bi-LSTM网络的输入,经过参数调整,设置隐藏层为3层,学习率为0.006,训练100个轮次(Epoch)。在训练过程中,准确率曲线和损失曲线都达到了稳定,且没有出现过拟合和欠拟合现象,验证集识别准确率为95.5%,训练得到的模型可以用于测试集进行测试。测试集混淆矩阵如图10.15所示。

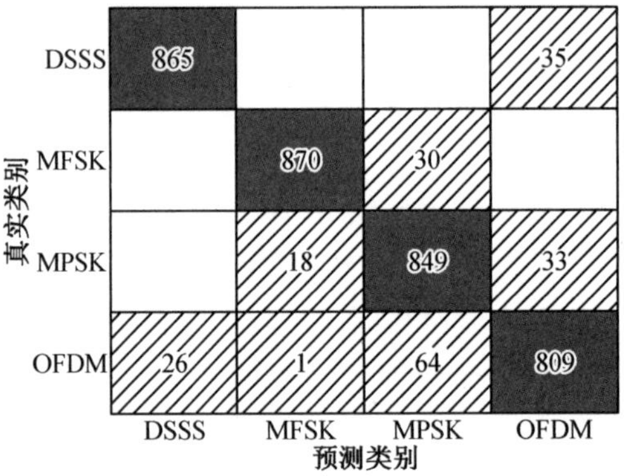

图10-15　基于原始信号的Bi-LSTM网络测试集混淆矩阵(1)

测试集识别准确率为94.25%,根据混淆矩阵计算查准率、查全率和$F1$值,识别效果评价表如表10.11所示。

表10.11　基于原始信号的Bi-LSTM训练网络识别效果评价表(1)

信号类型	查准率	查全率	$F1$值
MPSK	90.03%	94.33%	92.13%
DSSS	97.08%	96.11%	96.59%
OFDM	92.25%	89.89%	91.05%
MFSK	97.86%	96.67%	97.26%

4类信号的3项评价指标均高于89%,从混淆矩阵可以看出,训练的网络对MFSK和DSSS信号具有很好的识别效果,3项指标均高于96%,但是对MPSK信号和OFDM信号容易混淆。

(2) BPSK、QPSK、8PSK信号识别

采用基于原始信号的Bi-LSTM网络对BPSK、QPSK、8PSK信号进行识别,以进行仿真研究。仿真试验采用数据集B。经过参数调整,设置隐藏层为8层,学习率为0.001,训练100个Epoch。在训练过程中,准确率曲线和损失曲线都达到了稳定,且没有出现过拟合和欠拟合现象,验证集识别准确率为71.11%,训练得到的模型可以用于测试集进行测试。测

试集混淆矩阵如图 10.16 所示。

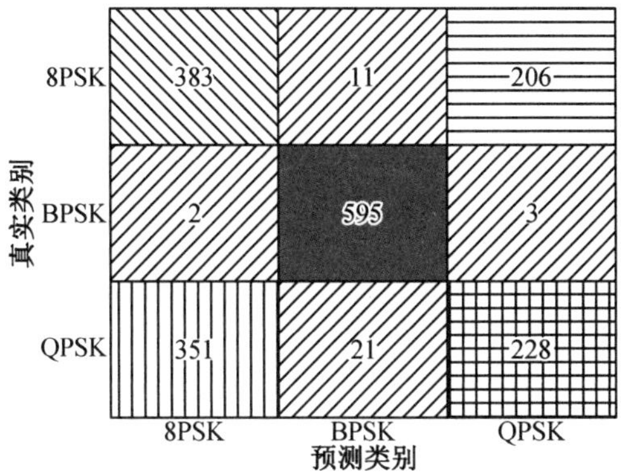

图 10.16 基于原始信号的 Bi-LSTM 网络测试集混淆矩阵(2)

测试集识别准确率为 67%,根据混淆矩阵计算查准率、查全率和 *F*1 值,识别效果评价表如表 10.12 所示。

表 10.12 基于原始信号的 Bi-LSTM 训练网络识别效果评价表(2)

信号类型	查准率	查全率	*F*1 值
BPSK	94.90%	99.17%	96.98%
QPSK	52.17%	38.00%	43.97%
8PSK	52.04%	63.83%	57.34%

从混淆矩阵和 3 项识别效果评价指标可以看出,训练的网络对 BPSK 信号的识别效果最好,3 项指标都高于 94%,但是在 QPSK 和 8PSK 信号之间出现了严重的混淆,基本无法进行分类识别。

5. 基于瞬时特征的 Bi-LSTM 网络仿真试验

(1) MPSK、DSSS、OFDM、MFSK 信号识别

采用基于瞬时特征(瞬时频率和谱熵)的 Bi-LSTM 网络对 MPSK、DSSS、OFDM、MFSK 信号进行分类识别,以进行仿真研究。仿真试验采用数据集 A。经过参数调整,设置隐藏层为 5 层,学习率为 0.010,训练 10 个 Epoch。在训练过程中,准确率曲线和损失曲线都达到了稳定,且没有出现过拟合和欠拟合现象,验证集识别准确率为 100%,训练得到的模型可以用于测试集进行测试,测试集识别准确率达到 100%。该训练网络对 4 类信号有非常好的识别能力。测试集混淆矩阵如图 10.17 所示。

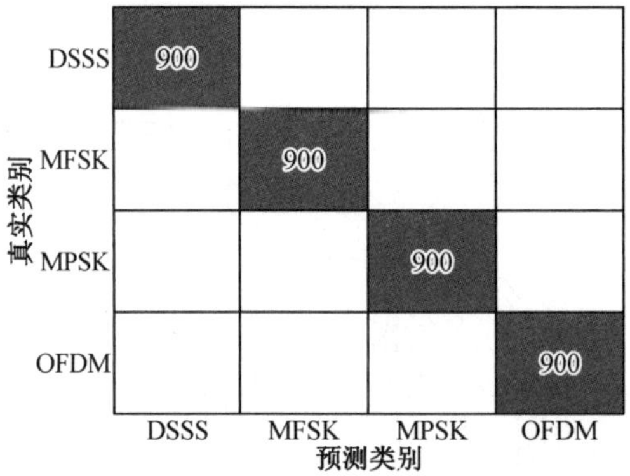

图 10.17　基于瞬时特征的 Bi-LSTM 网络测试集混淆矩阵(1)

(2)BPSK、QPSK、8PSK 信号识别

采用基于瞬时特征(瞬时频率和谱熵)的 Bi-LSTM 网络对 BPSK、QPSK、8PSK 信号的分类识别进行仿真研究。仿真试验采用数据集 B,经过参数调整,设置隐藏层 20 层,学习率 0.01,训练 100 个 Epoch。训练过程中准确率曲线和损失曲线都达到了稳定,且没有出现过拟合和欠拟合现象,验证集准确率为 89.39%,训练得到模型可以用于测试集进行测试。测试集混淆矩阵如图 10.18 所示。

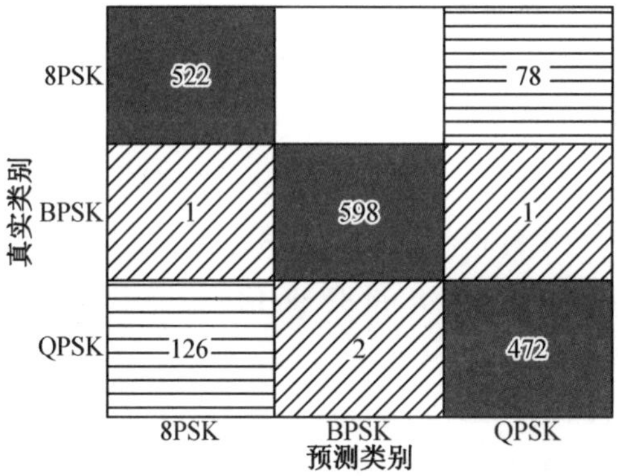

图 10.18　基于瞬时特征的 Bi-LSTM 网络测试集混淆矩阵(2)

测试集识别准确率为 88.44%,根据混淆矩阵计算查准率、查全率和 $F1$ 值,识别效果评价表如表 10.13 所示。

表 10.13　基于瞬时特征的 Bi-LSTM 训练网络识别效果评价表

信号类型	查准率	查全率	$F1$ 值
BPSK	99.67%	99.67%	99.67%
QPSK	85.66%	78.67%	82.02%
8PSK	80.43%	87.00%	83.59%

从混淆矩阵和识别效果评价指标可以看出，该训练网络对 BPSK 信号具有很好的识别效果，3 项评价指标均高于 99%，测试集较高的识别准确率主要由对 BPSK 信号优异的识别效果贡献。对于 QPSK 信号和 8PSK 信号，该训练网络的 $F1$ 值都低于 85%，结合混淆矩阵、查准率和查全率，发现 QPSK 信号的查全率低于 80%，说明有较多的 QPSK 信号被识别成了其他信号，主要是被识别为 8PSK 信号，而 8PSK 信号的查准率只有 80.43%，说明有较多的其他信号被识别成了 8PSK 信号，主要是 QPSK 信号被错误地识别为 8PSK 信号。

10.3　基于深度学习的水声信道估计

水声信道是无线通信领域中最为复杂的一种通信媒介。由于受到海面和海底的反射、折射以及海水中不均匀介质起伏的影响，海水介质形成的水声信道表现出复杂、时变多途的传播特性，给实现高质量的水声通信带来了巨大挑战。

水声信道估计是水声通信中的重要环节，其目的是为了获得水声信道冲击响应（Channel Impulse Response，CIR），传统的算法主要包括 LS、MMSE 等。该类方法通常基于一定的训练符号（多用于单载波通信）或导频序列（多用于多载波通信），其中 LS 算法实现方法简单，但估计性能通常不能满足高精度的要求；MMSE 算法在信道估计过程中需要一定的水声信道先验信息作为前提条件，而在实际的水声通信应用中，该部分信息往往无法提前获知。

近年来，随着现代信号处理技术的不断发展，新一代的信号处理方法逐渐被应用于各个研究领域，不断取代传统方法。其中典型的方法包括以自适应信号处理（Adaptive Signal Processing）、压缩感知（CS）以及深度神经网络（Deep Neural Network，DNN）为代表的机器学习方法。本节基于 OFDM 通信方式，介绍一种基于深度神经网络的水声信道估计方法。

10.3.1　系统结构

水声 OFDM 通信系统结构如图 10.19 所示。

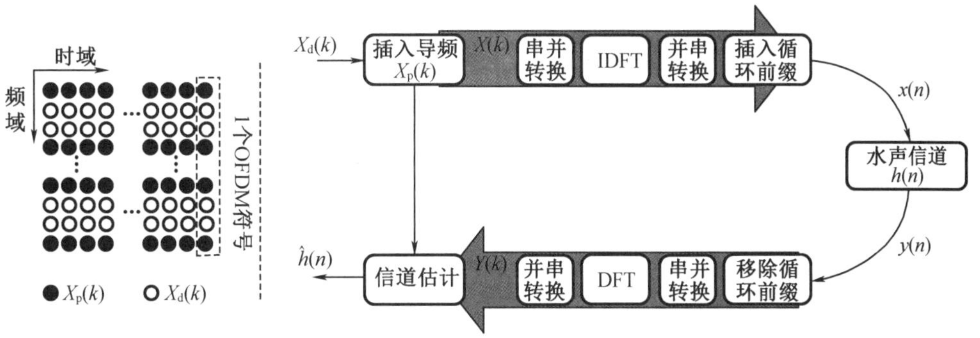

图 10.19　水声 OFDM 通信系统结构

在发射端，由导频位信号 $X_p(k)$ 和数据位信号 $X_d(k)$ 组成频域 OFDM 发射信号 $X(k)$。

之后，并行的数据通过离散傅里叶逆变换（IDFT）得到时域的 OFDM 信号 $x(n)$，其中引入循环前缀是为了对抗多途效应引起的码间干扰。

经过水声信道后，接收端信号可表示为

$$y(n)=x(n)\otimes h(n)+w(n) \tag{10-43}$$

$$Y(k)=X(k)H(k)+W(k) \tag{10-44}$$

式中，$\otimes$表示循环卷积运算；$x(n)$、$y(n)$及 $w(n)$分别表示发送信号、接收信号以及加性高斯白噪声；$h(n)$表示水声信道冲击响应；$X(k)$、$Y(k)$、$W(k)$以及 $H(k)$为对应的频域表示。

10.3.2 传统信道估计方法

如图 10.19 所示，水声信道估计的目标是从接收信号中得到信道冲击响应 $h(k)$的估计值。一般来说，信道估计是借助发射导频符号 $X_p(k)$以及对应的接收导频符号 $Y_p(k)$实现的。在获得导频符号处的信道状态估计后，可以通过采用各种插值方法来估计导频符号之间所有子载波的信道响应，如线性插值、二阶插值、三次样条插值等。传统的信道估计方法主要包括 LS 算法和 MMSE 算法。

LS 算法是一种典型的基于导频序列的水声信道估计方法，实现过程可写作：

$$\hat{\boldsymbol{H}}_{\mathrm{LS}}=(\boldsymbol{X}_{\mathrm{p}}^{\mathrm{H}}\boldsymbol{X}_{\mathrm{p}})^{-1}\boldsymbol{X}_{\mathrm{p}}^{\mathrm{H}}\boldsymbol{Y}_{\mathrm{p}}=\boldsymbol{X}_{\mathrm{p}}^{-1}\boldsymbol{Y}_{\mathrm{p}} \tag{10-45}$$

式中，$(\cdot)^{\mathrm{H}}$ 表示埃尔米特转置。可知，LS 信道估计是通过最小化接收导频信号 $\boldsymbol{Y}_{\mathrm{p}}$ 和发射导频信号 $\boldsymbol{X}_{\mathrm{p}}$ 之间的平方距离直接获得的。由于实现简单，且不需要额外的信道先验信息，该方法被广泛应用于信道估计。然而，由于其在计算过程中忽略了噪声干扰，导致在低信噪比下性能不佳。

MMSE 算法考虑到噪声对 LS 算法的影响，通过最小化真实信道与估计值之间的均方误差来求解，结合 LS 算法的信道估计结果，MMSE 实现过程可写作：

$$\hat{\boldsymbol{H}}_{\mathrm{MMSE}}=\boldsymbol{R}_{H\tilde{H}}\left(\boldsymbol{R}_{HH}+\frac{\sigma_W^2}{\sigma_X^2}I\right)^{-1}\hat{\boldsymbol{H}}_{\mathrm{LS}} \tag{10-46}$$

式中，$\boldsymbol{R}_{HH}=E\{\boldsymbol{H}\boldsymbol{H}^{\mathrm{H}}\}$，表示频域中信道响应的自相关矩阵；$\boldsymbol{R}_{H\tilde{H}}$表示真实信道和估计信道之间的互相关矩阵；$\sigma_W^2$ 和 σ_X^2 表示噪声和信号的方差。MMSE 算法考虑了噪声的影响，提高了信道估计的精度。然而，真实的信道模型以及信道统计特性在实际应用中通常是难以获取的，故该方法在实际应用中的表现并不理想。

10.3.3 基于深度神经网络的水声信道估计

如图 10.20 所示，深度神经网络通常由许多神经元组成，这些神经元之间相互连接从而形成网络。相邻层中每两个神经元之间有一个权重因子 w_{ij}^l 与一个偏置因子 b_i^l，其中 i 表示本层传出神经元的索引，j 表示下一层传入神经元的索引，l 表示本层层数，这些权重因子在训练过程中动态调整，经过激活函数作用后，使得前一层中某个神经元的输出成为后一层与之相连神经元的输入。我们一般将图 10.20 中网络最右边的层称为输入层，将最左边的层称为输出层，而输入层和输出层之间的中间层称为隐藏层，因为它们的值在训练过程中是不可见的。深度神经网络的深层架构促使其在解决复杂和高度非线性的问题上具有比传统方法更为出色的性能，其突出的学习、表示和近似能力同样适用于水声信道估计问题。

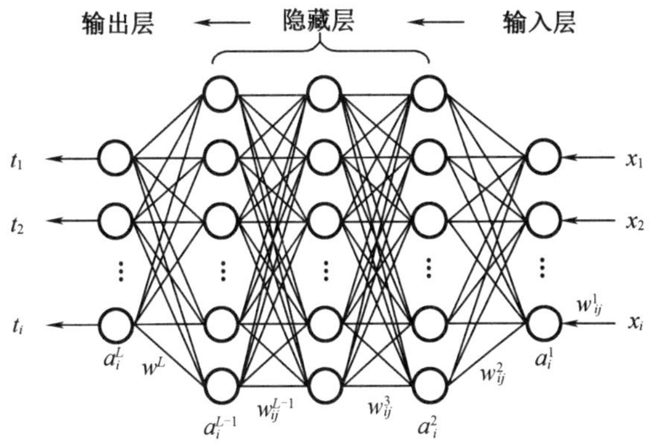

图 10.20 深度神经网络结构

基于深度学习水声信道估计的 OFDM 系统如图 10.21 所示，利用深度神经网络替代传统 OFDM 系统中的信道估计器。一般来说，要获得有效的深度学习模型需要经过两个阶段。在训练阶段，利用接收导频 $y_{\mathrm{cp}}(n)$ 以及已知的信道响应来训练模型，以获得适当的 DNN 权重和偏差。训练的目的是最小化输出信道响应与真实信道响应之间的差异，可以选择均方误差作为损失函数，表示为

$$\ell = \frac{1}{M}\sum_{m=0}^{M-1} \| H_{\mathrm{DNN}}^{m} - H^{m} \|_2^2 \tag{10-47}$$

式中，H_{DNN}^{m} 为网络输出的频域信道响应；H^{m} 为训练中真实的频域信道响应。当损失函数收敛时，训练过程结束，此时可以得到 DNN 网络的权重参数 w 和偏置参数 b。

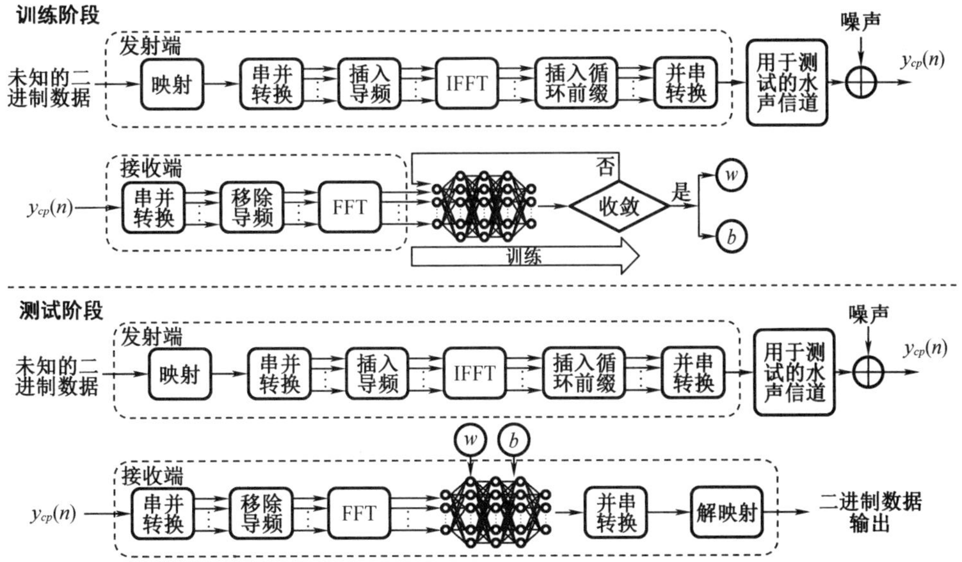

图 10.21 基于深度学习水声信道估计的 OFDM 系统

在测试阶段，利用训练好的 DNN 网络模型替代传统水声 OFDM 系统中的信道估计器，

即可实现利用 DNN 网络对水声信道的有效估计。

此外,由于水声 OFDM 通信信号通常采用复数形式表示,而传统 DNN 网络多用于处理实信号,因此需要对信号的实部和虚部进行拆解,之后进行拼接,训练集可表示为

$$\partial=\{\Re(Y_p),\delta(Y_p),\Re(H),\delta(H)\} \tag{10-48}$$

式中,Y_p 表示接收的导频符号;H 表示真实的信道频域响应;$\Re$ 和 δ 分别表示信号的实部和虚部。

10.3.4 试验结果与分析

1. 试验数据生成

为了生成训练和测试样本,采用 BELLHOP 射线模型来模拟水声通信环境。仿真中水深为 100 m,收发换能器深度为 40 m,收、发换能器之间距离在 950~1 050 m 之间随机生成,声速从表面的 1 527 m/s 均匀增加到底部的 1 530 m/s。在底部沉积层中,声速为 1 650 m/s,衰减系数为 0.8 dB/λ(λ 为波长),水体密度为 1 g/cm^3,沉积层密度为 1.9 g/cm^3。共生成 1 318 400 组数据,其中 70%作为训练集,15%作为测试集,剩余 15%作为验证集。

仿真所使用的 OFDM 通信系统设定如表 10.14 所示。

表 10.14 OFDM 通信系统设定

参数	取值
子载波数/个	1 024
调制方式	16QAM
导频插入方式	梳状导频
导频间隔	1
保护间隔形式	循环前缀
保护间隔长度/个	256
信道模型	水声多途信道
噪声类型	加性高斯白噪声

2. 网络参数设定

试验采用 5 层 DNN 网络,网络结构和训练参数分别如表 10.15 和表 10.16 所示。

表 10.15 DNN 水声信道估计网络结构

层类型	输入维度	输出维度	参数
tanh	16	64	1 088
tanh	64	64	4 160
tanh	64	64	4 160
linear	64	16	1 040
总计			10 448

表 10.16　DNN 水声信道估计网络训练参数

参数	取值
优化方法	Levenberg-Marquardt
最大训练轮次	1 000
训练停止门限	1×10^{-5}
最小训练梯度	1×10^{-7}
学习率	0.05

在训练过程中，以 8 个导频频点为一组对 1 个 DNN 网络进行训练，以导频间隔为 1 为例，共有 512 个导频频点，即需要分别训练 64 个 DNN 网络。之后，收集每个 DNN 模型对应的输出作为网络所估计的信道输出，并采用线性插值方法来估计导频符号之间所有子载波的信道响应。

3. 结果分析

分别采用 NMSE 和 BER 来衡量信道估计准确性和不同信道估计方法对于 OFDM 整体性能的影响。NMSE 和 BER 的定义式如下：

$$\mathrm{NMSE} = \sum_{k=1}^{N} \frac{\| H_{\mathrm{real}} - H_{\mathrm{est}} \|^2}{\| H_{\mathrm{real}} \|^2} \tag{10-49}$$

$$\mathrm{BER} = \frac{N_{\mathrm{error}}}{N_{\mathrm{total}}} \tag{10-50}$$

从试验结果（图 10.22、图 10.23）可以看出，基于深度学习的信道估计算法明显优于传统的 LS 估计，并且接近 MMSE 估计的性能。与 MMSE 算法不同，DNN 方法无须信道的先验统计知识，具有更强的实际应用价值。

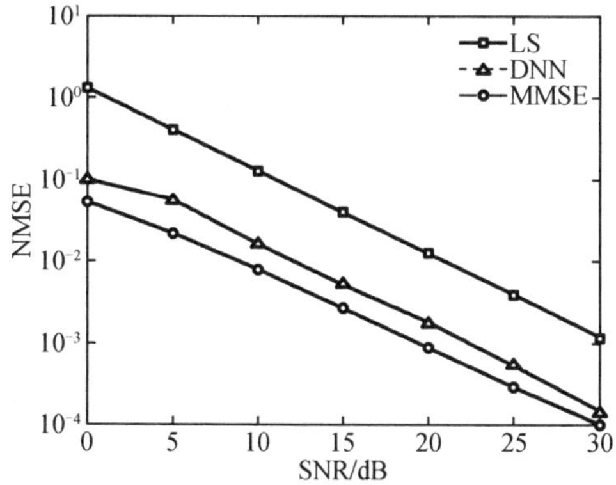

图 10.22　不同信道估计方法 NMSE 性能比较

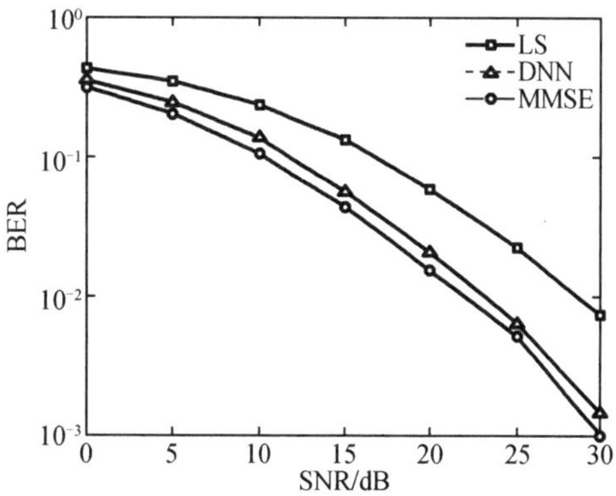

图 10.23　不同信道估计方法 BER 性能比较

本章参考文献

[1] SCHUSTER M,PALIWAL K K. Bidirectional recurrent neural networks[J]. IEEE Transactions on Signal Processing,1997,45(11):2673-2681.

[2] VAN DE BEEK J J,EDFORS O,SANDELL M,et al. On channel estimation in OFDM systems[C]//1995 IEEE 45th Vehicular Technology Conference. Countdown to the Wireless Twenty-First Century. Chicago,IL,USA. IEEE,1995,2:815-819.

[3] MOHRI M,ROSTAMIZADEH A,TALWALKAR A. Foundations of machine learning[M]. 2nd ed. MA:The MIT Press,2018.

[4] TADAYON S,STOJANOVIC M. Iterative sparse channel estimation for acoustic OFDM systems[C] //2016 IEEE Third Underwater Communications and Networking Conference (UComms). Lerici,Italy. IEEE,2016:1-5.

[5] JIANG R K,WANG X T,CAO S,et al. Deep neural networks for channel estimation in underwater acoustic OFDM systems[J]. IEEE Access,2019,7:23579-23594.

[6] ZHANG Y L,LI C,WANG H B,et al. Deep learning aided OFDM receiver for underwater acoustic communications[J]. Applied Acoustics,2022,187:108515.

第 11 章　无监督深度学习在水声通信中的应用

11.1　无监督深度学习概述

在日趋激烈的水下对抗领域中，声呐探测承担着重要任务，而实现声呐探测的关键是信号检测。但是，噪声污染在实际探测过程中是无法避免的，如传输系统受到的外界干扰以及数据采集过程都会给试验数据代入噪声。

在传统的信号处理方法中，降噪是通过滤波来实现的。在使用线性滤波方法时，根据信号在频域中的分布特点，只要时间序列足够长，对于周期和准周期信号中的噪声是可以彻底消除的。但是对于非线性系统产生的噪声，信号与噪声在频谱上均表现为宽带连续谱，使传统方法的滤波效果大大降低，这就需要探索新的适用于非线性信号的降噪方法。

由多层网络非线性组合而成的深度神经网络可以产生非常复杂的非线性变换，具有强大的特征学习能力，可以发掘出数据内在的变化规律，在图像识别、图片降噪、语音信号处理、模拟人脑等实际场合的应用日益增多。本章介绍深度学习方法在主动声呐探测系统中的应用，利用神经网络去除带噪信号中的噪声分量，从而使输出信号具有较好的目标特性。

11.2　基于表示学习的水声信号增强

11.2.1　降噪自编码器

降噪自编码器（Denoising Auto-Encoder，DAE）是在自编码器（Auto-Encoder，AE）的基础上改进而来的，是一种执行数据压缩的网络结构。其利用神经网络对样本数据进行学习，可以通过自动学习得到压缩函数与解压函数。DAE 的主要思想是先训练一个 AE，能够在该编码器输入层手动添加随机噪声，在输出层重建输入数据；然后，通过训练后的编码器模型对输入数据进行压缩与解压，在这一过程中实现降噪，从而为后续的探测任务生成更好的特征表示。

带有丢弃结构的 DAE 基本网络结构如图 11.1 所示，其中 X 为原始信号，$\hat{X}$ 为带噪信号，Y 为隐含层，$\hat{Y}$ 为输出层。DAE 以 $x \in \mathbb{R}$ 的向量为输入层，通过加入噪声，并以一定的概率 λ 随机丢弃网络中的神经元，从而得到映射后的输入层$\hat{x}$，如式（11-1）所示。

$$\hat{x} \sim N[\hat{x} \mid (x+N), \lambda] \tag{11-1}$$

式中，N 是由原始输入层和加入 x 的随机噪声的类型确定的一种分布。然后通过向量值函

数 $\boldsymbol{\Phi}$ 将$\hat{x}$映射到隐含层 y,如式(11-2)所示。

$$\boldsymbol{y}=\boldsymbol{\Phi}(W\hat{x}+b) \tag{11-2}$$

式中,W 为映射到隐含层网络的权重参数;b 为映射到隐含层网络的偏置项。

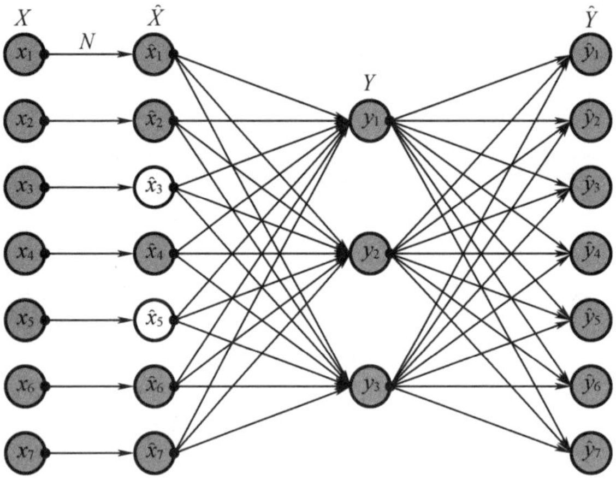

图 11.1　带有丢弃结构的 DAE 基本网络模型

通过随机丢弃的方法来优化训练过程,隐含层中的神经元也以概率 λ 被随机丢弃。随机丢弃的方法对复杂结构的神经网络训练是非常有效的,因为网络是随迭代次数更新的,在每次迭代中都会由于随机丢弃某些隐含层的神经元而产生一个新的训练网络。

经过随机丢弃神经元的隐含层特征向量 $\boldsymbol{y}$ 被反向映射,最后重构出与原始信号相同的输出层$\hat{y}$,如式(11-3)所示。

$$\hat{y}=\boldsymbol{\Phi}(W'y+b') \tag{11-3}$$

式中,W'是映射到输出层网络的权重参数;b'为映射到输出层网络的偏置项。

目标结果是使映射值$\hat{y}$尽可能地接近于 x,所以构造一个平方重构误差函数,对该函数进行最小化,从而得到优化后的权重和偏置等网络参数,如式(11-4)和式(11-5)所示。

$$J(W,b)=\frac{1}{2}\sum_{j=1}^{N}(\hat{y}_j-x_j)^2 \tag{11-4}$$

$$W_{\text{opt}},W'_{\text{opt}},b_{\text{opt}},b'_{\text{opt}}=\underset{W_{\text{opt}},W'_{\text{opt}},b_{\text{opt}},b'_{\text{opt}}}{\arg\min}[J(W,b)] \tag{11-5}$$

然后由随机梯度下降法对网络参数进行更新,求解出目标函数的最优解。

11.2.2　全卷积降噪自编码器

全卷积降噪自编码器(Convolution DAE,CDAE)是在 DAE 的基础上发展而来的。CDAE 也是一个无监督的神经网络,它利用了传统自编码器的无监督学习方式,并结合了卷积神经网络的卷积和池化操作,从而实现了对细节特征的提取。CDAE 主要由编码(Encoder)和解码(Decoder)两部分组成,通过分层训练来优化总体结构。

CDAE 的基本网络结构如图 11.2 所示。输入层的干净信号先经过归一化处理,并经过加噪处理,然后被发送到 CDAE 的输入层。该 CDAE 网络呈现对称结构,这种结构在前面的卷积层中先对输入信号进行编码,将特征信息压缩至低维空间,然后在后面的卷积层中对隐含层进行解码，从而将低维特征信息解压成干净信号。

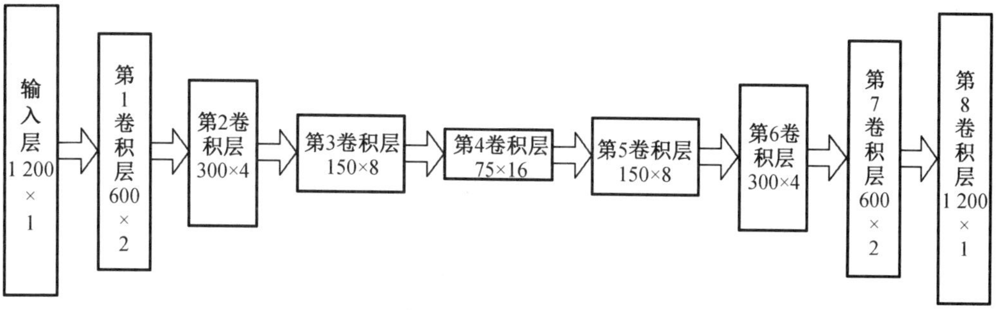

图 11.2　CDAE 的基本网络结构

每个卷积层的输入均是 2 维特征数据，滤波器、池化、上采样都采用 2 维算子。在每个卷积层中，CDAE 通过学习去噪变换，将输入信息映射到更抽象、稳健性更强的特征中。CDAE 中的编码部分由多个卷积层、池化层和激活函数组成，卷积层由一组滤波器组成，这些滤波器从它们的输入层中提取特征，本节的激活函数是对特征图施加非线性的修正单元。在池化层中，池化函数选择最大池化函数(Max-Pooling)。Max-Pooling 通过映射特定空间范围内最大值的滤波器，对激活层进行下采样并生成降维后新的映射特征。解码部分由卷积层、上采样层(Up-Sampling)和激活函数组成，其中，上采样层通过对前面的激活层进行上采样，生成高维的特征空间。

CDAE 网络的第一层为输入层，输入层为带噪的时域信号 $\hat{x}$，长度为 N；第二层为卷积层，第 i 个卷积滤波器算子序列为 f_i，共使用 K 个长度均为 M 的滤波器。通过第一层卷积运算后的特征信号为

$$d_i(t)=\hat{x}(t)*f_i(t)=\sum_{i=1}^{N}\hat{x}(t-i)f_i(t) \tag{11-6}$$

激活函数 $g(z)$ 选择 tanh 函数，即 $g(z)=(e^z-e^{-z})/(e^z+e^{-z})$。第二层为池化层，对输出值进行不重叠的 Max-Pooling 下采样。网络参数的集合可以表示为 $\lambda=[W,b,f_i]$，$i=1,2,\cdots,K$，通过干净特征和输出层可以定义网络误差函数为

$$J(\lambda)=\frac{1}{2}\sum_{j=1}^{N}(\hat{y}_j-x_j)^2 \tag{11-7}$$

使用随机梯度下降法来更新整个网络的参数。连接各层神经元之间的参数更新如下：

$$\lambda=\lambda-\alpha\frac{\partial J(\lambda)}{\partial\lambda} \tag{11-8}$$

式中，α 是学习率，并且随着迭代次数的增加而减小。学习速率的更新方法如下：

$$\alpha=\alpha(1+\gamma\cdot n)^{-t} \tag{11-9}$$

式中，n 是迭代次数；γ 和 t 是提前设置的标量。在训练过程中，设置初始学习率为 0.1，$\gamma=0.1$，$t=1$。每完成一次迭代，便更新学习率，采用此方法的目的是加速模型收敛的速度，同时能防止网络出现梯度消失或梯度爆炸等现象。

11.2.3 栈式自编码器

栈式自编码器(Stacked AE,SAE)信号特征增强网络模型如图 11.3 所示。该网络由 DAE 与 CDAE 结合构建而成。在 DAE 训练阶段,将训练集(train_clean)添加噪声数据生成带噪信号(train_noise),train_clean 作为 DAE 网络的目标信号,train_noise 作为 DAE 网络的输入信号,通过反向调优训练 DAE 网络,在训练完成后,将 train_noise、test_noise 输入 DAE,得出新的训练集(train1)、新的测试集(test1),此时 DAE 处理阶段结束。将 train1 作为 CDAE 的输入信号,train_clean 作为 CDAE 的目标信号,通过反向调优训练 CDAE 网络,在训练完成后,对 test1 进行网络测试,得到最终的增强信号,完成整个 SAE 训练过程。

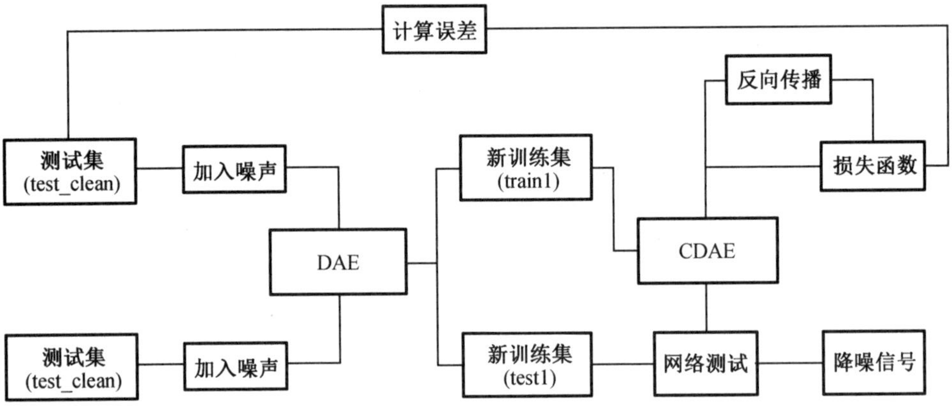

图 11.3 SAE 信号特征增强网络模型

11.2.4 仿真

仿真采用 LFM 信号作为发射信号,带宽为 2~8 kHz,在 48 kHz 采样率下,生成脉宽为 10 ms 的 LFM 信号,然后随机插入某个时间点来模拟直达声出现时刻,生成一段具有 1 200 个采样点的直达声信号。在接收信号中除直达声外,还有其他 3 条经海面、海底反射的声信号,时延依次为 1~100(个采样点)、100~200(个采样点)、200~300(个采样点)中的某个随机值,信号幅值依次设为区间[0.9,0.6],[0.6,0.3],[0.3,0]中的某个随机值;设定环境噪声为高斯白噪声,回波信号的信噪比为-15~5 dB 中的某个随机值。共生成 250 000 个直达声信号与接收信号的数据对,以其中 210 000 个数据对作为训练集,剩余 40 000 个数据对作为测试集。

DAE 网络模型参数:DAE 的压缩最小维度为 800 个采样点,网络隐含层层数为 4 层,网络节点数分别为 1 200—1 000—800—800—1 000—1 200,训练时长为 35 个 Epoch。CDAE 网络模型参数:CDAE 的卷积层数为 8 层,网络的编码与解码过程相互对称,池化层均采用 Max-Pooling,卷积核长度为 27 个采样点,卷积核数量为 48 个,训练时长为 45 个 Epoch。SAE 的网络模型由上述 DAE 网络和 CDAE 网络组合而成。

网络的激活函数均采用 tanh 函数,损失函数均采用 mse 函数,优化器采用 SGD 函数,在 5 组不同信噪比条件下进行测试,每组各 8 000 个测试样本,以每组输出信号信噪比的平均值为评价指标。表 11.1 为不同方法对 CFM 信号(高斯白噪声)的增强效果。

表 11.1 不同方法对 LFM 信号(高斯白噪声)的增强效果

降噪方法	降噪前后信号的信噪比/dB				
	-20	-15	-10	-5	0
小波分解	-6.20	-2.72	-1.01	-0.28	1.96
SVD	-0.16	0.15	0.79	2.16	4.74
带通滤波	-14.05	-8.58	-3.42	1.03	5.92
DAE	0.08	6.92	12.81	15.61	21.81
CDAE	0.19	2.11	5.29	12.43	14.94
SAE	2.47	12.53	18.69	29.96	34.34

从试验结果可以看出,在环境噪声为高斯白噪声时,DAE、CDAE、SAE 均能对以上各种信噪比情况下的 LFM 信号进行有效增强,并且信号增强效果明显优于传统降噪方法。

本章参考文献

[1] 侯平魁,龚云帆,杨毓英,等. 水下目标辐射噪声时间序列的非线性降噪处理[J]. 声学学报,2001,26(3):207-211.

[2] LI H B,SUN J A,XU Z B,et al. Multimodal 2D+3D facial expression recognition with deep fusion convolutional neural network[J]. IEEE Transactions on Multimedia,2017,19(12):2816-2831.

[3] KUMAR A,FLORENCIO D. Speech enhancement in multiple-noise conditions using deep neural networks[EB/OL]. (2016-05-09)[2023-03-01]. https://doi.org/10.48550/arXiv.1605.02427.

[4] BENGIO Y,LAMBLIN P,POPOVICI D,et al. Greedy layer-wise training of deep networks[M]//SCHÖLKOPF B, PLATT J, HOFMANN T. Advances in neural information processing systems 19:proceedings of the 2006 conference. MA:The MIT Press,2007:153-160.

[5] TAN S Q, LI B. Stacked convolutional auto-encoders for steganalysis of digital images[C]//Signal and Information Processing Association Annual Summit and Conference (APSIPA),2014 Asia-Pacific. Chiang Mai,Thailand. IEEE,2014:1-4.

[6] DU B,XIONG W,WU J,et al. Stacked convolutional denoising auto-encoders for feature representation[J]. IEEE Transactions on Cybernetics,2017,47(4):1017-1027.

[7] 梁雪源. 基于信道预测和强化学习的卫星自适应传输技术研究[D]. 成都:电子科技大学,2020.

[8] 王安义,李萍,张育芝.基于 SARSA 算法的水声通信自适应调制[J].科学技术与工程,2020,20(16):6505-6509.

[9] 李程坤.基于强化学习的自适应调制编码技术的研究[D].杭州:杭州电子科技大学,2018.

[10] SUTTON R S,BARTO A G. Reinforcement learning:an introduction[M]. MA:The MIT Press,1998.

[11] BELLMAN R E. A Markov decision process[J]. Journal of Mathematical Fluid Mechanics,1957,6:679-684.

[12] NG A Y. Shaping and policy search in reinforcement learning[D]. Berkeley:University of California,2003.

[13] BALCH T. Integrating RL and behavior-based control for soccer[EB/OL]. (2015-04-24)[2023-03-01]. https://www.researchgate.net/profile/Tucker-Balch/publication/2606279_Integrating_RL_and_Behavior-based_Control_for_Soccer/links/54c3f5d50cf2911c7a4d426e/Integrating-RL-and-Behavior-based-Control-for-Soccer.pdf.

[14] O'DOHERTY J P, DAYAN P, FRISTON K, et al. Temporal difference models and reward-related learning in the human brain[J]. Neuron,2003,38(2):329-337.

[15] WATKINS C J C H,DAYAN P. Q-learning[J]. Machine Learning,1992,8(3):279-292.

[16] SCHWARTZ A. A reinforcement learning method for maximizing undiscounted rewards[C]//Machine Learning Proceedings 1993: Proceedings of the Tenth International Conference, University of Massachusetts, Amherst, June 27-29, 1993. Amsterdam: Elsevier,1993:298-305.

[17] TADEPALLI P,GIVAN R,DRIESSENS K. Relational reinforcement learning:an overview[C]// Proceedings of the ICML-2004 Workshop on Relational Reinforcement Learning, Banff,Canada,2004. [S. l.]:[s. n.],2004:1-9.

[18] BRAFMAN R I, TENNENHOLTZ M, DALE SCHUURMANS D. R-MAX: a general polynomial time algorithm for near-optimal reinforcement learning[J]. The Journal of Machine Learning Research,2003,(3):213-231.

[19] GOSAVI A. Reinforcement learning for long-run average cost[J]. European Journal of Operational Research,2004,155(3):654-674.

[20] BARTO A G,MAHADEVAN S. Recent advances in hierarchical reinforcement learning[J]. Discrete Event Dynamic Systems,2003,13(4):341-379.

[21] MICHAUD F,MATARIC M J. Learning from history for adaptive mobile robot control[C]//Proceedings. 1998 IEEE/RSJ International Conference on Intelligent Robots and Systems. Innovations in Theory, Practice and Applications (Cat. No. 98CH36190). Victoria,BC,Canada. IEEE,1998:1865-1870.

第 12 章　强化学习在水声通信中的应用

12.1　强化学习概述

每个生物都与环境互动并利用这些互动来改善自己的行为，以便生存和成长。强化学习算法的构想是通过记住成功的控制决策并增强，以使它们更有可能被再次使用。这种想法起源于实验动物的学习。在实验中观察到多巴胺神经递质起着增强信息信号的作用，有助于在神经元水平上进行学习。从理论的角度来看，强化学习与直接和间接自适应最优控制方法紧密相关。基于对价值的评估，可以使用各种策略改善或提出操作策略以提高产生的价值。其过程可以描述为通过观察来执行策略评估，评估从环境中得出的当前行动的结果，然后进行决策的改进。如今，随着人们对机器学习的深入研究，以及 Alpha-Go 的强大学习能力的体现，强化学习也成为人们研究的热点。

强化学习框架主要通过智能体与环境的交互来体现，交互过程主要包括 3 个要素：智能体所做的决策即动作、决策执行时所处的环境状态和智能体最终想要达到的预期即奖励函数。强化学习模型图如图 12.1 所示。

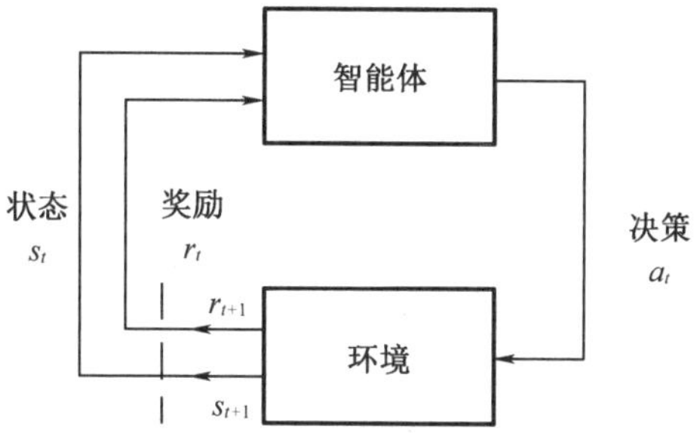

图 12.1　强化学习模型

模型中 t 为时间序列，s 为环境回馈给智能体的状态，a 为智能体所能采取的决策，r 为智能体在这一时刻采取相应决策能获得的奖励。在整个过程中，把在某一状态下选择某一决策的概率称为智能体的策略。整个强化学习的过程就是根据不断交互实现智能体策略的改变，其目标就是在不断交互过程中获取最大的奖励。

强化学习的问题都可以用马尔科夫决策过程（Markov Decision Process，MDP）进行数学描述。智能体与环境的交互可以看作是一个马尔科夫过程。马尔科夫决策过程的本质是：当前一状态转向下一状态的概率的奖励只取决于当前状态和所选择的举措，而与过去的状态和举措没有关联。总体来说,马尔科夫过程明确告知了智能体面对未知环境时应该如何预测动作。马尔科夫过程决策流程如图 12.2 所示。

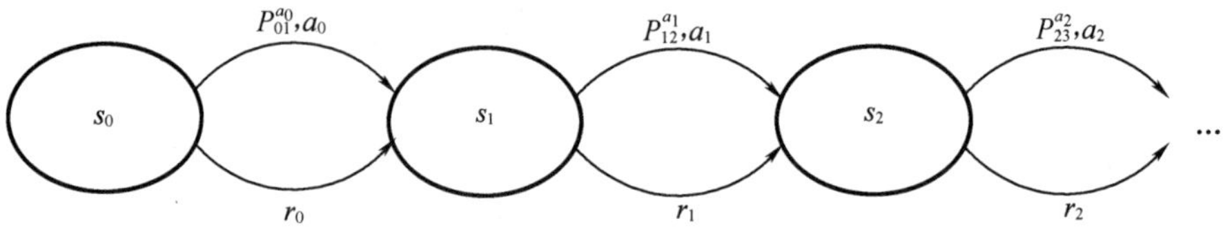

图 12.2 马尔科夫决策流程

假设 $t=t_1,t_2,\cdots,t_n$ 为观察时刻,马尔科夫过程可以表示为 5 个元素:

$$\langle S,A(s),P_{ss'}^a,R_{ss'}^a,V \mid s,s\in S,a\in A(s)\rangle \tag{12-1}$$

式中,S 为系统中所有有限状态组成的集合,也称系统的状态空间;s、s' 均为 S 的元素,表示当时所处状态。对于 $s\in S$,$A(s)$ 是在状态下所有可能选择的决策集合。当系统在 t 时刻时,根据状态 s,选择的决策为 a,系统下一次即在 $t+1$ 时刻做决策的转移概率为 $P_{ss'}^a$。所有动作集合的转移概率构成一个转移矩阵:

$$\boldsymbol{P}_{ss'}^{a} = \Pr\{s_{t+1}=s' \mid s_t=s,a_t=a\} \tag{12-2}$$

当系统在 t 时刻时,根据状态 s,选择的决策为 a 后,系统得到的及时奖励为 $R_{ss'}^a$,通常奖励函数表示为

$$R_{ss'}^a = E\{r_{t+1} \mid s_t=s,a_t=a,s_{t+1}=s'\} \tag{12-3}$$

如果转移概率函数与奖励函数不随时间发生变化,这种马尔科夫过程被称作平稳马尔科夫过程。当系统在 t 时刻时,根据状态 s_t,选择的决策为 a_t,该时刻系统获得的奖励为 r_{t+1},因此马尔科夫决策的过程 h_t 包括相继的状态和决策,可以表示为

$$\Pr(h_t)=\Pr\{s_{t+1}=s',r_{t+1}=r \mid s_t,a_t,r_t,s_{t-1},a_{t-1},\cdots,r_1,s_0,a_0\} \tag{12-4}$$

对任意的 s_{t+1}、s'、r_{t+1}、s_t、a_t,如果存在

$$\Pr(h_t)=\Pr\{s_{t+1}=s',r_{t+1}=r \mid s_t,a_t\} \tag{12-5}$$

则称其具有马尔科夫性,系统对应的策略为

$$\pi(s,a):S\times A\to[0,1] \tag{12-6}$$

一个状态与概率的对应映射,一般可以写为

$$\sum_{a\in A}\pi(s,a)=1 \tag{12-7}$$

强化学习的目标主要就是在长期的累计奖励中寻找最优策略。若在某一环境状态下选择一种决策对应的策略执行后产生的预期奖励,比选择其他决策产生的长期奖励更大,在这种情况下,选择带来预期奖励更高的策略,简单来讲,在任意状态 $s\in S$ 时,同时存在 π 和 π' 两种策略,如果值函数 $V^{\pi}(s)>V^{\pi'}(s)$,就可以认为策略 π 更好一点。状态值函数是强化学习算法在采用在某种状态下选择一种决策对应的策略 π 时得到的,可以用式(12-8)表示:

$$V^*(s)=\max_{\pi}V^{\pi}(s),\ \forall s\in S \tag{12-8}$$

根据递归,最优策略的状态值函数的可以表示为

$$V^*(s)=\max_{a}E_{\pi}[R_t \mid s_t=s,a_t=a]=\max_{a\in A(i)}\sum_{s}P_{ss'}^a[R_{ss'}^a+\gamma V^*(s')],\ \forall s\in S \tag{12-9}$$

根据上述方程,在不依赖某一具体策略时,最优策略可以表示为

$$\pi^*(s)=\max_{a\in A(s)}\sum_{s'}P_{ss'}^{a}[R_{ss'}^{a}+\gamma V^*(s')],\forall s\in S \tag{12-10}$$

根据状态值函数,当采用该策略时,在状态 s 时根据策略选择的决策 a 产生的奖励是行为值函数,可以表示为 Q。

$$Q^*(s,a)=\max_{\pi}Q^{\pi}(s,a),\forall s\in S,a\in A(s) \tag{12-11}$$

因此,对于动作值函数的最优贝尔曼方程可以表示为:

$$\begin{aligned}Q^*(s,a)&=E\left[r_{t+l}+\gamma\max_{a'}Q^*(s_{t+l},a)\middle|s_t=s,a_t=a\right]\\&=\sum_{s'}P_{ss'}^{a}[R_{ss'}^{a}+\gamma\max_{a'\in A(s')}Q^*(s',a')],\forall s\in S,a\in A(s)\end{aligned} \tag{12-12}$$

进而可以得到最优的行为值函数:

$$\pi^*(s)=\arg\max_{a\in A(s)}Q^*(s,a) \tag{12-13}$$

在实际过程中,由于状态 s 是有限的个数,因此可以得到唯一的解,能够找到环境下最优策略。

下面对 Q-learning 算法进行介绍。

Q-learning 算法是强化学习理论的一个里程碑。1989 年,C. Watkins 提出了 Q-learning 算法,首次将时间差分方法与最优控制问题结合起来。它是一种经典的离线策略算法(Off-Policy)。Q-learning 算法拥有以上两种方法的优势,可以看作是离线学习的时间差分算法。时间差分算法是对状态进行估计,而 Q-learning 算法是通过对状态所采取的决策所得值函数进行估计来寻找最优策略。可以得到 Q 修正值公式如下:

$$Q(s_t,a_t)=Q(s_t,a_t)+\alpha[r_{t+1}+\gamma\max Q(s_{t+1},a)-Q(s_t,a_t)] \tag{12-14}$$

式中,α 为学习效率;γ 为未来步骤奖励衰减,即折扣因子。根据式(12-14)可以看出,在学习工程中每一步都采用了最大的 $Q(s_{t+1},a)$,即选择奖励最大的决策 a 时的 Q 值,并且和当前选择的决策无关。单步 Q-learning 算法流程如表 12.1 所示。

表 12.1 Q-learning 算法流程

算法:Q-learning
初始化 $Q(s,a)$
对每个 episode 重复操作:
初始化状态 s
对每个 episode 中每个回合重复操作:
根据 Q 表中的策略,依照状态 s 选择决策 a
执行决策 a 时,观测可获得奖励 r,和下一次状态 s'
更新 $Q(s,a)=Q(s,a)+\alpha[r+\gamma\max Q(s',a)-Q(s,a)]$
更新 $s=s'$
判断当前 s,循环操作直到状态终止

注:episode 表示强化学习过程中的“一轮”学习。

在 Q-learning 算法中，由于智能体每一次学习过程都是基于当前的 Q 表，即根据 Q 表选择当前状态下奖励最高的决策，故一般将其称为利用（Exploitation）过程。但是如果智能体一直重复选择当前状态下最大的 Q 值所处的决策，将会使系统陷入局部最优解中，无法探索是否还存在其他更好决策。因此，可提出一种适当地让智能体在当前状态下随机选择一个决策进行尝试的策略，则这一过程可以定义为探索（Exploration）过程。但是这一过程如果进行过多，会造成算法无法快速收敛。为了寻找真正的最优解，需要平衡利用和探索过程，因此提出了探索策略。常用的探索策略有 ε-greedy 和布尔兹曼（Boltzmann）分布策略。这里主要介绍 ε-greedy 算法。

ε-greedy 算法主要通过概率的形式让智能体分配探索与利用的比例，将 ε 的概率分配给探索过程，将 $1-\varepsilon$ 的概率分配给利用过程。并且 Q 值函数不断收敛，接近于最优策略，ε 值也会随之衰减。ε-greedy 算法可以表示为

$$\pi(a|s)=\begin{cases}1-\varepsilon+\dfrac{\varepsilon}{|A(s)|}, a=\arg\max\limits_{a} Q(s,a)\\ \dfrac{\varepsilon}{|A(s)|}, a\neq\arg\max\limits_{a} Q(s,a)\end{cases} \tag{12-15}$$

式中，s 表示当前状态；a 表示执行的决策；$|A(s)|$ 表示在状态 s 下可以选择的全部决策。根据式（12-15）可以发现，探索非最大 Q 值函数的决策即探索其余 $|A(s)|-1$ 个决策的概率为 $\dfrac{\varepsilon}{|A(s)|}$，因此只有探索才有可能在未知决策中获得较大奖励，否则将永远处在当前 Q 值函数的最大奖励中。

虽然 ε-greedy 能令系统寻找较多可能性，但在实际环境中，随着学习次数的不断增加，根据决策估计获得的奖励将会接近真实值，此时希望尽可能减少探索概率，来使系统尽可能快速地达到最优策略。因此，在学习的初期，多次探索能够很好地尝试不同决策并获得奖励，但是当智能体学习已经快要达到最优策略时，没有必要再过多地探索，应尽快使系统达到最优策略，以缩短学习时间及降低不可控性。因此，这里提出一种 ε 不断更新的算法，ε 表示为

$$\varepsilon=p*\varphi^{n} \tag{12-16}$$

式中，p 为初始状态下随机探索概率；φ 为探索概率衰减因子；n 为学习次数。可以看出，在学习初期探索概率较大，随着学习次数增多，探索率呈指数型衰减。一般情况下，ε 可以选择一个较小的常数。

Q-learning 的步骤如下：

步骤一：初始化 Q 表，将单元格中数值预设为 0，并设置学习率 α、折扣因子 γ 以及探索率 ε。

步骤二：根据当前状态选取一个决策，基于当前 Q 值选取最优决策，同时在前期用探索策略随机选取当前状态的决策。

步骤三：采用决策 a 后，观察该决策可以产生的奖励以及下一时刻的状态，并对所采用决策的结果进行记录。

步骤四：根据 $Q(s,a)=Q(s,a)+\alpha[r+\gamma\max Q(s',a)-Q(s,a)]$，更新 $Q(s,a)$。

步骤五:更新 $Q(s,a)$ 表后,重复操作步骤二,直到整个学习结束。

在整个过程中可以将学习率 α 看作是系统抛弃原有 Q 值并更新为新值的能力。当学习率为 1 时,系统将不再记录原有 Q 值,而全部更新为信道学习估计值。折扣因子 γ 为 0 时,系统将只注重当前奖励,而不关注未来预期奖励。因此 $\alpha\in(0,1)$,$\gamma\in(0,1)$。

12.2 基于强化学习的单载波自适应水声通信模型映射

由于水声信道的复杂多变性,自适应技术在水声领域中得到广泛使用。自适应水声通信的核心思想就是在得到信道状态信息后,能够根据这一信息在接收端或发送端做出与该状态相应的反应。自适应调制技术也是在根据接收端所得到的状态信息反馈后,动态地反馈发送端信号的调制模式,并选择最为适合的通信方式来适应复杂多变的水声信道环境对通信过程的影响。传统的自适应算法一般根据理论值划分阈值,这很难满足实际需求,同时存在较长反馈时间等待。自适应过程可以抽象为马尔科夫过程,能够通过强化学习来解决这个问题。下面针对单载波水声通信,以典型的 Q-learning 强化学习算法为基础,分别介绍两种不同策略下的自适应通信算法,并通过仿真试验证明其可行性。

为了将自适应水声通信模型抽象为马尔科夫过程,并使用强化学习算法解决该问题,需要对 Q-learning 算法的三要素(即动作、状态和奖励)与自适应水声通信模型进行映射。

1. 动作

根据 Q-learning 算法中动作变量一般为下一时刻采取的决策,对应在自适应通信中可以理解为下一时刻发送的信号模式,为此将水声通信发送端发射信号模式映射为可选择的动作集,这里主要体现为信号的调制模式(BPSK、QPSK、8PSK、16QAM)。

2. 状态

在自适应通信中,反馈的信道状态信息可以抽象为该环境下的状态。由于水声通信过程时变特性的影响,在实际自适应水声通信中将接收端接收到的均衡后的信噪比(Equalized SNR,ESNR)作为当前信道的状态信息反馈,能够有效地反应信道以及整个通信系统的当前状态。由于马尔科夫链是一种离散状态,所以需要对得到的均衡后的信噪比做划分,建立状态区间。本章将对均衡后的信噪比以 2 dB 为区间做状态划分。

3. 奖励

奖励机制是强化学习中最为重要的一部分。学习的目的就是使奖励最高,因此在自适应过程中要多方面进行考虑,信号解码误码率、传输吞吐量等相互矛盾的因素都可以作为对通信状态质量好坏的判断依据。因此在不同需求下,根据需求设置相应的奖励函数,以达到最优效果。后续将分别对不同的奖励机制进行分析。

4. 策略

智能体根据相应的状态进行反馈并采取动作的最终目标是积累尽可能高的奖励。因此在不同均衡后的信噪比条件下,能够根据系统所需通信指标得到最高目标奖励的策略即为系统的最佳策略。

智能体在采用 Q-learning 算法时,需要定义一个 $n\times m$ 维的记录值函数表格(Q 表)以及 $n\times m$ 维的奖励函数表(R 表),其中 n 为环境状态区间数,m 为可选择动作数。将信号集合定义为 $A=\{a_1,a_2,a_3,\cdots,a_m\}$,接收端经信道均衡估计出的信噪比定义为状态 $S=\{s_1,s_2,s_3,s_4,\cdots,s_n\}$,状态 s 下不同动作 a 对应的奖励为 r,智能体在状态 s 下采取动作 a 的值函数定义为 $Q(s,a)$。根据上述制定的自适应水声通信映射关系,可以建立 Q 表与 R 表分别如表 12.2、表 12.3 所示。

表 12.2　Q 表

S	A				
	a_m	a_1	a_2	a_3	…
s_1	$Q(s_1,a_1)$	$Q(s_1,a_2)$	$Q(s_1,a_3)$	…	$Q(s_1,a_m)$
s_2	$Q(s_2,a_1)$	$Q(s_2,a_2)$	$Q(s_2,a_3)$	…	$Q(s_2,a_m)$
⋮			⋮		
s_n	$Q(s_n,a_1)$	$Q(s_n,a_2)$	$Q(s_n,a_3)$	…	$Q(s_n,a_m)$

表 12.3　R 表

S	A				
	a_m	a_1	a_2	a_3	…
s_1	r_{11}	r_{12}	r_{13}	…	r_{1m}
s_2	r_{21}	r_{22}	r_{23}	…	r_{2m}
⋮			⋮		
s_n	r_{n1}	r_{n2}	r_{n3}	…	r_{nm}

因此,基于 Q-learning 的自适应调制系统框图如图 12.3 所示。

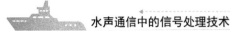

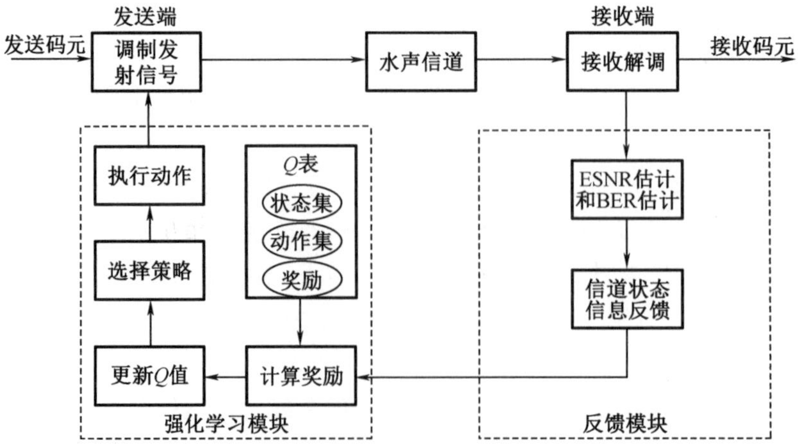

图 12.3　基于 Q-learning 的自适应调制系统框图

区别于传统自适应调制方式，基于 Q-learning 的自适应调制系统在系统传递反馈模块后引入了强化学习算法，关键性的一步为 Q 表的建立与更新。可以看到有关 Q 表的学习可以通过离线状态也就是已知的大量通信信号训练得出，所以最核心的问题在于如何训练 Q 表并更新 Q 表。其中，最重要的问题是：如何利用反馈回来的信道状态信息及时调整发送端发射信号调制模式，在什么样的状态下选取高阶调制模式，在什么样的状态下选取低阶调制模式，什么时候即阈值为多少时切换选择动作。因此，系统的奖励函数设置尤为重要。和传统算法相似，在奖励设置时不仅需要考虑有效性问题，同时也需要对可靠性有所要求，因此需要对两者相互制衡。针对上述问题，本章提出了基于可靠性优先的单载波自适应水声通信策略，以及基于有效性优先的单载波自适应水声通信策略。

12.3 基于可靠性优先的单载波自适应水声通信策略

在水声通信中，使用高阶调制模式带来的好处是有较高的通信速率，但由于水声信道环境的复杂性，信号将产生较大的畸变，因此不能为了保证传输效率而不考虑信息传输的可靠性。基于强化学习的单载波自适应水声通信过程中的奖励机制设置，可以优先考虑将可靠性（即误码率）作为影响通信质量的重要因素。对通信质量的保证往往需要制定一个接收信号误码率最高门限值，由于水声通信中信道影响较大，通信信号存在较大畸变，通常设置门限值为 10^{-1}，把高于门限值的传输认为是无效传输，需要等待在接收信号误码率小于 10^{-1} 时再进行传输，并选择误码率最小的调制信号模式。

在一些系统中，需要更高的传输准确性来保证整个系统的性能，特别是在传递一些重要信息或者一些需要隐藏的信息时。在这种情况下，就需要在符合通信传输条件下选择误码率最小的调制模式来使系统性能达到最优。可以认为误码率在同一量级对整个通信系统性能的影响差别不大，因此系统的奖励函数设置可以根据接收端解码后的误码率进行区间划分，可以不同的数量级划分为 4 个等级。随着误码率越低，奖励越大，可以将系统奖励函数设置为

$$R=\begin{cases}-10,\mathrm{BER}>10^{-1}\\2,10^{-2}<\mathrm{BER}\leqslant 10^{-1}\\4,10^{-3}<\mathrm{BER}<10^{-2}\\6,\mathrm{BER}\leqslant 10^{-3}\end{cases}\tag{12-17}$$

本章采用的调制模式为 BPSK、QPSK、8PSK、16QAM，对应的动作集也为 4 种信号调制模式。采用的状态空间将 ESNR 按每 2 dB 进行划分，不同调制模式解码后的 BER 与 ESNR 曲线如图 12.4 所示。

从 0~16 dB，可以将 ESNR 划分为 8 个区间，由此可以得到奖励函数 R 表如表 12.4 所示。

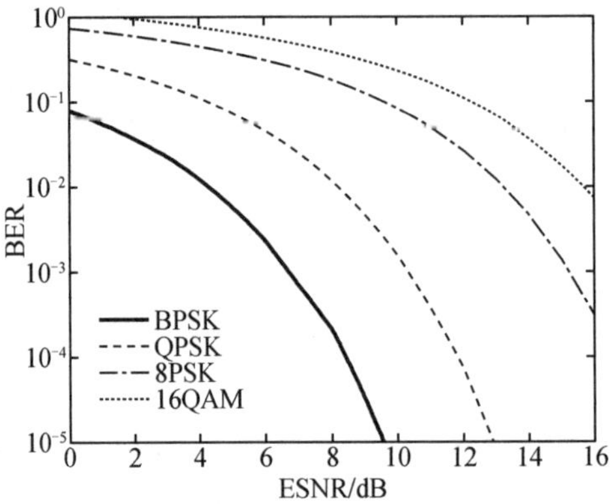

图 12.4 不同调制模式解码后的 **BER** 与 **ESNR** 曲线

表 12.4 奖励函数 R 表

均衡后的信噪比/dB	BPSK	QPSK	8PSK	16QAM
<2	2	−10	−10	−10
2~4	2	−10	−10	−10
4~6	4	2	−10	−10
6~8	6	2	−10	−10
8~10	6	4	−10	−10
10~12	6	6	2	−10
12~14	6	6	4	2
>14	6	6	6	4

基于可靠性的 Q-learning 算法单载波自适应水声通信流程如图 12.5 所示。

其步骤可以总结如下：

步骤一：建立动作集、状态集以及奖励函数。初始化 Q 表，将单元格中数值预设为 0，并设置学习率 $\alpha=0.5$、折扣因子 $\gamma=0.8$ 以及探索率 $\varepsilon=0.1$。

步骤二：接收到信号后对其进行信道估计、均衡、解码，得到信道状态信息以及当前误码率。判断当前所处状态 s。

根据当前状态选取一个决策，基于当前 Q 值选取最优决策，同时在前期用探索策略随机选取现在状态的决策。

步骤三：根据当前所处状态判断选择的最优动作，以及是否需要对其按 ε 进行探索，选定下一次发送端发送调制模式决策 a。

步骤四：采用决策 a 后，记录新的状态以及此次传输产生的奖励 r。

步骤五：根据 $Q(s,a)=Q(s,a)+\alpha[r+\gamma\max Q(s',a)-Q(s,a)]$，更新 $Q(s,a)$。

步骤六：更新 $Q(s,a)$ 表后，将探索率衰减，重复操作步骤二，待当前选择动作与预期最优动作一致时（训练过程中预期最优动作已知），整个学习过程结束。

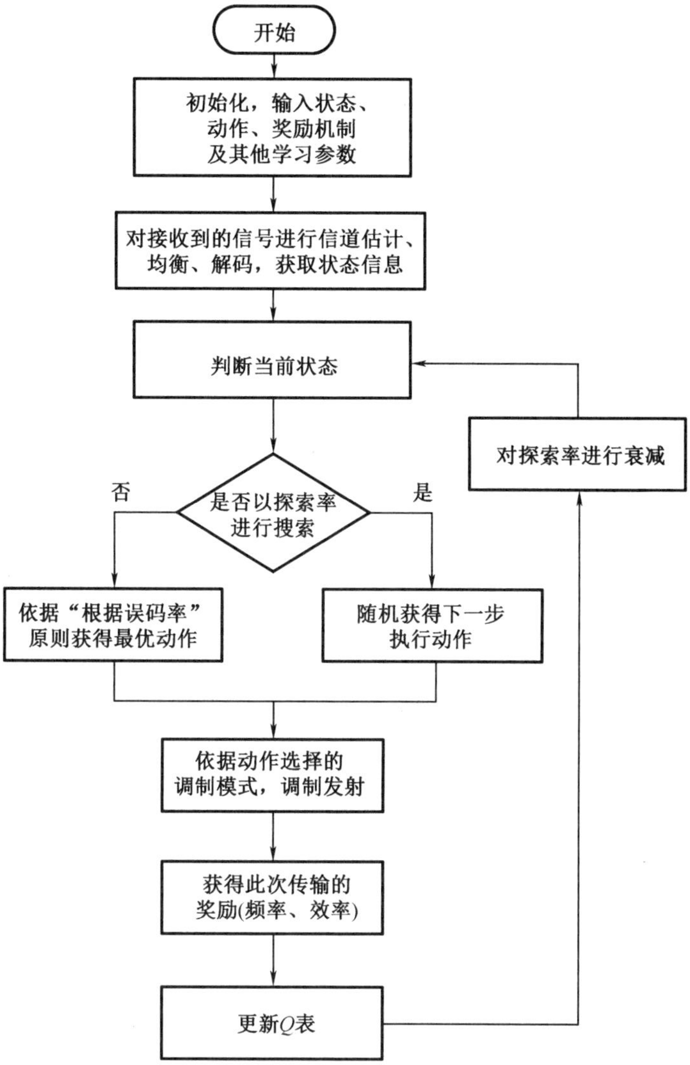

图 12.5　基于可靠性的 Q-learning 单载波自适应水声通信流程

根据以上步骤完成全部强化学习训练过程后，将会得到一张 Q 表，并以矩阵的形式存储。在这张 Q 表中，每一状态下对应的 Q 值最大的列即为该状态下最优的调制模式。对上述流程做简化的仿真试验，假设输入信号为 4 种，对应为 $a1$、$a2$、$a3$、$a4$，并模拟随机生成的信噪比，根据相应的理论公式计算出对应的误码率，根据此种方法进行 10 000 次独立训练后，可以得到模拟的 Q 表如 12.5 所示，根据该表可以得到不同状态区间对应的最优调制模式，如表 12.6 所示。

表 12.5　模拟的 Q 表

状态	BPSK	QPSK	8PSK	16QAM
<2 dB	20.966	0	0	0
2~4 dB	20.966	0	0	0

表 12.5(续)

状态	BPSK	QPSK	8PSK	16QAM
4~6 dB	22.966	18.773	0	0
6~8 dB	23.708	16.508	0	0
8~10 dB	23.708	19.766	0	0
10~12 dB	18.966	22.773	18.773	0
12~14 dB	18.966	22.773	20.775	20.373
>14 dB	18.966	16.773	22.775	22.373

表 12.6　状态与调制方式对应

状态	模式
<2 dB	BPSK
2~4 dB	BPSK
4~6 dB	BPSK
6~8 dB	BPSK
8~10 dB	BPSK
10~12 dB	QPSK
12~14 dB	QPSK
>14 dB	8PSK

可以对上述学习结果进行测试,测试模块流程如下:

步骤一:初始化全部参数,并引入训练好的 Q 表。发送线性调频信号作为测试信号。

步骤二:根据接收到的信号估计当前水域的信道环境,得到均衡后的信噪比。依照得到的信道环境对应当前所处状态区间。

步骤三:根据训练好的 Q-learning 单载波自适应水声通信算法,选取下一步发送端发送的信号状态,并传送给发送端。

步骤四:发送端发送下一次信号,并在接收端重复操作步骤二,直至整个通信传输完成。

基于可靠性的 Q-learning 单载波自适应水声通信验证流程如图 12.6 所示。根据上述仿真试验得到的表 12.5 进行单次测试可以得到,在输出均衡后的信噪比为 14.52 dB 时,系统选择下一时刻调制模式为 8PSK;在输出均衡后的信噪比为 9.46 dB 时,系统选择下一时刻调制模式为 BPSK。这与 Q 表所得结果相对应,说明算法在测试过程中是有效的。

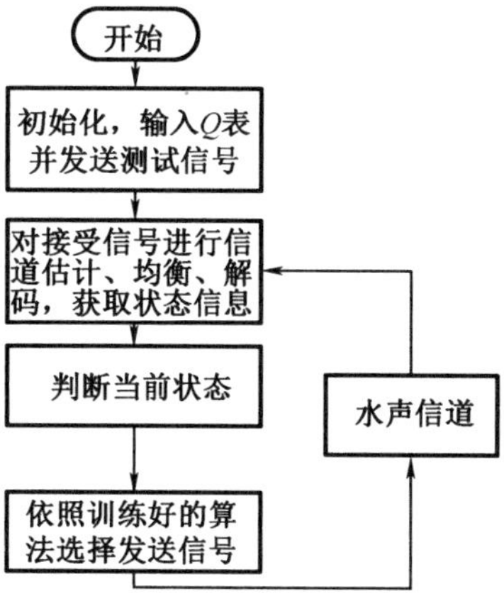

图 12.6 基于可靠性的 Q-learning 单载波自适应水声通信验证流程

12.4 基于有效性优先的单载波自适应水声通信策略

在一些通信系统中，由于水声通信频谱资源十分有限，很多时候需要尽可能多地传送信息。因而基于有效性（即吞吐量）的考量，不再以误码率最小为评判依据，而是在保证通信可传输的条件下，让系统有更好的频谱资源利用率，即实现吞吐量最大化。系统吞吐量为系统中单位时间内正确传输的信息量，可以表示为

$$\Gamma(\gamma)=[1-\mathrm{BER}(\gamma)]\,\mathrm{lb}\,M\times S_{\mathrm{r}} \tag{12-18}$$

根据式（12-18），系统吞吐量 Γ 为关于调制阶数 M 和 BER 的函数，因此可以设置系统奖励函数为

$$R=\begin{cases}(1-\mathrm{BER}_i)\,\mathrm{lb}\,M, & \mathrm{BER}\leqslant 10^{-1}\\ -10, & \mathrm{BER}>10^{-1}\end{cases} \tag{12-19}$$

不同调制模式下系统吞吐量随 SNR 变化曲线如图 12.7 所示。

因此，基于有效性的 Q-learning 算法单载波自适应水声通信技术整个训练和验证流程与基于可靠性的 Q-learning 算法单载波自适应水声通信技术相似，区别主要在于对奖励函数的选择方面。当然在这种通信机制中，也需要满足当接收信号误码率小于 10^{-1} 时再进行传输，因此该算法奖励函数 R 表如表 12.7 所示。

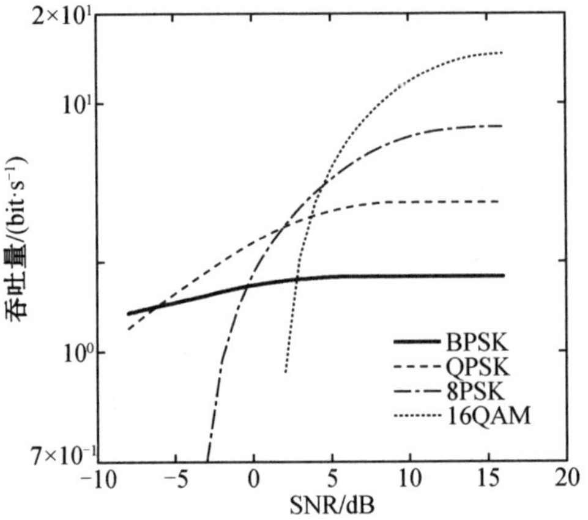

图 12.7　不同调制模式系统吞吐量随 SNR 变化曲线

表 12.7　奖励函数 *R* 表

状态	BPSK	QPSK	8PSK	16QAM
<2 dB	(1−BER)	−10	−10	−10
2~4 dB	(1−BER)	−10	−10	−10
4~6 dB	(1−BER)	(1−BER)×2	−10	−10
6~8 dB	(1−BER)	(1−BER)×2	−10	−10
8~10 dB	(1−BER)	(1−BER)×2	−10	−10
10~12 dB	(1−BER)	(1−BER)×2	(1−BER)×3	−10
12~14 dB	(1−BER)	(1−BER)×2	(1−BER)×3	(1−BER)×4
>14 dB	(1−BER)	(1−BER)×2	(1−BER)×3	(1−BER)×4

基于有效性的 Q-learning 单载波自适应水声通信流程如图 12.8 所示。

其步骤如下：

步骤一：建立动作集、状态集以及奖励函数。初始化 Q 表，将单元格中数值预设为 0，并设置学习率 $\alpha=0.5$、折扣因子 $\gamma=0.8$ 以及探索率 $\varepsilon=0.1$。

步骤二：接收到信号后对其进行信道估计、均衡、解码，得到信道状态信息以及当前误码率。判断当前所处状态 s。根据当前状态选取一个决策，基于当前 Q 值选取最优决策，同时在前期用探索策略随机选取当前状态的决策。

步骤三：根据当前所处状态判断选择的最优动作，以及是否需要对其按 ε 进行探索，选定下一次发送端发送调制模式决策 a。

步骤四：采用决策 a 后，记录新的状态以及此次传输产生的奖励 r。

步骤五：根据 $Q(s,a)=Q(s,a)+\alpha[r+\gamma\max Q(s',a)-Q(s,a)]$，更新 $Q(s,a)$。

步骤六：更新 $Q(s,a)$ 表后，将探索率衰减，重复操作步骤二，待当前选择动作与预期最优动作一致时(训练过程中预期最优动作已知)，整个学习过程结束。

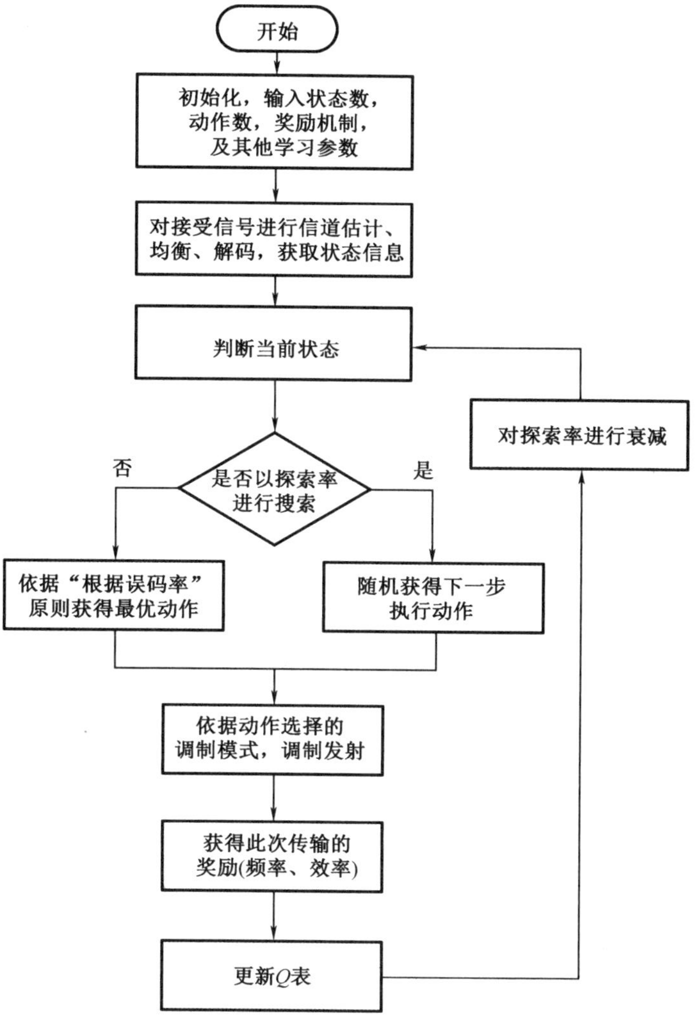

图 12.8　基于有效性的 Q-learning 单载波自适应水声通信流程

相似于基于可靠性的算法，根据图 12.6 所示，基于有效性的测试模块流程如下：

步骤一：初始化全部参数，并引入训练好的 Q 表。发送线性调频信号作为测试信号。

步骤二：根据接收到的信号估计当前水域的信道环境，得到均衡后的信噪比。依照得到的信道环境对应当前所处状态区间。

步骤三：根据训练好的 Q-learning 单载波自适应水声通信算法，选取下一步发送端发送信号状态，并传送给发送端。

步骤四：发送端发送下一次信号，并在接收端重复操作步骤二，直至整个通信传输完成。

同样可以对上述流程做简化的仿真试验，假设输入信号为 4 种，对应为 $a1$、$a2$、$a3$、$a4$，模拟随机生成信噪比，依照相应的理论公式计算出对应的误码率和吞吐量，经 10 000 次独立训练可得到训练的 Q 表，如表 12.8 所示。根据该表可以得到不同状态区间对应的最优调制模式，如表 12.9 所示。

表 12.8　Q 表

状态	BPSK	QPSK	8PSK	16QAM
<2 dB	14.23	0	0	0
2~4 dB	14.28	0	0	0
4~6 dB	14.19	15.43	0	0
6~8 dB	14.32	15.29	0	0
8~10 dB	14.26	15.14	0	0
10~12 dB	14.33	15.44	19.42	0
12~14 dB	14.27	15.38	19.31	28.35
>14 dB	14.11	15.30	19.30	28.38

表 12.9　状态与调制方式对应

状态	模式
<2 dB	BPSK
2~4 dB	BPSK
4~6 dB	QPSK
6~8 dB	QPSK
8~10 dB	QPSK
10~12 dB	8PSK
12~14 dB	16QAM
>14 dB	16QAM

根据表 12.8 进行单次测试，在输出均衡后的信噪比为 12.77 dB 时，系统选择下一时刻调制模式为 16QAM；在输出均衡后信噪比为 7.32 dB 时，系统选择下一时刻调制模式为 QPSK，与 Q 表所得结果相对应。

12.5　仿真结果与分析

仿真主要研究水下通信传输过程中由信道环境变化引起的收发两端需要协调配合以达到系统通信质量最优的问题。首先需要建立水声信道环境，模拟水声通信效果图如图 12.9 所示。该图模拟了一个移动水下通信环境，发送端在该水域中所处位置不断移动时，当对某一固定接收端发送信息时，每一位置变换都将对水声通信信道产生影响。其次需要建立发送信号数据集，来模拟发送、接收信号的过程，建立发送信号训练数据及测试数据。最后根据设计的基于 Q-learning 算法的两种单载波自适应水声通信决策方案，将预测调制模式反馈给发送端。

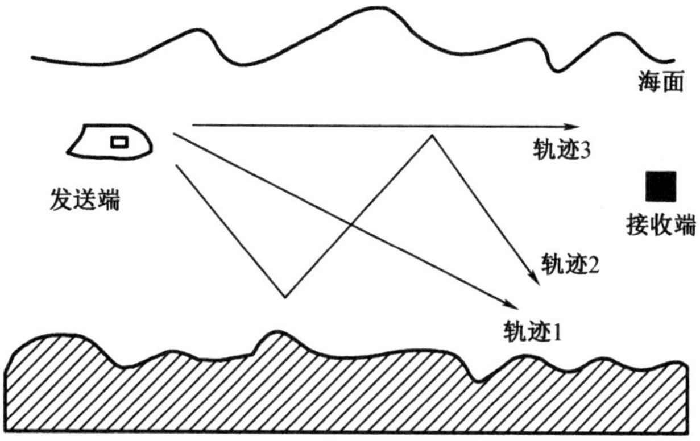

图 12.9　模拟水声通信效果图

12.5.1　水声信道数据库建立

仿真主要模拟水下移动节点与固定节点之间的通信模式，为此构建发送阵元深度与距离接收阵元水平距离变化的水声信道数据集。仿真所使用的声速剖面由某次试验中 P15 站点和 M03 站点采集得到，如图 12.10 所示。

仿真试验水声信道集参数设置如表 12.10 所示。

表 12.10　仿真试验水声信道参数设置

参数	数据
水深/m	1 122、1 402
发射阵元深度/m	70~270(每 5 m 间隔)
接收阵元深度/m	100
收发距离/km	10~80(每 5 m 间隔)
声速剖面	P15、M03

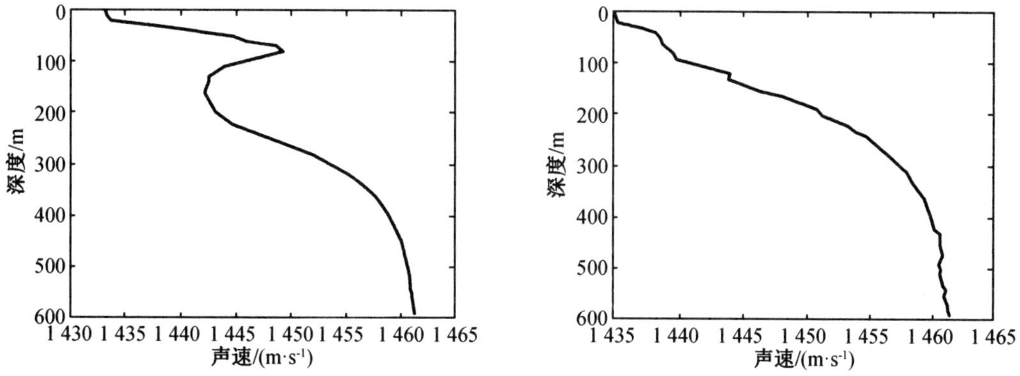

(a)声速剖面 1(P15 站点)　　(b)声速剖面 2(M03 站点)

图 12.10　声速剖面

建立的水声信道冲击响应函数集的定义为

$$H=\begin{Bmatrix} h_{11} & h_{12} & \cdots & h_{1m} \\ h_{21} & h_{22} & \cdots & h_{2m} \\ \vdots & \vdots & & \vdots \\ h_{n1} & h_{n2} & \cdots & h_{nm} \end{Bmatrix} \tag{12-20}$$

式中，m 为水平距离个数；n 为发送深度个数。将由 P15 站点采集的声速建立的水声信道数据集定义为 H1，由 M03 站点采集的声速建立的数据集定义为 H2。以发射阵元深度为 70 m、水平距离为 30 km，发射阵元深度为 70 m、水平距离为 50 km，发射阵元深度为 270 m、水平距离为 50 km 为例，得到数据集 H1、H2 的信道冲激响应函数如图 12.11 所示。

根据图 12.11 可以看出，无论是水平距离还是竖直距离的变化都会对信道结构造成很大影响。同时，可以看到直达声信号在这 3 种状态下到达时间都不尽相同，因此建立的水声信道冲激响应函数库符合通信时信道状态变化的条件。

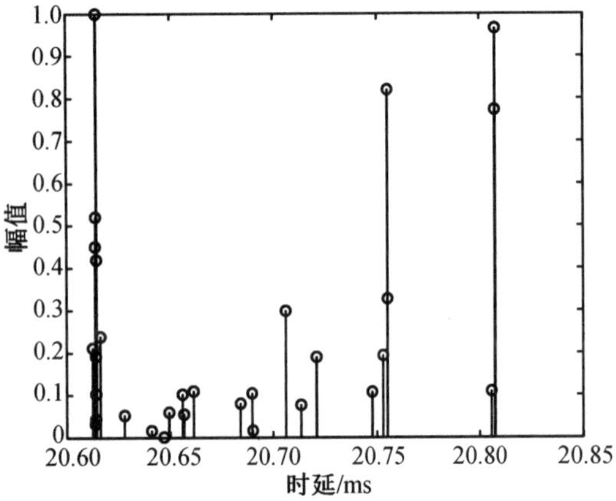

(a) H1 发射阵元深度为 70 m、水平距离为 30 km

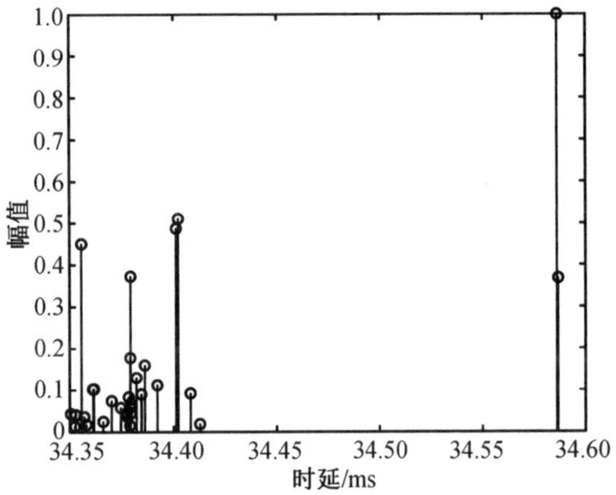

(b) H1 发射阵元深度为 70 m、水平距离为 50 km

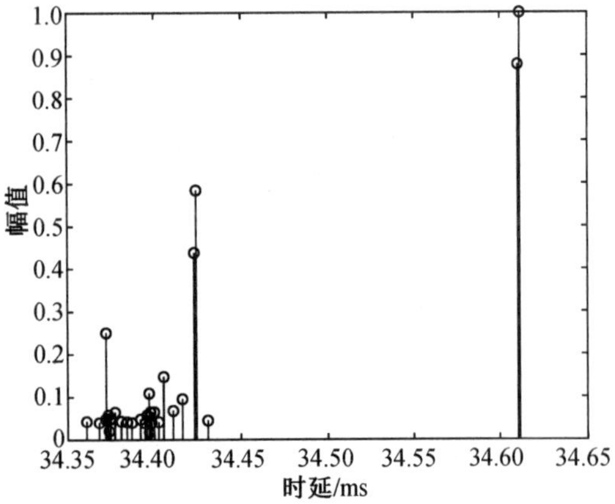

(c) H1 发射阵元深度为 270 m、水平距离为 50 km

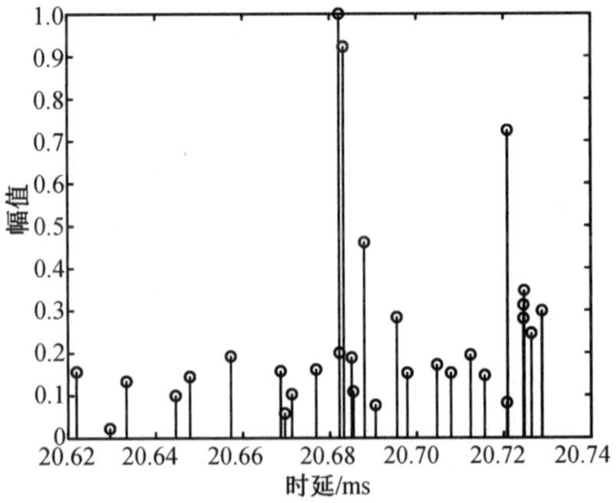

(d) H2 发射阵元为 70 m、水平距离为 30 km

图 12.11　不同位置信道冲激响应函数

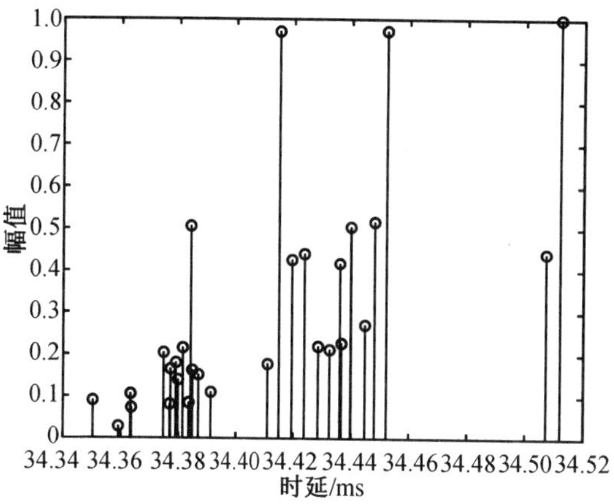

(e) H2 发射阵元为 70 m、水平距离为 50 km

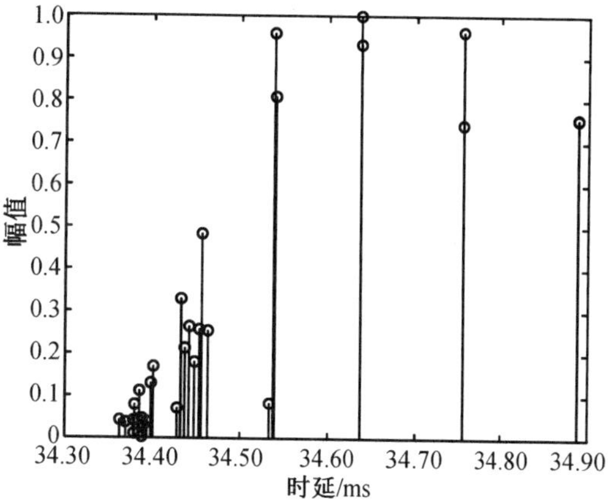

(f) H2 发射阵元为 270 m、水平距离为 50 km

图 12.11(续)

12.5.2　基于可靠性的单载波自适应水声通信试验

在基于实测声速模拟的水域仿真中，无论是基于阈值划分的单载波自适应水声通信算法还是基于强化学习的单载波自适应水声通信算法，都需要一个动作集，即建立水声通信信号调制模式集合。本章建立的动作集通信信号发送参数设置如表 12.11 所示。在每一次试验发送的信号都保持独立的情况下，每次发送端发送的信号都基于表 12.11 的基础参数选择，只是随机生成码元序列及改变信号的调制模式。在每次发送的信号前串联线性调频信号来保证接收同步。

表 12.11　通信信号发送参数设置

数据	内容
调制方式	BPSK、QPSK、8PSK、16QAM
采样频率/kHz	48
带宽/kHz	4
中心频率/kHz	12
信号序列长度/bit	1 000
信道信噪比/dB	-3~12
滤波器阶数	512
信号时长/s	0.5

对基于可靠性的强化学习的单载波自适应水声通信算法，首先需要根据策略按照图 12.5 的流程进行训练学习。这时需要对 H1、H2 两个水声信道冲激响应数据库进行划分，抽取其中 80%的数据进行训练，对剩余的 20%的数据进行测试。对于 H1 水声信道冲激响应数据库，对全部种类信号及训练集信道状态在不同信道信噪比条件下经过 300 次独立试验学习后，可以得到训练后的 Q 表，如表 12.12 所示。依照训练好的 Q 表，按图 12.6 的流

程对 H1 数据集的测试集部分进行算法测试。

表 12.12　*Q* 表(1)

状态	BPSK	QPSK	8PSK	16QAM
<2 dB	73.68	0	0	0
2~4 dB	73.68	0	0	0
4~6 dB	74.68	76.31	0	0
6~8 dB	75.68	76.31	0	0
8~10 dB	75.68	78.31	0	0
10~12 dB	69.68	80.31	81.31	0
12~14 dB	69.68	80.31	84.31	88.68
>14 dB	60.29	59.86	69.34	89.74

对于 H2 水声信道冲激响应数据库,对全部种类信号及训练集信道状态在不同信噪比条件下经过 300 次独立试验学习后,可以得到训练后的 *Q* 表,如表 12.12 所示。依照训练好的 *Q* 表,同样按图 12.6 的流程对 H2 数据集的测试集部分进行算法测试。

表 12.12　*Q* 表(2)

状态	BPSK	QPSK	8PSK	16QAM
<2 dB	73.68	0	0	0
2~4 dB	73.68	0	0	0
4~6 dB	74.68	76.31	0	0
6~8 dB	75.68	76.31	0	0
8~10 dB	75.68	78.31	0	0
10~12 dB	70.68	80.31	81.31	0
12~14 dB	70.68	80.31	84.31	88.68
>14 dB	70.68	76.31	87.31	92.68

按照前文设定的系统阈值划定区间,对经过水声信道 H1、H2 的信号,在接收端进行均衡及解码,判断所处阈值区间,选择下一次发送方式并重复。对不同信道的信噪比环境进行 300 次独立试验后,可以得到自适应误码率与信噪比曲线,经过信道模型 H1 的曲线如图 12.12(a)所示,经过信道模型 H2 的曲线如图 12.12(b)所示。

由图 12.12 可以看出,在 H1 信道数据集下,在均衡后的信噪比为 9 dB 左右和 13 dB 左右时有明显调换信号调制模式,选择较高的调制阶数的信号进行传输的现象;在 H2 信道数据集下,其特征整体与在 H1 信道数据集下得到的结果相似,基于 Q-learning 的算法在均衡后的信噪比为 11 dB 左右时有跳变现象,调换信号调制模式。

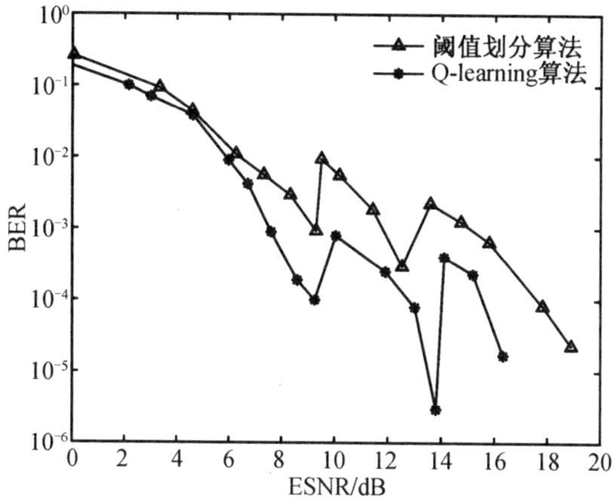

(a)H1 信道数据集

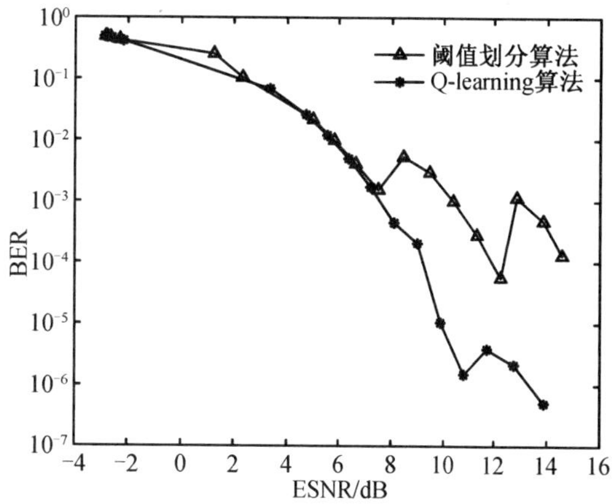

(b)H2 信道数据集

图 12.12 基于可靠性的单载波自适应水声通信 BER 随 ESNR 变化曲线

误码率曲线的跳变主要是由于信道冲激响应的改变而使得采用上一动作调制模式的误码率升高,此时需要更换调制模式。图 12.12 显示,相比于传统算法,Q-learning 方法能够选择在当前环境下使误码率更低的调制模式进行数据传输。

12.5.3 基于有效性的单载波自适应水声通信试验

现基于有效性即以吞吐量最大化为准则对单载波自适应水声通信算法进行分析,按照前文发送信号的参数设置完成仿真试验。首先需要根据策略按照图 12.8 的流程进行训练学习。对 H1、H2 两个数据库进行处理,抽取其中 80%的数据进行训练,对剩余的 20%的数据进行测试。对于 H1 水声信道冲激响应数据库,对全部种类信号及训练集信道状态在不同信道信噪比条件下经过 300 次独立试验学习后,可以得到训练后的 Q 表,如表 12.13 所示。

表 12.13 Q 表(3)

状态	BPSK	QPSK	8PSK	16QAM
<2 dB	24.42	0	0	0
2~4 dB	25.17	0	0	0
4~6 dB	25.36	26.01	0	0
6~8 dB	25.30	25.97	0	0
8~10 dB	25.25	26.10	0	0
10~12 dB	25.25	26.10	30.34	0
12~14 dB	25.23	25.95	30.51	39.25
>14 dB	25.44	26.00	28.82	39.26

依照表 12.13,对数据集 H1 的测试集进行算法测试。测试时,对不同的信噪比条件进行 200 次的蒙特卡洛仿真试验,每次试验过程中变换信道冲激响应函数,计算均衡后的信噪

比和误码率并对其进行自适应调节。在测试模型时,抽取一次测试 Epoch 中的系统误码率与均衡后的信噪比的变化关系,如图 12.13 所示。可以发现自适应过程中均衡后的信噪比与误码率呈现一种此消彼长的状态。对比与阈值划分算法的自适应算法所处均衡后的信噪比相似的一个 Epoch,可以发现基于 Q-learning 算法的误码率分布得更为聚集,整体均值较小,性能更好。经平均后得到 H1 信道集在不同信噪比条件下,误码率与均衡后的信噪比曲线如图 12.14(a)所示。

对于 H2 水声信道冲激响应数据库,对全部种类信号及训练集信道状态在不同信道信噪比条件下经过 300 次独立试验学习后,可以得到训练后的 Q 表,如表 12.14 所示。依照表 12.14 对 H2 数据集进行算法测试。测试时,对不同的信噪比条件进行 200 次的蒙特卡洛仿真试验,每次试验过程中变换信道冲激响应函数,计算均衡后的信噪比和误码率并对其进行自适应调节,可以得到在 H2 信道的误码率与均衡后的信噪比曲线,如图 12.14(b)所示。

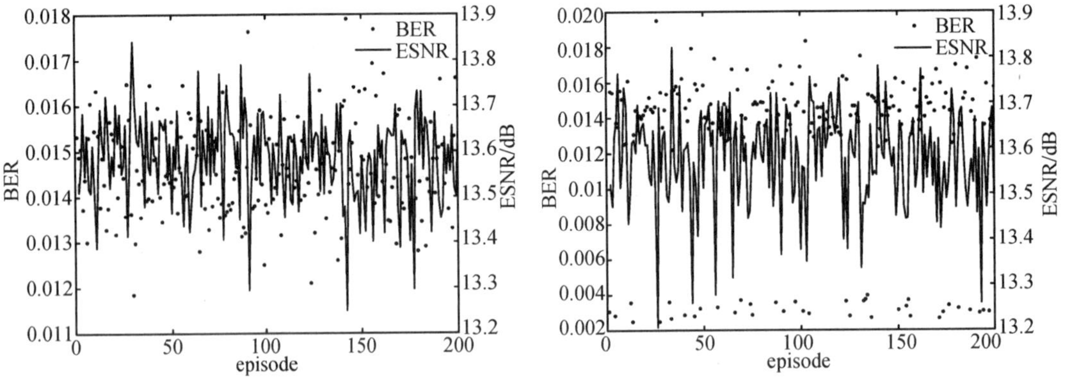

(a) Q-learning 算法　　(b) 阈值划分算法

图 12.13　测试过程中系统 BER 与 ESNR 变化

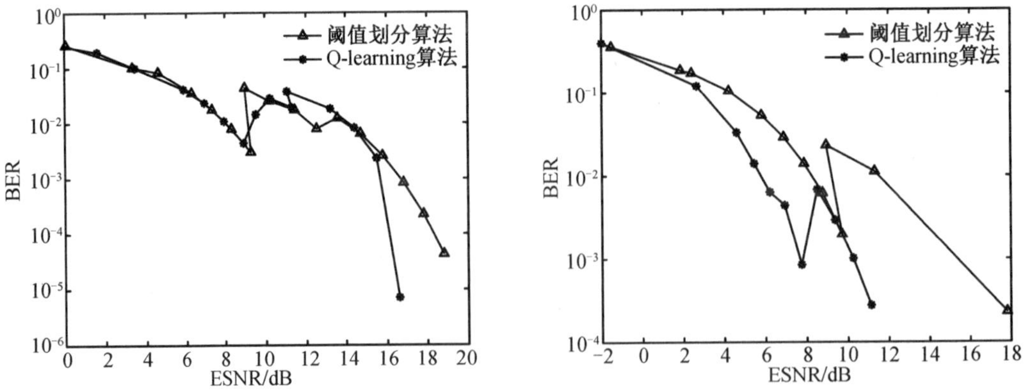

(a) H1 信道数据集　　(b) H2 信道数据集

图 12.14　基于有效性的单载波自适应水声通信 BER 随 ESNR 变化曲线

表 12.14　*Q* 表(4)

状态	BPSK	QPSK	8PSK	16QAM
<2 dB	24.66	0	0	0
2~4 dB	25.05	0	0	0
4~6 dB	25.47	26.07	0	0
6~8 dB	25.47	26.13	0	0
8~10 dB	25.52	26.16	0	0
10~12 dB	25.09	26.21	29.89	0
12~14 dB	25.30	26.39	30.83	39.36
>14 dB	25.44	25.83	28.82	39.36

根据图 12.14 可以看出,在满足通信系统吞吐量最大化的策略时,系统的误码率整体偏大。但是对于 H2 信道集基于 Q-learning 算法的单载波自适应水声通信技术能够选择在当前环境下使误码率更低的调制模式进行数据传输,算法优势更明显。对于 H1 信道数据集,基于有效性的策略对于在当前环境所选择的调制模式的误码率的效果不明显。

同时,在基于有效性最优的策略中,可以得到系统吞吐量随均衡后的信噪比的变化情况,H1、H2 信道数据集曲线分别如图 12.15(a)和图 12.15(b)所示。

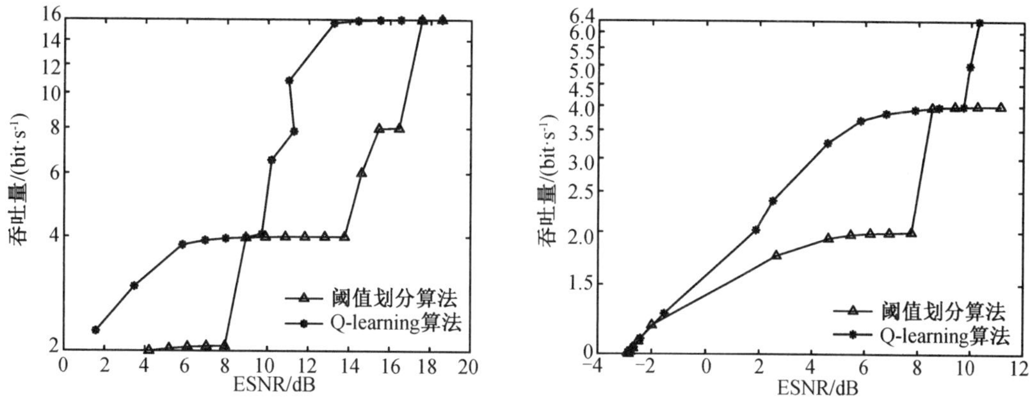

(a)H1 信道数据集　　(b)H2 信道数据集

图 12.15　信道吞吐量随 ESNR 变化曲线

从图 12.15(a)可以看出,基于阈值划分的单载波自适应水声通信算法的吞吐量随着均衡后的信噪比的增加而呈现出一种阶梯式上升的方式,与理论研究相符。而基于强化学习的单载波自适应水声通信算法的吞吐量随着均衡后的信噪比变化的曲线也呈现出一种上升的趋势,但更为陡峭。在均衡后的信噪比较低的情况下,其吞吐量比基于阈值划分的单载波自适应水声通信算法的吞吐量更高。同时在相近的均衡后的信噪比下,该算法得到的系统吞吐量明显优于基于阈值划分的单载波自适应水声通信算法,可以看到 Q-learning 算法中系统在 13 dB 左右即可达到 15 bit/s 左右的吞吐量,而阈值划分算法需要到 17 dB 才能达到 15 bit/s 的吞吐量。由图 12.15(b)可以发现,在均衡后的信噪比较低的条件下,Q-learning 算法的系统吞吐量整体都高于阈值划分算法,在 8 dB 左右两者达到 4 bit/s。

本章参考文献

[1] 梁雪源. 基于信道预测和强化学习的卫星自适应传输技术研究[D]. 成都:电子科技大学,2020.

[2] 王安义,李萍,张育芝. 基于 SARSA 算法的水声通信自适应调制[J]. 科学技术与工程,2020,20(16):6505-6509.

[3] 李程坤. 基于强化学习的自适应调制编码技术的研究[D]. 杭州:杭州电子科技大学,2018.

[4] SUTTON R S,BARTO A G. Reinforcement learning:an introduction[M]. MA:The MIT Press,1998.

[5] BELLMAN R E. A Markov decision process[J]. Journal of Mathematical Fluid Mechanics,1957,6:679-684.

[6] NG A Y. Shaping and policy search in reinforcement learning[D]. Berkeley:University of California,2003.

[7] BALCH T. Integrating RL and behavior-based control for soccer[EB/OL]. (2015-04-24)[2023-03-01]. https://www.researchgate.net/profile/Tucker-Balch/publication/2606279_Integrating_RL_and_Behavior_based_Control_for_Soccer/links/54c3f5d50cf2911c7a4d426e/Integrating-RL-and-Behavior-based-Control-for-Soccer.pdf.

[8] O'DOHERTY J P,DAYAN P,FRISTON K,et al. Temporal difference models and reward-related learning in the human brain[J]. Neuron,2003,38(2):329-337.

[9] WATKINS C J C H,DAYAN P. Q-learning[J]. Machine Learning,1992,8(3):279-292.

[10] SCHWARTZ A. A reinforcement learning method for maximizing undiscounted rewards[M]//Machine Learning Proceedings 1993. Amsterdam:Elsevier,1993:298-305.

[11] TADEPALLI P,GIVAN R,DRIESSENS K. Relational reinforcement learning:an overview[C]// Proceedings of the ICML-2004 Workshop on Relational Reinforcement Learning,Banff,Canada,2004. [S. l.]:[s. n.],2004:1-9.

[12] BRAFMAN R I, TENNENHOLTZ M, DALE SCHUURMANS D. R-MAX: a general polynomial time algorithm for near-optimal reinforcement learning[J]. The Journal of Machine Learning Research,2003,(3):213-231.

[13] GOSAVI A. Reinforcement learning for long-run average cost[J]. European Journal of Operational Research,2004,155(3):654-674.

[14] BARTO A G,MAHADEVAN S. Recent advances in hierarchical reinforcement learning[J]. Discrete Event Dynamic Systems,2003,13(4):341-379.

[15] MICHAUD F,MATARIC M J. Learning from history for adaptive mobile robot control

[C]//Proceedings. 1998 IEEE/RSJ International Conference on Intelligent Robots and Systems. Innovations in Theory, Practice and Applications (Cat. No. 98CH36190). Victoria, BC, Canada. IEEE, 1998: 1865-1870.